ISBN 978-0-365-61828-7
PIBN 11053007

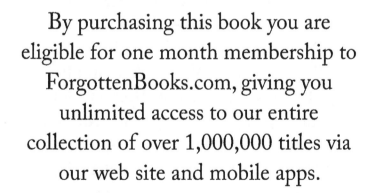

English
Français
Deutsche
Italiano
Español
Português

www.forgottenbooks.com

Mythology Photography **Fiction**
Fishing Christianity **Art** Cooking
Essays Buddhism Freemasonry
Medicine **Biology** Music **Ancient**
Egypt Evolution Carpentry Physics
Dance Geology **Mathematics** Fitness
Shakespeare **Folklore** Yoga Marketing
Confidence Immortality Biographies
Poetry **Psychology** Witchcraft
Electronics Chemistry History **Law**
Accounting **Philosophy** Anthropology
Alchemy Drama Quantum Mechanics
Atheism Sexual Health **Ancient History**
Entrepreneurship Languages Sport
Paleontology Needlework Islam
Metaphysics Investment Archaeology
Parenting Statistics Criminology
Motivational

DE L'IMPRIMERIE DE FIRMIN DIDOT,

IMPRIMEUR DU ROI, RUE JACOB, N° 24.

OEUVRES

COMPLÈTES

DE BUFFON,

AVEC LES DESCRIPTIONS ANATOMIQUES

DE DAUBENTON,

SON COLLABORATEUR.

XXXVI.

NOUVELLE ÉDITION,

COMMENCÉE PAR FEU M. LAMOUROUX, PROFESSEUR D'HISTOIRE
NATURELLE;

ET CONTINUÉE PAR M. A. G. DESMAREST,

Membre titulaire de l'Académie royale de Médecine, professeur de Zoologie à l'École
royale vétérinaire d'Alfort, membre de la Société philomathique, etc.

OISEAUX. — TOME VII.

A PARIS,

CHEZ LADRANGE ET VERDIÈRE,

LIBRAIRES, QUAI DES AUGUSTINS.

1827.

HISTOIRE
NATURELLE.

L'OISEAU-MOUCHE[1-2].

D<small>E</small> tous les êtres animés, voici le plus élégant

(1) Les Espagnols le nomment *Tomineios*; les Péruviens, *Quinti*, selon Garcilasso; selon d'autres, *Quindé*; et de même au Paraguay (Histoire générale des Voyages, tome XIV, page 162); les Mexicains, *Huitzitzil*, suivant Ximenez; *Hoitzitzil* dans Hernandez; *Ourissia* (rayon du soleil), suivant Nieremberg; les Brésiliens, *Guaimunbi*: ce nom est générique, et comprend dans Marcgrave les colibris avec les oiseaux-mouches. C'est apparemment ce même nom corrompu que Léry et Thevet rendent par *Gonambouch*, et que les relations portugaises écrivent *Guanimibique*; *Vicicilin* dans Gomara, Hist. gen. Ind., cap. 194, et dans son histoire de la prise de Mexico; *Guachichil*, à la Nouvelle-Espagne, c'est-à-dire *suce-fleurs*, suivant Gemelli Carreri (tome VI, p. 211); en anglais, *Humming bird* (oiseau bourdonnant); en latin moderne de nomenclature, *Mellisuga* (Brisson); *Trochilus* (Linn.), Marcgrave, Hist. Nat. Brasil., pag. 196 et 197. — Hernandez, apud Recch., pag. 321. — Acosta, Hist. Nat. et Mor. Ind., lib. IV, cap. 37. — Nieremb., Hist. Nat., pag. 239. — Laët, Ind. occid., lib. V, pag. 256. — Sloane, Hist. Nat. of Jamaïc., pag. 307. — Browne, Jamaïc., pag. 475. — Essay on Hist. Nat. of Guyana, pag. 165. — Dutertre, Hist. Nat. des Antill.,

(2) Cet article renferme seulement des généralités sur l'Histoire des oiseaux-mouches proprement dits, qui sont caractérisés par leur bec droit et non arqué, comme celui des colibris. D<small>ESM.</small> 1827.

pour la forme, et le plus brillant pour les couleurs. Les pierres et les métaux polis par notre
art, ne sont pas comparables à ce bijou de la nature ; elle l'a placé dans l'ordre des oiseaux, au
dernier degré de l'échelle de grandeur, *maximè
miranda in minimis*; son chef-d'œuvre est le petit
oiseau-mouche ; elle l'a comblé de tous les dons
qu'elle n'a fait que partager aux autres oiseaux ;
légèreté, rapidité, prestesse, grace et riche parure, tout appartient à ce petit favori. L'émeraude,
le rubis, la topaze brillent sur ses habits, il ne les
souille jamais de la poussière de la terre, et, dans
sa vie toute aérienne, on le voit à peine toucher
le gazon par instants; il est toujours en l'air, volant de fleurs en fleurs; il a leur fraîcheur comme
il a leur éclat: il vit de leur nectar et n'habite que
les climats où sans cesse elles se renouvellent

C'est dans les contrées les plus chaudes du
Nouveau-Monde que se trouvent toutes les espèces
d'oiseaux-mouches; elles sont assez nombreuses
et paraissent confinées entre les deux tropiques (1),
car ceux qui s'avancent en été dans les zones
tempérées n'y font qu'un court séjour; ils semblent suivre le soleil, s'avancer, se retirer avec

tom. II, pag. 262. — Feuillée, Journal. d'observ. Paris, 1714, tom. I,
pag. 413 et suiv. — Labat, nouveaux Voyages aux îles de l'Amérique.
Paris, 1722, tom. IV, pag. 13. — Hist. Nat. et morale des Antilles de
l'Amérique. Rotterdam, 1658, pag. 160 et suiv.

(1) « Reperitur passim in omnibus penè Americæ regionibus, inter
« utrumque tropicum. » Laët, Ind. occid., lib. V, pag. 256.

lui, et voler sur l'aile des zéphirs à la suite d'un printemps éternel.

Les Indiens, frappés de l'éclat et du feu que rendent les couleurs de ces brillants oiseaux, leur avaient donné les noms de *Rayons* ou *Cheveux du soleil*(1). Les Espagnols les ont appelés *Tomineos*, mot relatif à leur excessive petitesse; le *tomine* est un poids de douze grains : *j'ai vu*, dit Nieremberg, *peser au trébuchet un de ces oiseaux, lequel avec son nid, ne pesait que deux tomines* (2), et pour le volume les petites espèces de ces oiseaux sont au-dessous de la grande mouche asile (*le taon*) pour la grandeur, et du bourdon pour la grosseur. Leur bec est une aiguille fine, et leur langue un fil délié; leurs petits yeux noirs ne paraissent que deux points brillants; les plumes de leurs ailes sont si délicates qu'elles en paraissent transparentes (3); à peine aperçoit-on leurs pieds, tant ils sont courts et menus; ils en font peu d'usage, ils ne se posent que pour passer la nuit, et se laissent pendant le jour emporter dans les airs; leur vol est continu, bourdonnant et rapide : Marcgrave compare le bruit de leurs ailes à celui d'un rouet, et l'exprime par les syllabes *hour, hour, hour;* leur battement est si vif, que l'oiseau s'arrêtant dans les airs paraît non seulement immobile, mais tout-à-fait sans action; on le voit

---

(1) Voyez Marcgrave, page 196.

(2) Voyez Nieremberg, pag. 239; et Acosta, lib. IV, cap. 37.

(3) Marcgrave.

même ils se livrent entre eux de très-vifs combats;
l'impatience paraît être leur ame: s'ils s'approchent
d'une fleur, et qu'ils la trouvent fanée, ils lui arrachent les pétales avec une précipitation qui
marque leur dépit; ils n'ont point d'autre voix
qu'un petit cri, *screp*, *screp*, fréquent et répété (1);
ils le font entendre dans les bois dès l'aurore (2),
jusqu'à ce qu'aux premiers rayons du soleil, tous
prennent l'essor et se dispersent dans les cam-
pagnes.

Ils sont solitaires (3), et il serait difficile qu'étant
sans cesse emportés dans les airs, ils pussent se
reconnaître et se joindre; néanmoins l'amour,
dont la puissance s'étend au-delà de celle des
éléments, sait rapprocher et réunir tous les êtres
dispersés; on voit les oiseaux-mouches deux à deux
dans le temps des nichées: le nid qu'ils construisent
répond à la délicatesse de leur corps; il est fait
d'un coton fin ou d'une bourre soyeuse recueillie
sur des fleurs; ce nid est fortement tissu et de la
consistance d'une peau douce et épaisse; la femelle
se charge de l'ouvrage, et laisse au mâle le soin
d'apporter les matériaux (4); on la voit empressée
à ce travail chéri, chercher, choisir, employer

---

(1) Marcgrave compare ce cri, pour sa continuité, à celui du moineau, page 196.

(2) « Toto autem anno magno numero in silvis inveniuntur, et præ-
« sertim matutino tempore ingentem strepitum excitant. » Marcgrave,
page 196.

(3) Transact. philosoph., num. 200, art. 5.

(4) Dutertre, tome II, page 262.

brin à brin les fibres propres à former le tissu de
ce doux berceau de sa progéniture; elle en polit
les bords avec sa gorge, le dedans avec sa queue;
elle le revêt à l'extérieur de petits morceaux
d'écorce de gommiers qu'elle colle à l'entour, pour
le défendre des injures de l'air, autant que pour
le rendre plus solide (1); le tout est attaché à deux
feuilles ou à un seul brin d'oranger, de citron-
nier (2), ou quelquefois à un fétu qui pend de la
couverture de quelque case (3). Ce nid n'est pas
plus gros que la moitié d'un abricot (4), et fait
de même en demi-coupe; on y trouve deux œufs
tout blancs, et pas plus gros que des petits pois;
le mâle et la femelle les couvent tour-à-tour pendant douze jours; les petits éclosent au treizième
jour, et ne sont alors pas plus gros que des mouches. « Je n'ai jamais pu remarquer, dit le P. Du-
« tertre, quelle sorte de béquée la mère leur ap-
« porte, sinon qu'elle leur donne à sucer sa langue
« encore toute emmiellée du suc tiré des fleurs. »

On conçoit aisément qu'il est comme impossible
d'élever ces petits volatiles : ceux qu'on a essayé
de nourrir avec des sirops ont dépéri dans quelques semaines; ces aliments, quoique légers, sont
encore bien différents du nectar délicat qu'ils re-
cueillent en liberté sur les fleurs, et peut-être

(1) Dutertre, tome II, page 262.
(2) Browne.
(3) Dutertre, loco citato.
(4) Voyez Feuillée, Journal d'observations, tome I, page 413.

aurait-on mieux réussi en leur offrant du miel.

La manière de les abattre est de les tirer avec du sable ou à la sarbacane ; ils sont si peu défiants, qu'ils se laissent approcher jusqu'à cinq ou six pas (1). On peut encore les prendre en se plaçant dans un buisson fleuri, une verge enduite d'une gomme gluante à la main ; on en touche aisément le petit oiseau lorsqu'il bourdonne devant une fleur ; il meurt aussitôt qu'il est pris (2), et sert après sa mort à parer les jeunes Indiennes qui portent en pendants d'oreilles deux de ces charmants oiseaux. Les Péruviens avaient l'art de composer avec leurs plumes des tableaux, dont les anciennes relations ne cessent de vanter la beauté (3). Marcgrave, qui avait vu de ces ouvrages, en admire l'éclat et la délicatesse.

Avec le lustre et le velouté des fleurs, on a voulu encore en trouver le parfum à ces jolis oiseaux : plusieurs auteurs ont écrit qu'ils sentaient le musc ; c'est une erreur, dont l'origine est apparemment dans le nom que leur donne Oviedo, de *Passer mosquitus*, aisément changé en celui de *Passer moscatus* (4). Ce n'est pas la seule petite

---

(1) Ils sont en si grand nombre, dit Marcgrave, qu'un chasseur en un jour en prendra facilement soixante.

(2) Dutertre, page 263. — « Victitat floribus solùm, ideo capta viva « detineri non potest, sed moritur. » Marcgrave, loco citato.

(3) Voyez Ximenez, qui attribue le même art aux Mexicains. Gemelli Carreri, Thevet, Léry, Hernandez, etc.

(4) Oviedo, Summarii, cap. 48. Gesner soupçonne très-bien que ce nom vient plutôt à *muscá*, qu'à *moscho*.

merveille que l'imagination ait voulu ajouter à leur histoire (1); on a dit qu'ils étaient moitié oiseaux et moitié mouches, qu'ils se produisaient d'une mouche (2), et un provincial des Jésuites, affirme gravement, dans Clusius, avoir été témoin de la métamorphose (3): on a dit qu'ils mouraient avec les fleurs pour renaître avec elles; qu'ils passaient dans un sommeil et un engourdissement total toute la mauvaise saison, suspendus par le bec à l'écorce d'un arbre; mais ces fictions ont été rejetées par les naturalistes sensés (4), et Catesby assure avoir vu durant toute l'année ces oiseaux à Saint-Domingue et au Mexique, où il n'y a pas de saison entièrement dépouillée de fleurs (5). Sloane dit la même chose de la Jamaïque, en observant seulement qu'ils y paraissent en plus grand nombre après la saison des pluies, et Marcgrave avait déja écrit qu'on les trouve toute l'année en grand nombre dans les bois du Brésil.

Nous connaissons vingt-quatre espèces dans le genre des oiseaux-mouches, et il est plus que probable que nous ne les connaissons pas toutes : nous les désignerons chacune par des dénomi-

(1) Dutertre corrige judicieusement là-dessus plusieurs exagérations puériles, et relève, à son ordinaire, les méprises de Rochefort, tome II, page 263.

(2) Voyez Nieremberg, page 240.

(3) Ce jésuite, dit Clusius, faisait d'étranges relations d'Histoire Naturelle. Exotic., page 96.

(4) Voyez Willughby.

(5) Voyez Carolina, tome I, page 65.

nations différentes, tirées de leurs caractères les plus apparents, et qui sont suffisants pour ne les pas confondre.

~~~~~~

LE PLUS PETIT OISEAU-MOUCHE*(1).

PREMIÈRE ESPÈCE.

Trochilus minimus, Linn., Cuv. (2).

C'EST par la plus petite des espèces qu'il convient de commencer l'énumération du plus petit des genres. Ce très-petit oiseau-mouche est à peine long de quinze lignes, de la pointe du bec au bout de la queue : le bec a trois lignes et demie,

---

* Voyez les planches enluminées, n° 276, fig. 1.

(1) *Guainumbi septima species.* Marcgrave, Hist. Nat. Brasil., pag. 197. — Willughby, Ornithol., pag. 167. — *Guainumbi minor, corpore toto cinereo.* Rai, Synops. avium, pag. 83, n° 7. — *Polythmus minimus variegatus.* Browne, Hist. Nat. of Jamaïc, pag. 475 (il paraît qu'il n'a décrit que la femelle). — *The smallest humming bird.* Sloane, Jamaïc., tom. II, pag. 307, n° 38, avec une très-mauvaise figure, tab. 264, fig. 1. — *The least humming bird.* Edwards, page et pl. 105. — « Mellisuga su-« pernè viridi-aurea, cupri puri colore varians, infernè griseo-alba ; rec-« tricibus nigro-chalybeis, extimâ per totam longitudinem, proximè se-« quenti a medietate ad apicem griseis,.... Mellisuga. » Brisson, Ornithol., tome III, page 694.

(2) Cet oiseau est du genre des Oiseaux-mouches de M. Cuvier. *Ortho-rhynchus,* Lacép. Il est figuré par M. Vieillot, *Ois. dorés,* pl. 64.

Desm. 1827.

P. Oudart del   Litho de C. Motte   Meunier dir

1. Le plus petit oiseau Mouche, 2. L'Amethiste

de grand.r naturelle.

la queue quatre; de sorte qu'il ne reste qu'un peu plus de neuf lignes pour la tête, le cou et le corps de l'oiseau; dimensions plus petites que celles de nos grosses mouches. Tout le dessus de la tête et du corps est vert-doré brun changeant et à reflets rougeâtres; tout le dessous est gris-blanc. Les plumes de l'aile sont d'un brun tirant sur le violet; et cette couleur est presque généralement celle des ailes dans tous les oiseaux-mouches, aussi bien que dans les colibris. Ils ont aussi assez communément le bec et les pieds noirs: les jambes sont recouvertes assez bas de petits duvets effilés, et les doigts sont garnis de petits ongles aigus et courbés. Tous ont dix plumes à la queue: et l'on est étonné que Marcgrave n'en compte que quatre: c'est vraisemblablement une erreur de copiste. La couleur de ces plumes de la queue est, dans la plupart des espèces, d'un noir-bleuâtre, avec l'éclat de l'acier bruni. La femelle a généralement les couleurs moins vives: on la reconnaît aussi, suivant les meilleurs observateurs (1), à ce qu'elle est un peu plus petite que le mâle. Le caractère du bec de l'oiseau-mouche est d'être égal dans sa longueur, un peu renflé vers le bout, comprimé horizontalement, et *droit*. Ce dernier trait distingue les oiseaux-mouches des colibris, que plusieurs naturalistes

---

(1) Grew dans les Transact. phil., n° 200, art. 5. Labat, Dutertre.

des plus petits oiseaux-mouches; sa taille et sa figure sont celles du rubis : il a de même la queue fourchue : le devant du corps est marbré de gris-blanc et de brun; le dessus est vert-doré : la couleur améthiste de la gorge se change en brun-pourpré, quand l'œil se place un peu plus bas que l'objet : les ailes semblent un peu plus courtes que dans les autres oiseaux-mouches, et ne s'étendent pas jusqu'aux deux plumes du milieu de la queue, qui sont cependant les plus courtes, et rendent sa coupe fourchue.

L'ORVERT.

QUATRIÈME ESPÈCE.

Trochilus viridissimus, Lath., Gmel., Vieill. (1).

Le vert et le jaune-doré brillent plus ou moins dans tous les oiseaux-mouches; mais ces belles couleurs couvrent le plumage entier de celui-ci avec un éclat et des reflets que l'œil ne peut se lasser d'admirer : sous certains aspects, c'est un or brillant et pur; sous d'autres, un vert glacé qui n'a pas moins de lustre que le métal poli. Ces couleurs s'étendent jusque sur les ailes; la queue

---

(1) M. Vieillot rapporte cet oiseau, ainsi que le vert-doré, à l'espèce qu'il nomme Oiseau-mouche tout-vert. Desm. 1827.

est d'un noir d'acier bruni; le ventre blanc. Cet oiseau-mouche est encore très-petit, et n'a pas deux pouces de longueur; c'est à cette espèce que nous croyons devoir rapporter le petit *oiseau-mouche entièrement vert* (*all green humming bird*) de la troisième partie des Glanures d'Edwards (*page* 316, *planche* 360), que le traducteur donne mal à-propos pour un colibri; mais la méprise est excusable, et vient de la langue anglaise elle-même qui n'a qu'un nom commun, celui d'*Oiseau bourdonnant* (*Humming bird*), pour désigner les colibris et les oiseaux-mouches.

Nous rapporterons encore à cette espèce la seconde de Marcgrave; sa beauté singulière, son bec court (1), et l'éclat d'or et de vert brillant et glacé (*transplendens*) du devant du corps, le désignent assez. M. Brisson, qui fait de cette seconde espèce de Marcgrave sa seizième sous le nom d'*Oiseau-mouche à queue fourchue du Brésil*, n'a pas pris garde que, dans Marcgrave, cet oiseau n'a la queue ni longue, ni fourchue (*cauda similis priori*), dit cet auteur; or la première espèce n'a point la queue fourchue, mais *droite, longue seulement d'un doigt*, et qui ne dépasse pas l'aile (2).

---

(1) « Pulchrior priori.... tam eleganti et splendente viriditate; cum « aureo colore transplendente sunt plumæ, ut mirè resplendeant. » Marcgrave, Guainumbi secunda species.

(2) « Caudam habet directam, digitum longam. » Marcgrave, secunda species.

LE HUPECOL*.

CINQUIÈME ESPÈCE.

Trochilus ornatus, Lath., Gmel., Cuv. (1).

CE nom désigne un caractère fort singulier, et qui suffit pour faire distinguer l'oiseau de tous les autres ; non seulement sa tête est ornée d'une huppe rousse assez longue, mais de chaque côté du cou, au-dessous des oreilles, partent sept ou huit plumes inégales ; les deux plus longues ayant six à sept lignes sont de couleur rousse et étroites dans leur longueur, mais le bout un peu élargi est marqué d'un point vert ; l'oiseau les relève en les dirigeant en arrière ; dans l'état de repos, elles sont couchées sur le cou, ainsi que sa belle huppe : tout cela se redresse quand il vole, et alors l'oiseau paraît tout rond. Il a la gorge et le devant du cou d'un riche vert-doré (en tenant l'œil beaucoup plus bas que l'objet, ces plumes si brillantes paraissent brunes) ; la tête et tout le dessus du corps est vert avec des reflets éclatants d'or et de bronze, jusqu'à une bande blan-

---

* Voyez les planches enluminées, n° 640, fig. 3.

(1) Cet oiseau-mouche de M. Cuvier a été figuré par M. Vieillot, sur ses planches 49 et 5o. *Ois. dorés.* DESM. 1827.

1 Le Huppe-Col, 2. le Rubis-topaze.

de grandeur natu.^{lle}

che qui traverse le croupion ; de là jusqu'au bout
de la queue règne un or luisant sur un fond brun
aux barbes extérieures des pennes, et roux aux
intérieures ; le dessous du corps est vert-doré
brun ; le bas-ventre blanc. La grosseur du hupe-
col ne surpasse pas celle de l'améthiste : sa femelle lui ressemble, si ce n'est qu'elle n'a point
de huppe ni d'oreilles ; qu'elle a la bande du
croupion roussâtre, ainsi que la gorge ; le reste
du dessous du corps roux, nuancé de verdâtre ;
son dos et le dessus de sa tête sont, comme dans
le mâle, d'un vert à reflets d'or et de bronze.

LE RUBIS-TOPAZE.[*][(1)]

SIXIÈME ESPÈCE.

Trochilus Moschitus, Lath., Gmel., Vieill. (2).

De tous les oiseaux de ce genre, celui-ci est le

[*] Voyez les planches enluminées, n° 227, fig. 2, sous la dénomination d'*Oiseau-mouche à gorge dorée du Brésil.*

(1) *Guainumbi, octava species.* Marcgrave, Hist. Nat. Bras., pag. 97.
— Willughby, Ornithol., pag. 167. — Jonston, Avi., pag. 135. —
Guainumbi major. Rai, Synops., pag. 83, n° 8. — *Avis colubri omnium
minima, Americana, thaumantias dicta.* Séba, vol. I, pag. 61. — *Melli-*

(2) Il faut rapporter à cette espèce, selon M. Vieillot, l'Escarboucle,
qui est décrit ci-après, page 30. Desm. 1827.

plus beau, dit Marcgrave, et le plus élégant; il
a les couleurs et jette le feu des deux pierres précieuses dont nous lui donnons les noms; il a le
dessus de la tête et du cou aussi éclatant qu'un
rubis; la gorge et tout le devant du cou, jusque
sur la poitrine, vus de face, brillent comme une
topaze aurore du Brésil; ces mêmes parties, vues
un peu au-dessous, paraissent un or mat, et vues
de plus bas encore, se changent en vert-sombre;
le haut du dos et le ventre sont d'un brun-noir
velouté; l'aile est d'un brun-violet; le bas-ventre
blanc; les couvertures inférieures de la queue et
ses pennes sont d'un beau roux-doré et teint de
pourpre; elle est bordée de brun au bout; le
croupion est d'un brun relevé de vert-doré; l'aile
pliée ne dépasse pas la queue, dont les pennes
sont égales. Marcgrave remarque qu'elle est large,
et que l'oiseau l'étale avec grace en volant: il est
assez grand dans son genre. Sa longueur totale
est de trois pouces quatre à six lignes; son bec
est long de sept à huit; Marcgrave dit *d'un demi-
pouce.* Cette belle espèce paraît nombreuse, et
elle est devenue commune dans les cabinets des

---

suga; *thaumantias Americana*, omnium minima. Klein, Avi., pag. 105,
n° 2 (Klein l'appelle *minima* sur la dénomination de Séba, en remar-
quant lui-même qu'il est représenté assez grand dans cet auteur). —
« Mellisuga fusca, cum aliquâ supernè viridi-aurei mixturâ, vertice et collo
« superiore splendidè purpureis; gutture, collo inferiore et pectore to-
« pazinis; rectricibus rufo purpurascentibus, apice nigro violaceis.…
« Mellisuga Brasiliensis gutture topazino. » Brisson, Ornithol., tome III,
page 699.

naturalistes : Séba témoigne avoir reçu de Curaçao plusieurs de ces oiseaux ; on peut leur remarquer un caractère que portent plus ou moins tous les oiseaux-mouches et colibris, c'est d'avoir le bec bien garni de plumes à sa base, et quelquefois jusqu'au quart ou au tiers de sa longueur.

La femelle n'a qu'un trait d'or ou de topaze sur la gorge et le devant du cou ; le reste du dessous de son corps est gris-blanc.

Nous croyons que l'oiseau-mouche représenté n° 640, *fig.* 1 de nos planches enluminées (1), est d'une espèce très-voisine, ou peut-être de la même espèce que celui-ci ; car il n'en diffère que par la huppe, qui n'est pas fort relevée : du reste les ressemblances sont frappantes ; et de la comparaison que nous avons faite des deux individus d'après lesquels ont été gravées ces figures, il résulte que ce dernier, un peu plus petit dans ses dimensions, est moins foncé dans ses couleurs, dont les teintes et la distribution sont essentiellement les mêmes : ainsi l'un pourrait être le jeune et l'autre l'adulte ; ou bien c'est une variété produite par le climat : comme l'un est de Cayenne et l'autre du Brésil, cette différence peut se trouver dans l'espace de l'une à l'autre région. L'oiseau-mouche à huppe de rubis (*ruby crested humming bird*), donné *planche* 344, *page* 280 de la troisième partie des Glanures d'Edwards, se rapporte

---

(1). Cet oiseau est le *Trochilus elatus* de Gmelin. Desm. 1827.

parfaitement à notre figure enluminée, *n°* 640,
fig. 1. Et c'est encore la tête de cet oiseau-mouche
que M. Frisch a donnée, *tab.* 24, et sur laquelle
M. Brisson fait sa seconde espèce, en prenant
pour sa femelle l'autre figure donnée au même
endroit de Frisch, et qui représente un petit
oiseau-mouche vert-doré : mais la femelle de l'oiseau-mouche à gorge topaze, dont le corps est
brun, n'a certainement pas le corps vert; aucune
femelle en ce genre, comme dans tous les oiseaux,
n'ayant jamais les couleurs plus éclatantes que le
mâle : ainsi nous rapporterons beaucoup plus vraisemblablement à notre *orvert* ce *second* oiseau-
mouche *au corps tout vert*, donné par M. Frisch.

L'OISEAU-MOUCHE HUPPÉ.*[1]

SEPTIÈME ESPÈCE.

Trochilus cristatus, Lath., Gmel., Cuv. (2).

Cet oiseau est celui que Dutertre et Feuillée

---

* Voyez les planches enluminées, n° 227, fig. 1.

(1) *Petit colibri.* Dutertre, Hist. des Antilles, tom. II, pag. 262. —
Colibri. Feuillée, Journal d'observ. (1714), pag. 413. — *The crested
humming bird.* Edwards, tom. I, pl. 37.—*Mellisuga cristata.* Klein, Avi.,

(2) Il appartient au genre Oiseau-mouche de M. Cuvier, et a été
figuré, par M. Vieillot, sur les planches 47 et 48 de ses *Oiseaux dorés.*

DESM. 1827.

1. L'Oiseau Mouché huppé ; 2. le Saphir

de grand.^r naturelle

.ont pris pour un *colibri;* mais c'est un oiseau-
mouche, et même l'un des plus petits, car il n'est
guère plus gros que le rubis. Sa huppe est comme
une émeraude du plus grand brillant; c'est ce qui
le distingue : le reste de son plumage est assez
obscur; le dos a des reflets verts et or sur un
fond brun; l'aile est brune; la queue noirâtre et
luisante comme l'acier poli; tout le devant du
corps est d'un brun-velouté, mêlé d'un peu de
vert-doré vers la poitrine et les épaules : l'aile pliée
ne dépasse pas la queue. Nous remarquerons que,
dans la figure enluminée, la teinte verte du dos
est trop forte et trop claire, et la huppe un peu
exagérée et portée-trop en arrière. Dans cette espèce, le dessus du bec est couvert de petites
plumes vertes et brillantes presque jusqu'à la
moitié de sa longueur. Edwards a dessiné son
nid. Labat remarque que le mâle seul porte la
huppe, et que les femelles n'en ont pas.

---

pag. 106, n° 4. — « Mellisuga cristata supernè viridi-aurea cupri puri
« colore varians, infernè fusca, viridi-aureo mixta ; gutture et collo in-
« feriore cinereo-fuscis; rectricibus lateralibus nigro violaceis; pedibus
« pennatis.... Mellisuga cristata. » Brisson, Ornithol., tome III, pag. 714.
— Cette espèce paraît indiquée, n° 1. An Essay on hist. nat. of Guyana,
pag. 166, à la huppe brillante et au sombre relevé de reflets du reste du
plumage, elle est assez reconnaissable.

L'OISEAU-MOUCHE A RAQUETTES

HUITIÈME ESPÈCE.

Trochilus platurus, Lath., Cuv., Vieill. (1).

Deux brins nus, partant des deux plumes du milieu de la queue de cet oiseau, prennent à la pointe une petite houppe en éventail, ce qui leur donne la forme de raquettes : les tiges de toutes les pennes de la queue sont très-grosses et d'un blanc-roussâtre ; elle est du reste brune comme l'aile, le dessus du corps est de ce vert-bronzé qui est la couleur commune parmi les oiseaux-mouches : la gorge est d'un riche vert-d'émeraude. Cet oiseau peut avoir trente lignes de la pointe du bec à l'extrémité de la vraie queue ; les deux brins l'excèdent de dix lignes. Cette espèce est encore peu connue, et paraît très-rare (2). Nous l'avons décrite dans le cabinet de M. Mauduit : elle est une des plus petites, et, non compris la queue, l'oiseau n'est pas plus gros que le huppe-col.

(1) Du genre Oiseau-mouche de M. Cuvier, et figuré, pl. 52 des *Oiseaux dorés* de M. Vieillot. Desm. 1827.

(2) On en trouve une notice dans le *Journal de Physique*, du mois de juin 1777, page 466.

L'OISEAU-MOUCHE POURPRÉ.[1]

NEUVIÈME ESPÈCE.

Trochilus ruber, Lath., Gmel., Vieill.

Tout le plumage de cet oiseau est un mélange d'orangé, de pourpre et de brun, et c'est peut-être, suivant la remarque d'Edwards, le seul de ce genre qui ne porte pas ou presque pas de ce vert-doré qui brillante tous les autres oiseaux-mouches. Sur quoi il faut remarquer que M. Klein a donné à celui-ci un caractère insuffisant, en l'appelant *Suce-fleurs à ailes brunes* (*Mellisuga alis fuscis*), puisque la couleur brune, plus ou moins violette, ou pourprée, est généralement celle des ailes des oiseaux-mouches. Celui-ci a le bec long de dix lignes, ce qui fait presque le tiers de sa longueur totale.

---

(1) *The tittle Brown humming bird.* Edwards, Hist. of Birds, tom. I, pag. et pl. 32. — *Mellisuga alis fuscis.* Klein, Avi., pag. 106, n° 6. — « Mellisuga supernè fusca, fusco-flavicante mixta, infernè dilutè spadicea; « pectore maculis nigricantibus vario; tænia infrà oculos obscurè fuscá; « rectricibus binis intermediis fuscis, lateralibus fusco-violaceis.... Melli-• « suga Surinamensis. » Brisson, Ornitholog., tome III, page 701. — « Trochilus rectricibus lateralibus violaceis, corpore testaceo fusco sub-« maculato.... Trochilus ruber. » Linnæus, Syst. Nat., ed. X, Gen. 60, Sp. 15.

LA CRAVATE DORÉE. *(1)

DIXIÈME ESPÈCE.

Trochilus leucogaster, Gmel., Vieill.

L'oiseau donné sous cette dénomination, dans les planches enluminées, paraît être celui de la *première espèce* de Marcgrave, en ce qu'il a sur la gorge un trait doré ; caractère que cet auteur désigne par ces mots : *le devant du corps blanc, mêlé au-dessous du cou de quelques plumes de couleur éclatante*, et que M. Brisson n'exprime pas dans sa huitième espèce, quoiqu'il en fasse la description sur cette première de Marcgrave. Sa longueur est de trois pouces cinq ou six lignes ; tout le dessous du corps, à l'exception du trait doré du devant du cou, est gris-blanc, et le des-

---

* Voyez les planches enluminées, n° 672, fig. 3.

(1) *Guainumbi prima species*. Marcgrave, Hist. Nat. Brasiliensibus, pag. 196, avec une figure. — Willughby, Ornithol., pag. 166. — Rai, Synops. avi, pag. 187, n° 42 ; et pag. 82, n° 1, sous le nom de *Guainumbi major, avicula minima*. Mus. Worm., pag. 298, avec la figure copiée de Marcgrave. — *The larger humming bird*. Sloane, Jamaïc.., pag. 308, n° 39, avec une mauvaise figure, tab. 264, fig. 2. — « Melli- « suga supernè viridi-aurea, cupri puri colore varians, infernè alba ; « rectricibus nigro chalybeis duabus intermediis cupri puri colore va- « riantibus.... Mellisuga Cayanensis ventre albo. » Brisson, Ornith., tome III, page 707.

sus vert-doré : et, de plus, nous regarderons comme la femelle dans cette espèce l'oiseau dont M. Brisson fait sa neuvième espèce (1), n'ayant rien qui la distingue assez pour l'en séparer.

LE SAPHIR.

ONZIÈME ESPÈCE.

Trochilus saphirinus, Lath., Vieill. (2).

CET oiseau-mouche est dans ce genre un peu au-dessus de la taille moyenne; il a le devant du cou et la poitrine d'un riche bleu de saphir avec des reflets violets; la gorge rousse; le dessus et le dessous du corps vert-doré sombre; le bas-ventre blanc; les couvertures inférieures de la queue rousses, les supérieures d'un brun-doré éclatant; les pennes de la queue d'un roux-doré, bordé de brun; celles de l'aile brunes; le bec blanc, excepté la pointe qui est noire.

---

(1) « Mellisuga supernè viridi-aurea, cupri puri colore varians, infernè « griseo-fusca; rectricibus primâ medietate viridi-aureis, cupri puri co- « lore variantibus, alterâ nigro-purpureis, lateralibus apice griseis; pe- « dibus pennatis.... Mellisuga Cayanensis ventre griseo. » Brisson, Ornitholog., tome III, page 709.

(2) Il est figuré, pl. 35 des *Oiseaux dorés*. DESM. 1827.

LE SAPHIR-ÉMERAUDE.

DOUZIÈME ESPÈCE.

Trochilus bicolor, Lath.; *T. smaragdo-saphirinus*, Vieill. (1).

Les deux riches couleurs qui parent cet oiseau, lui méritent le nom des deux pierres précieuses dont il a le brillant ; un bleu de saphir éclatant couvre la tête et la gorge, et se fond admirablement avec le vert d'émeraude glacé à reflets dorés qui couvre la poitrine, l'estomac, le tour du cou et le dos. Cet oiseau-mouche est de la moyenne taille ; il vient de la Guadeloupe, et nous ne croyons pas qu'il ait encore été décrit. Nous en avons vu un autre venu de la Guyane et de la même grandeur, mais il n'avait que la gorge saphir, et le reste du corps d'un vert-glacé très-brillant ; tous deux sont conservés avec le premier dans le beau cabinet de M. Mauduit ; ce dernier nous paraît être une variété, ou du moins une espèce très-voisine de celle du premier ; ils ont également le bas-ventre blanc ; l'aile est brune et ne dépasse pas la queue, qui est coupée également et arrondie ; elle est noire, à reflets bleus ; leur bec est assez long, sa moitié inférieure est blanchâtre et la supérieure est noire.

---

(1) Représenté, pl. 36 et 40 des *Oiseaux dorés*. DESM. 1827.

L'ÉMERAUDE-AMÉTHISTE.

TREIZIÈME ESPÈCE.

Trochilus Ourissia, Lath., Gmel., Vieill.

Cet oiseau-mouche est de la taille moyenne approchant de la grande; il a près de quatre pouces, et son bec huit lignes; la gorge et le devant du cou sont d'un vert d'émeraude éclatant et doré; la poitrine, l'estomac et le haut du dos d'un améthiste bleu-pourpré de la plus grande beauté; le bas du dos est vert-doré, sur fond brun; le ventre blanc; l'aile noirâtre; la queue est d'un noir-velouté luisant comme l'acier poli, elle est fourchue et un peu plus longue que l'aile. On peut rapporter à cette espèce celle qui est donnée dans Edwards, *pl.* 35 (*the green and blue humming bird*), et décrite par M. Brisson sous le nom d'*Oiseau-mouche à poitrine bleue de Surinam* (1), qui est le même que représentent nos planches enluminées, *n°* 227, *fig.* 3. La teinte pourpre dans le bleu n'y est point assez sentie,

(1) « Mellisuga supernè viridi-aurea, cupri puri colore varians, in-« fernè splendidè cærulea; imo ventre fusco, dorso supremo cæruleo ; « rectricibus fusco violaceis.... Mellisuga Surinamensis pectore cæruleo. » Brisson, Ornithol., tome III, page 711.

brune; la queue, un peu élargie, a le luisant de
l'acier poli. La longueur totale de cet oiseau est
d'un peu plus de trois pouces; il est représenté
n° 276, *fig.* 3 de nos planches enluminées, et l'on
doit remarquer que le dessous du corps n'est
pas pleinement vert comme le dos, et qu'il n'a
que des taches ou des ondes de cette couleur.
Nous n'hésiterons pas à rapporter la *figure* 2 de
la même planche à la femelle de cette espèce,
presque toute la différence consistant dans la grandeur, qu'on sait être généralement moindre dans
les femelles de cette famille d'oiseaux. M. Brisson
soupçonne aussi que sa *cinquième espèce* (1) pourrait bien n'être que la femelle de sa *sixième*, qui
est celle-ci, en quoi nous serons volontiers de
son avis; mais il nous paraît, au sujet de cette
dernière, qu'il a cité mal à-propos Séba, qui ne
donne, à l'endroit indiqué (2), aucune espèce
particulière d'oiseau-mouche, mais y parle de cet
oiseau en général, de sa manière de nicher et de
vivre; il dit, d'après Mérian, que les grosses araignées de la Guyane font souvent leur proie de
ses œufs et du petit oiseau lui-même, qu'elles en-
lacent dans leurs toiles et froissent dans leurs
serres; mais ce fait ne nous a pas été confirmé,

---

(1) « Mellisuga supernè fusca, cupri puri colore varians, infernè
« griseo-alba; gutture fusco maculato; rectricibus nigro chalybeis; pe-
« dibus pennatis. Mellisuga Dominicensis. » Brisson, Ornithol, tome III,
page 702.

(2) Vol. II, pag. 42.

et si quelquefois l'oiseau-mouche est surpris par l'araignée, sa grande vivacité et sa force, doivent le faire échapper aux embûches de l'insecte.

L'OISEAU-MOUCHE[1]

A GORGE TACHETÉE.

SEIZIÈME ESPÈCE.

Trochilus mellivorus, Lath., Vièill. (2).

CETTE espèce a les plus grands· rapports avec la précédente et les *figures* 2 *et* 3 de la planche enluminée 276, excepté qu'elle est plus grande; et sans cette différence qui nous a paru trop forte, nous n'eussions pas hésité de l'y rapporter : elle a, suivant M. Brisson, près de quatre pouces de longueur, et le bec onze lignes. Du reste, les couleurs du plumage paraissent entièrement les mêmes que celles de l'espèce précédente.

---

(1) « Mellisuga viridi-aurea, cupri puri colore varians; pennis in gut-
« ture et collo inferiore albo fimbriatis; ventre cinereo; rectricibus nigro
« chalybeis, duabus intermediis cupri puri colore variantibus, lateralibus
« apice griseis.... Mellisuga Cayanensis gutture nævio. » Brisson,
Ornitholog., tome III, page 722.

(2) M. Vieillot pense que cet oiseau-mouche n'est qu'un jeune de l'espèce à collier, décrite ci-après, page 37. DESM. 1827.

---

de simples prolongements et des accroissements développés de parties communes à tous les autres. L'oiseau-mouche à oreilles est de la première grandeur dans ce genre; il a quatre pouces et demi de longueur, ce qui n'empêche pas que la dénomination de *grand Oiseau-mouche de Cayenne*, que lui attribue M. Brisson, ne paraisse mal appliquée, quand quatre pages plus loin (*espèce* 17), on trouve un autre *Oiseau-mouche de Cayenne* aussi grand, et beaucoup plus, si on le veut mesurer jusqu'aux pointes de la queue. Des deux pinceaux qui garnissent l'oreille de celui-ci, et qui sont composés chacun de cinq ou six plumes, l'un est vert d'émeraude et l'autre violet-améthyste; un trait de noir-velouté passe sous l'œil; tout le devant de la tête et du corps est d'un vert-doré éclatant, qui devient, sur les couvertures de la queue, un vert-clair des plus vifs; la gorge et le dessous du corps sont d'un beau blanc; des pennes de la queue, les six latérales sont du même blanc, les quatre du milieu d'un noir tirant au bleu-foncé; l'aile est noirâtre, et la queue la dépasse de près du tiers de sa longueur. La femelle de cet oiseau n'a ni ses pinceaux, ni le trait noir sous l'œil aussi distinct; dans le reste, elle lui ressemble.

L'oiseau Mouche à collier, ¾ de grand.^r natu.^{le} 2. L'oiseau Mou
tuyaux ⅔ de grand.^r natu.^{le}

L'OISEAU-MOUCHE*(1)

A COLLIER,

DIT LA JACOBINE.

DIX-NEUVIÈME ESPÈCE.

Trochilus mellivorus, Lath., Gmel., Vieill. (2).

C ET oiseau-mouche est de la première grandeur; sa longueur est de quatre pouces huit lignes; son bec a dix lignes; il a la tête, la gorge et le cou d'un beau bleu-sombre changeant en vert; sur le derrière du cou, près du dos, il porte un demi-collier blanc; le dos est vert-doré; la queue blanche à la pointe, bordée de noir, avec les deux pennes du milieu et les couvertures vert-doré; la poitrine et le flanc sont de même; le ventre est blanc : c'est apparemment de cette distribution

---

* Voyez les planches enluminées, n° 640, fig. 2.

(1) « Mellisuga supernè viridi-aurea, cupri pari colore varians, infernè « alba; capite et collo splendidè cæruleis; collo superiore torque albo « cincto; rectricibus lateralibus candidis..... Mellisuga Surinamensis « torquata. » Brisson, Ornith., tome III, page 713. *The white bellyd'hum-ming bird*. Edwards, pl. 35.

(2) L'Oiseau-mouche à gorge tachetée, décrit ci-dessus, page 33, n'est, selon M. Vieillot, qu'un jeune individu de cette espèce. DESM. 1827.

du blanc dans son plumage qu'est venue l'idée de l'appeler *Jacobine*. Les deux plumes intermédiaires de la queue sont un peu plus courtes que les autres; l'aile pliée ne la dépasse pas : cette espèce se trouve à Cayenne et à Surinam. La figure qu'en donne Edwards paraît un peu trop petite dans toutes ses dimensions, et il se trompe quand il conjecture que la seconde figure de la même *planche* 35 est le mâle ou la femelle dans la même espèce; les différences sont trop grandes; la tête dans ce second oiseau-mouche n'est point bleue; il n'a point de collier, ni la queue blanche, et nous l'avons rapporté, avec beaucoup plus de vraisemblance, à notre treizième espèce.

L'OISEAU-MOUCHE[*]

A LARGES TUYAUX.

VINGTIÈME ESPÈCE.

Trochilus latipennis, Lath., Vieill., Cuv. (1).

C ET oiseau et le précédent sont les deux plus grands que nous connaissions dans le genre des

---

[*] Voyez les planches enluminées, n° 672, fig. 2.

(1) Cette espèce du genre Oiseau-mouche de M. Cuvier, est figurée dans les *Oiseaux dorés* de M. Vieillot, pl. 21. DESM. 1827.

oiseaux-mouches; celui-ci a quatre pouces huit lignes de longueur; tout le dessus du corps est d'un vert-doré faible; le dessous gris; les plumes du milieu de la queue sont comme le dos; les latérales, blanches à la pointe, ont le reste d'un brun d'acier poli : il est aisé de le distinguer des autres par l'élargissement des trois ou quatre grandes pennes de ses ailes, dont le tuyau paraît grossi et dilaté, courbé vers son milieu, ce qui donne à l'aile la coupe d'un large sabre. Cette espèce est nouvelle et paraît être rare; elle n'a point encore été décrite, c'est dans le cabinet de M. Mauduit, qui l'a reçue de Cayenne, que nous l'avons fait dessiner.

L'OISEAU-MOUCHE[1]

A LONGUE QUEUE, COULEUR D'ACIER BRUNI.

VINGT-UNIÈME ESPÈCE.

Trochilus macrourus, Lath., Gmel., Vieill.

LE beau bleu-violet qui couvre la tête, la gorge

---

[1] *Guainumbi tertia species.* Marcgrave, Hist. Nat. Brasil., pag. 197. —Willughby, Ornithol., pag. 166. — Rai, Synopsis Avi., pag. 187, n° 41.—*Guainumbi minor caudâ longissimâ forcipatâ.* Id., ibid., pag. 83, n° 3.—*Avicula minima.* Mus. Worm., pag. 298.—*Mellivora avis maxima.* Sloane, Jamaïc., pag. 309, n° 41 (Sloane rapporte lui-même cette es-

et le cou de cet oiseau-mouche, semblerait lui
donner du rapport avec le saphir, si la longueur
de sa queue ne faisait une trop grande différence;
les deux pennes extérieures en sont plus longues
de deux pouces que les deux du milieu; les latérales vont toujours en décroissant, ce qui rend
la queue très-fourchue; elle est d'un bleu-noir
luisant d'acier poli; tout le corps, dessus et dessous, est d'un vert-doré éclatant; il y a une tache
blanche au bas-ventre; l'aile pliée n'atteint que
la moitié de la longueur de la queue, qui est de
trois pouces trois lignes; le bec en a onze : la
longueur totale de l'oiseau est de six pouces. La
ressemblance entière de cette description avec
celle que Marcgrave donne de sa troisième espèce,
nous force à la rapporter à celle-ci, contre l'opinion de M. Brisson, qui en fait sa *vingtième;* mais
il paraît certain qu'il se trompe : en effet, la troisième espèce de Marcgrave *porte une queue longue de plus de trois pouces* (1); celle du vingtième
oiseau-mouche de M. Brisson n'a *qu'un pouce six
lignes* (2); différence trop considérable pour se

---

pèce à la troisième de Marcgrave, et nous prouvons que cette dernière
doit se rapporter ici). — « Mellisuga viridi-aurea; capite et collo supe-
« riore cæruleo-violaceis, viridi-aureo mixtis; collo inferiore cæruleo-
« violaceo; rectricibus cæruleo-chalybeis; caudâ bifurcâ.... Mellisuga
« Cayanensis caudâ bifurcâ. » Brisson, Ornitholog., tome III, page 726.

(1) « Caudam longiorem cæteris omnibus, et paulò plus tribus digitis
« longam. » Marcgrave, tertia species.

(2) Brisson, Ornithol., tome III, page 732.

trouver dans la même espèce : en établissant donc celle-ci pour la troisième de Marcgrave, nous donnons, d'après M. Brisson, la suivante.

—————————————————————————————

L'OISEAU-MOUCHE VIOLET[1]

A QUEUE FOURCHUE.

VINGT-DEUXIÈME ESPÈCE.

Trochilus furcatus, Lath., Gmel., Vieill.

—————————————

Outre la différence de grandeur, comme nous venons de l'observer, il y a encore entre cette espèce et la précédente de la différence dans les couleurs; le haut de la tête et du cou sont d'un brun changeant en vert-doré, au lieu que ces parties sont changeantes en bleu dans le troisième oiseau-mouche de Marcgrave (2); dans celui-ci, le dos et la poitrine sont d'un *bleu-violet éclatant*; dans celui de Marcgrave, vert-doré (3). Ce qui

———————————————————————————————

(1) « Mellisuga splendidè cæruleo-violacea; dorso infimo, uropygio, « gutture et collo inferiore viridi-aureis; capite et collo superiore fusco « viridi-aureis, cupri puri colore variantibus; rectricibus nigris; caudâ « bifurcâ.... Mellisuga Jamaïcensis caudâ bifurcâ. » Brisson, Ornithol., tome III, page 732.

(2) « Caput et collum ex nigro sericeo colore elegantissimè cæruleum transplendent. » Marcgrave.

(3) « Totum dorsum et pectus viride aureum. » Idem.

nous force de nouveau à remarquer l'inadvertance qui a fait rapporter ces deux espèces l'une à l'autre. Dans celle-ci, la gorge et le bas du dos sont vert-doré brillant; les petites couvertures du dessus des ailes d'un beau violet; les grandes vert-doré; leurs pennes noires; celles de la queue de même; les deux extérieures sont les plus longues, ce qui la rend fourchue; elle n'a qu'un pouce et demi de longueur; l'oiseau entier en a quatre.

L'OISEAU-MOUCHE[1]

A LONGUE QUEUE, OR, VERT ET BLEU.

VINGT-TROISIÈME ESPÈCE.

Trochilus forficatus, Gmel., Vieill.

Les deux plumes extérieures de la queue de cet oiseau-mouche sont près de deux fois aussi longues que le corps, et portent plus de quatre

---

[1] « Polythmus viridans, aureo varié splendens, pinnis binis uropygii « longissimis. » Browne, Hist. Nat. of Jamaïc., pag. 475. — *The long tail'd green humming bird.* Edwards, Hist., pag. et pl. 33.— *Falcinellus vertice caudaque cyaneis.* Klein, Avi., pag. 108, n° 16. — « Mellisuga « viridi-aurea, vertice cæruleo; imo ventre candido; rectricibus viridi- « aureis splendenti cæruleo colore variantibus; caudâ bifurcâ.... Melli- « suga Jamaïcensis caudâ bifurcâ. » Brisson, Ornithol., tome III, page 728.

pouces. Ces plumes, et.toutes celles de la queue, dont les deux du milieu sont très-courtes et n'ont que huit lignes, sont d'une admirable beauté, mêlées de reflets verts et bleu-dorés, dit Edwards; le dessus de la tête est bleu; le corps vert; l'aile est d'un brun-pourpré : cette espèce se trouve à la Jamaïque.

L'OISEAU-MOUCHE[1]

A LONGUE QUEUE NOIRE.

VINGT-QUATRIÈME ESPÈCE.

Trochilus Polythmus, Lath., Gmel., Vieill. (2).

Cet oiseau-mouche a la queue plus longue qu'aucun des autres; les deux grandes plumes en

---

(1) *The long-tail'd black-cap humming bird.* Edwards, Hist., pag. et pl. 32.—« Polythmus major nigricans, aureo variè splendens, pinnis binis « uropygii longissimis. » Browne, Nat. Hist. of Jamaïc., pag. 475. — *Falcinellus caudá septem unciarum.* Klein, Avi., pag. 108, n° 17. — Bourdonneur de Mango à longue queue. Albin, tome III, page 20, avec une mauvaise figure, pl. 49, a. — « Mellisuga supernè viridi-flavicans, « infernè viridi-aurea cæruleo colore varians; capite superiore nigro- « cæruleo; marginibus alarum candidis; rectricibus nigricantibus caudá « bifurcá.... Mellisuga Jamaïcensis atricapilla caudá bifurcá. » Brisson, Ornithol., tome III, page 729.

(2) M. Vieillot considère cet oiseau comme ne différant pas spécifique-ment du vrai colibri à tête noire. DESM. 1827.

sont quatre fois aussi longues que le corps, qui à peine a deux pouces : ce sont encore les deux plus extérieures; elles ne sont barbées que d'un duvet effilé et flottant; elles sont noires, comme le sommet de la tête; le dos est vert-brun doré; le devant du corps vert; l'aile brun-pourpré. La figure d'Albin est très-mauvaise, et il a grand tort de donner cette espèce comme la plus petite du genre : quoi qu'il en soit, il dit avoir trouvé cet oiseau-mouche à la Jamaïque dans son nid fait de coton.

Nous trouvons, dans l'Essai sur l'Histoire naturelle de la Guyane (1), l'indication d'un petit oiseau-mouche *à huppe bleue* (*page* 169); il ne nous est pas connu, et la notice qu'en donne l'auteur, ainsi que de deux ou trois autres, ne peut suffire pour déterminer leurs espèces, mais peut servir à nous convaincre que le genre de ces jolis oiseaux, tout riche et tout nombreux que nous venions de le représenter, l'est encore plus dans la nature.

-----

(1) An Essay on Hist. Nat. of Guyana.

LE COLIBRI. [1-2]

La nature, en prodiguant tant de beautés à l'oiseau-mouche, n'a pas oublié le colibri, son voisin
et son proche parent; elle l'a produit dans le
même climat et formé sur le même modèle : aussi
brillant, aussi léger que l'oiseau-mouche, et vivant comme lui sur les fleurs, le colibri est paré
de même de tout ce que les plus riches couleurs
ont d'éclatant, de moelleux, de suave; et ce que
nous avons dit de la beauté de l'oiseau-mouche,
de sa vivacité, de son vol bourdonnant et rapide,
de sa constance à visiter les fleurs, de sa manière
de nicher et de vivre, doit s'appliquer également
au colibri : un même instinct anime ces deux
charmants oiseaux; et comme ils se ressemblent
presque en tout, souvent on les a confondus sous
un même nom : celui de *Colibri* est pris de la
langue des Caribes. Marcgrave ne distingue pas

---

(1) En brésilien, *Guainumbi*, comme l'oiseau-mouche, avec lequel
le colibri est confondu dans la plupart des auteurs, sous des dénominations communes; à la Guyane, en langue garipane, *Toukouki*; *Ronckjes*, chez certains Indiens, suivant Séba (nom que nous ne trouvons
nulle part). En latin de nomenclature, *Polythmus, Falcinellus, Trochilus*
et *Mellisuga*.

(2) Cet article contient des généralités sur les vrais colibris, qui diffèrent des oiseaux-mouches par leur bec plus ou moins arqué. Desm. 1827.

les colibris des oiseaux-mouches, et les appelle tous indifféremment du nom brésilien *Guainumbi* (1); cependant ils diffèrent les uns des autres par un caractère évident et constant; cette différence est dans le bec : celui des colibris, égal et filé, légèrement renflé par le bout, n'est pas droit comme dans l'oiseau-mouche, mais courbé dans toute sa longueur : il est aussi plus long à proportion. De plus, la taille svelte et légère des colibris paraît plus allongée que celle des oiseaux-mouches; ils sont aussi généralement plus gros : cependant il y a de petits colibris moindres que les grands oiseaux-mouches. C'est au-dessous de la famille des grimpereaux que doit être placée celle des colibris, quoiqu'ils diffèrent des grimpereaux par la forme et la longueur du bec; par le nombre des plumes de la queue, qui est de douze dans les grimpereaux et de dix dans les colibris; et enfin par la structure de la langue, simple dans les grimpereaux, et divisée en deux tuyaux demi-cylindriques dans le colibri, comme dans l'oiseau-mouche (2).

Tous les naturalistes attribuent avec raison aux colibris et aux oiseaux-mouches la même manière de vivre, et l'on a également contredit leur opi-

---

(1) Quelques nomenclateurs (confusion qui leur est moins pardonnable) parlent aussi indistinctement de l'oiseau-mouche et du colibri, M. Salerne, par exemple; le *Colibri* ou *Colubri*, dit-il, *qui s'appelle autrement l'Oiseau-mouche*. Ornithol. , pag. 249.

(2) Voyez Supplément à l'Encyclop., tome II, au mot *Colibri*.

nion sur ces deux points (1); mais les mêmes raisons que nous avons déja déduites, nous y font
tenir; et la ressemblance de ces deux oiseaux en
tout le reste garantit le témoignage des auteurs,
qui leur attribuent le même genre de vie.

Il n'est pas plus facile d'élever les petits du colibri que ceux de l'oiseau-mouche : aussi délicats,
ils périssent de même en captivité : on a vu le
père et la mère, par audace de tendresse, venir
jusque dans les mains du ravisseur porter de la
nourriture à leurs petits; Labat nous en fournit
un exemple assez intéressant pour être rapporté.
« Je montrai, dit-il, au P. Montdidier, un nid de
« colibris qui était sur un appentis auprès de la
« maison : il l'emporta avec les petits, lorsqu'ils
« eurent quinze ou vingt jours, et le mit dans
« une cage à la fenêtre de sa chambre, où le père
« et la mère ne manquèrent pas de venir donner
« à manger à leurs enfants, et s'apprivoisèrent
« tellement, qu'ils ne sortaient presque plus de la
« chambre, où, sans cage et sans contrainte, ils
« venaient manger et dormir avec leurs petits. Je
« les ai vus souvent tous quatre sur le doigt du
« P. Montdidier, chantant comme s'ils eussent été
« sur une branche d'arbre. Il les nourrissait avec
« une pâtée très-fine et presque claire, faite avec
« du biscuit, du vin d'Espagne et du sucre : ils
« passaient leur langue sur cette pâte, et quand

_____

(1) Journal de Physique, janvier 1778.

« ils étaient rassasiés, ils voltigeaient et chan-
« taient..... Je n'ai rien vu de plus aimable que
« ces quatre petits oiseaux, qui voltigeaient de
« tous côtés dedans et dehors de la maison, et
« qui revenaient dès qu'ils entendaient la voix de
« leur père nourricier (1). »

Marcgrave, qui ne sépare pas les colibris des
oiseaux-mouches, ne donne à tous qu'un même
petit cri; et nul des voyageurs n'attribue de chant
à ces oiseaux. Les seuls Thevet et Léry assurent
de leur *Gonambouch*, qu'il chante de manière à
le disputer au rossignol (2); car ce n'est que d'a-
près eux que Coréal (3) et quelques autres ont
répété la même chose (4). Mais il y a toute appa-

---

(1) « Il les conserva de cette manière pendant cinq ou six mois, et
« nous espérions de voir bientôt de leur race, quand le P. Montdidier,
« ayant oublié un soir d'attacher la cage où ils se retiraient à une corde
« qui pendait du plancher, pour les garantir des rats, il eut le chagrin
« de ne les plus trouver le matin ; ils avaient été dévorés. » Labat, Nouveau voyage aux îles de l'Amérique. Paris, 1722, tome IV, page 14.

(2) « Mais par une singulière merveille et chef-d'œuvre de petitesse,
« il ne faut pas omettre un oiseau que les sauvages nomment *Gonam-
« bouch*, de plumage blanchâtre et luisant, lequel, combien qu'il n'ait
« pas le corps plus gros qu'un frelon ou qu'un cerf-volant, triomphe
« néanmoins de chanter, tellement que ce très-petit oiselet ne bougeant
« guère de dessus ce gros mil, que nos Américains appellent *avati*, ou
« sur les autres grandes herbes, ayant le bec et le gosier toujours ou-
« verts : si on ne l'oyait et voyait par expérience, on ne dirait jamais
« que d'un si petit corps il pût sortir un chant si franc et si haut, voir
« si clair et si net, qu'il ne doit rien au rossignol. » Voyage au Brésil,
par Jean de Léry, Paris, 1578, page 175; la même chose se trouve dans
Thevet. Singularités de la France antarctique. Paris, 1558, page 94.

(3) Voyage aux Indes occidentales. Paris, 1722, tome I, p. 180.

(4) Hist. Nat. et Morale des Antilles de l'Amérique. Rotterdam, 1658,
page 164.

rence que c'est une méprise; le gonambouch ou petit oiseau de Léry à *plumage blanchâtre et luisant, et à voix claire et nette,* est le *Sucrier* ou quelque autre, et non le colibri; car la voix de ce dernier oiseau, dit Labat, n'est qu'une espèce de petit bourdonnement agréable (1).

Il ne paraît pas que les colibris s'avancent aussi loin dans l'Amérique septentrionale que les oiseaux-mouches; du moins Catesby n'a vu à la Caroline qu'une seule espèce de ces derniers oiseaux, et Charlevoix, qui prétend avoir trouvé un oiseau-mouche au Canada, déclare qu'il n'y a point vu de colibris (2). Cependant ce n'est pas le froid de cette contrée qui les empêche d'y fréquenter en été; car ils se portent assez haut dans les andes, pour y trouver une température déja froide. M. de la Condamine n'a vu nulle part des colibris en plus grand nombre que dans les jardins de Quito, dont le climat n'est pas bien chaud (3). C'est donc à vingt ou vingt-un degrés de température qu'ils se plaisent : c'est là que, dans une suite non interrompue de jouissances et de délices, ils volent de la fleur épanouie à la fleur naissante, et que l'année, composée d'un cercle entier de beaux jours, ne fait pour eux qu'une seule saison constante d'amour et de fécondité.

_____

(1) Nouv. voyage aux îles de l'Amérique, par Labat, tome IV, p. 14.
(2) Hist. de Saint-Domingue. Paris, 1730, tome I, page 32.
(3) Voyage de la Condamine. Paris, 1745, page 171.

LE COLIBRI TOPAZE.*(1)

PREMIÈRE ESPÈCE.

Trochilus Pella, Lath., Gmel., Vieill., Cuv. (2).

Comme la petitesse est le caractère le plus frappant des oiseaux-mouches, nous avons commencé l'énumération de leurs espèces nombreuses par le plus petit de tous; mais les colibris n'étant pas aussi petits, nous avons cru devoir rétablir ici l'ordre naturel de grandeur, et commencer par le colibri topaze, qui paraît être, même indépendamment des deux longs brins de sa queue, le plus grand dans ce genre : nous dirions qu'il est aussi le plus beau, si tous ces oiseaux brillants

---

* Voyez les planches enluminées, n° 599, fig. 1.

(1) *The long tailed red humming bird.* Edwards, Hist., pag. et pl. 32, figure inférieure. — *Falcinellus gutture viridi.* Klein, Avi., page 108, n° 15. — « Trochilus curvirostris rectricibus intermediis longissimis « corpore rubro, capite fusco, gulâ auratâ uropygio viridi. Pella. » Linnæus, Syst. Nat., ed. X, Gen. 60, Sp. 3. — « Polythmus supernè « rubro aurantius, infernè ruber; capite splendidè nigro; collo inferiore « viridi aureo, fasciâ nigrâ circumdato; pectore roseo; dorso infimo et « uropygio viridibus; rectricibus lateralibus rubro aurantiis, binis inter- « mediis fusco violaceis longissimis.... Polythmus Surinamensis longi- « caudus ruber. » Brisson, Ornithol., tome III, page 690.

(2) M. Cuvier fait de cet oiseau le type du genre Colibri. M. Vieillot l'a fait figurer sur les planches 2 et 3 de ses *Oiseaux dorés.* Desm. 1827.

1.

2

P. Oudart del.   Litho. de C. Motte   Meunier direx

1. Le Colibri topaze, 2. id. Rubis.

par leur beauté n'en disputaient le prix, et ne
semblaient l'emporter tour-à-tour à mesure qu'on
les admire. La taille du colibri topaze, mince,
svelte, élégante, est un peu au-dessous de celle
de notre grimpereau; la longueur de l'oiseau,
prise de la pointe du bec à celle de la vraie queue,
est de près de six pouces; les deux longs brins
l'excèdent de deux pouces et demi; sa gorge et
le devant du cou sont enrichis d'une plaque topaze du plus grand brillant : cette couleur, vue
de côté, se change en vert-doré, et vue en dessous, elle paraît d'un vert pur; une coiffe d'un
noir-velouté couvre la tête, un filet de ce même
noir encadre la plaque topaze; la poitrine, le tour
du cou et le haut du dos, sont du plus beau
pourpre-foncé; le ventre est d'un pourpre encore
plus riche, et brillant de reflets rouges et dorés;
les épaules et le bas du dos, sont d'un roux aurore; les grandes pennes de l'aile sont d'un brun-
violet; les petites pennes sont rousses; la couleur
des couvertures supérieures et inférieures de la
queue est d'un vert-doré; ses pennes latérales
sont rousses, et les deux intermédiaires sont d'un
brun-pourpré, elles portent les deux longs brins,
qui sont garnis de petites barbes de près d'une
ligne de large de chaque côté; la disposition naturelle de ces longs brins est de se croiser un peu
au-delà de l'extrémité de la queue, et de s'écarter
ensuite en divergeant; ces brins tombent dans la
mue; et, dans ce temps, le mâle, auquel seul ils

appartiennent, ressemblerait à la femelle, s'il n'en
différait par d'autres caractères; la femelle n'a pas
la gorge topaze, mais seulement marquée d'une
légère trace de rouge : de même, au lieu du beau
pourpre et du roux de feu du plumage du mâle,
presque tout celui de la femelle n'est que d'un
vert-doré; ils ont tous deux les pieds blancs. Au
reste on peut remarquer dans ce qu'en dit M. Brisson, qui n'avait pas vu ces oiseaux, combien sont
défectueuses des descriptions faites sans l'objet :
il donne au mâle une gorge verte, parce que la
planche d'Edwards la représente ainsi, n'ayant
pu rendre l'or éclatant qui la colore.

LE GRENAT.

SECONDE ESPÈCE.

Trochilus granatinus, Lath., Vieill. (1).

Ce colibri a les joues jusque sous l'œil, les côtés
et le bas du cou et la gorge jusqu'à la poitrine,
d'un beau grenat brillant; le dessus de la tête et
du dos, et le dessous du corps sont d'un noir-

---

(1) Il faut, selon M. Vieillot, rapporter à cette espèce le Colibri bleu
décrit ci-après, page 69. Desm. 1827.

1.

2

1. Le Colibri Brin-blancs. 2. id. a gorge verte.

velouté; la queue et l'aile sont de cette même couleur, mais enrichie de vert-doré. Cet oiseau a cinq pouces de longueur, et son bec dix ou douze lignes.

LE BRIN BLANC. [*](1)

TROISIÈME ESPÈCE.

Trochilus superciliosus, Lath., Gmel., Vieill., Cuv. (2).

DE tous les colibris, celui-ci a le bec le plus long; ce bec a jusqu'à vingt lignes; il est bien représenté dans la planche enluminée; mais le corps de l'oiseau y paraît un peu trop raccourci, à en juger du moins par l'individu que nous avons sous les yeux; la queue ne nous paraît pas assez exactement exprimée, car les plumes les plus près des deux longs brins sont aussi les plus longues;

---

* Voyez les planches enluminées, n° 600, fig. 3.

(1) « Polythmus supernè fuscus, cupri puri colore varians; infernè « albo rufescens; tæniâ supra oculos candicante; rectricibus lateralibus « primâ medietate fusco-aureis, ultimâ nigris, apice fuscis, albo fimbriatis, « duabus intermediis longissimis.... Polythmus Cayanensis longicaudus. » Brisson, Ornithol., tome III, page 686.

(2) Cette espèce est figurée, pl. 17, 18 et 19 des *Oiseaux dorés* de M. Vieillot. C'est une de celles que M. Cuvier cite comme exemples des espèces du genre Colibri. DESM. 1827.

les latérales vont en décroissant jusqu'aux deux
extérieures qui sont les plus courtes, ce qui donne
à la queue une coupe pyramidale; ses pennes
ont un reflet doré sur fond gris et noirâtre, avec
un bord blanchâtre à la pointe, et les deux
brins sont blancs dans toute la longueur dont ils
la dépassent; caractère d'après lequel nous avons
dénommé cet oiseau; il a tout le dessus du dos
et de la tête de couleur d'or, sur un fond gris
qui festonne le bord de chaque plume, et rend
le dos comme ondé de gris sous or; l'aile est
d'un brun-violet; et le dessous du corps gris-
blanc.

LE ZITZIL[1]

ou

COLIBRI PIQUETÉ.

QUATRIÈME ESPÈCE.

Trochilus punctulatus, Lath., Gmel., Vieill.

Zitzil est fait par contraction de *hoitzitzil*, qui

---

(1) *Hoitzitziltototl, avis picta Americana.* Hernandez, Hist. Mexic.,
pag. 705. — « Polythmus viridi-aureus, cupri puri colore varians; tectri-
« cibus alarum superioribus et collo inferiore maculis minutis albis res-
« persis; rectricibus ex fusco virescentibus apice albis.... Polythmus
« punctulatus. » Brisson, Ornithol., tome III, page 669.

est le nom mexicain de cet oiseau ; c'est un assez grand colibri d'un vert-doré, aux ailes noirâtres, marquées de points blancs aux épaules et sur le dos ; la queue est brune et blanche à la pointe. C'est tout ce qu'on peut recueillir de la description en mauvais style du rédacteur de Hernandez (1). Il ajoute tenir d'un certain Fr. Aloaysa, que les Péruviens nommaient ce même oiseau *Pilleo*, et que, vivant du suc des fleurs, il marque de la préférence pour celle des végétaux épineux (2).

LE BRIN BLEU.[3]

CINQUIÈME ESPÈCE.

Trochilus cyanurus, Lath., Gmel. (4).

Suivant Séba, d'après lequel MM. Klein et Bris-

---

(1) Jo. Fab. Linceus.

(2) Hernandez donne ailleurs, page 321, les noms de plusieurs oiseaux-mouches et colibris, dont il dit les espèces différentes en grandeur et en couleurs, sans en caractériser aucune : ces noms sont, *Quetzal hoitzitzillin*, *Zochio hoitzitzillin*, *Xiulhs hoitzitzillin*, *Tozcacoz hoitzitzillin*, *Yotac hoitzitzillin*, *Tenoc hoitzitzillin* et *hoitzitzillin* ; d'où il paraît que le nom générique est *Hoitzitzil* ou *Hoitzitzillin*.

(3) « Avis ex novâ Hispaniâ, *Yayauhquitototl* dicta. » Séba, vol. I, pag. 84. — « Falcinellus novæ Hispaniæ, caudâ bipenni longâ. » Klein,

(4) L'existence de cette espèce est douteuse. Desm. 1827.

son ont donné cette espèce de colibri, les deux
longs brins de plumes qui lui ornent la queue
sont d'un beau bleu; la même couleur plus foncée
couvre l'estomac et le devant de la tête; le dessus
du corps et des ailes est vert-clair; le ventre cendré; quant à la taille il est un des plus grands
et presque aussi gros que notre bec-figue; du
reste, la figure de Séba représente ce colibri
comme un grimpereau, et cet auteur paraît n'avoir
jamais observé les trois nuances dans la forme
du bec, qui font le caractère des trois familles
des oiseaux-mouches, des colibris et des grimpereaux. Il n'est pas plus heureux dans l'emploi de
son érudition, et rencontre assez mal quand il
prétend appliquer à ce colibri le nom mexicain
d'*Yayauhquitototl*; car, dans l'ouvrage de Fernandès, d'où il a tiré ce nom, *cap. 216, pag. 55,*
l'*Yayauhquitototl* est un oiseau de la grandeur de
l'étourneau, lequel par conséquent n'a rien de
commun avec un colibri; mais ces erreurs sont
de peu d'importance, en comparaison de celles
où ces faiseurs de collections, qui n'ont pour tout
mérite que le faste des cabinets, entraînent les
naturalistes qui suivent ces mauvais guides : nous
n'avons pas besoin de quitter notre sujet pour en

Avi, pag. 107, n° 4. — « Polythmus supernè viridis, infernè cinereo
« griseus; capite anteriùs et collo inferiore cæruleis; rectricibus latera-
« libus saturatè viridibus, binis intermediis cyaneis, longissimis.... Po-
« lythmus Mexicanus longicaudus. » Brisson , Ornithol. , tome III,
page 688.

trouver l'exemple; Séba nous donne des colibris
des Moluques, de Macassar, de Bali (1), ignorant
que cette famille d'oiseaux ne se trouve qu'au
Nouveau-Monde, et M. Brisson présente en conséquence trois espèces de *Colibris des Indes orientales* (2) ; ces prétendus colibris sont à coup sûr
des grimpereaux, à qui le brillant des couleurs,
les noms de *Tsioei*, de *Kakopit*, que Séba interprète *petits rois des fleurs*, auront suffi pour faire,
mal à propos, appliquer le nom de colibri : en
effet, aucun des voyageurs naturalistes n'a trouvé
de colibris dans l'ancien continent, et ce qu'en
dit François Cauche est trop obscur pour mériter
attention (3).

---

(1) *Avis colubri orientalis.* Séba, Thes. , vol. II, pag. 20. Ibid., pag. 62,
avis Amboinensis, Tsioei *vel* Kakopit *dicta.* Vol. I, pag. 100, *avis Tsioei,
Indica , orientalis.*

(2) Esp. 6 , 10 et 12.

(3) Dans sa relation de Madagascar, Paris, 1651, page 137, empron-
tant le nom et les mœurs du colibri, il les attribue à un petit oiseau de
cette île. C'est apparemment par un semblable abus de noms, qu'on
trouve celui d'*Oiseau-mouche* dans les Voyages de la Compagnie, appliqué à un oiseau de Coromandel, à la vérité très-petit, et dont le nom
d'ailleurs est *Tati.* Voyez Recueil des Voyages qui ont servi à l'établissement de la Compagnie des Indes. Amsterdam, 1702, tome VI, page 513.

LE COLIBRI VERT ET NOIR.[1]

SIXIÈME ESPÈCE.

Trochilus holosericeus, Lath., Gmel., Vieill.

CETTE dénomination caractérise mieux cet oiseau que celle de *Colibri du Mexique* que lui
donne M. Brisson, puisqu'il y a au Mexique plusieurs autres colibris. Celui-ci a quatre pouces ou
un peu plus de longueur; son bec a treize lignes;
la tête, le cou, le dos, sont d'un vert-doré et
bronzé; la poitrine, le ventre, les côtés du corps
et les jambes sont d'un noir luisant, avec un léger reflet rougeâtre; une petite bande blanche
traverse le bas-ventre, et une autre de vert-doré
changeant en un bleu vif, coupe transversalement le haut de la poitrine; la queue est d'un

---

(1) *The black-belly'd green humming bird.* Edwards, Hist., pag. et
pl. 36. — « Falcinellus ventre nigricante caudâ brevi, æquabili. » Klein,
Avi., pag. 108, n° 18. — « Trochilus curvirostris, rectricibus æqualibus
« supra nigris, corpore supra viridi, pectore cæruleo, abdomine nigro.
« Trochilus holosericeus. » Linnæus, Syst. Nat., ed. X, Gen. 60, Sp. 9.
— « Polythmus supernè viridi aureus, cupri puri colore varians, infernè
« splendidè niger (fasciâ transversâ in imo ventre albâ *mas*); tæniâ trans-
« versâ in pectore viridi aureâ, cæruleo colore variante; rectricibus splen-
« didè nigro chalybeis. Polythmus Mexicanus. » Brisson, Ornithol.,
tome III, page 676.

noir-velouté, avec reflet changeant en bleu d'acier
poli. On prétend distinguer la femelle dans cette
espèce, en ce qu'elle n'a point de tache blanche
au bas-ventre : on la trouve également au Mexique et à la Guyane. M. Brisson rapporte à cette
espèce l'*avis auricoma Mexicana* de Séba (1), qui
est à la vérité un colibri, mais dont il ne dit que
ce qui peut convenir à tous les oiseaux de cette
famille, et mieux même à plusieurs autres qu'à
celui-ci, car il n'en parle qu'en général, en disant
que la Nature, en les peignant des plus riches
couleurs, voulut faire un chef-d'œuvre inimitable
au plus brillant pinceau.

LE COLIBRI HUPPÉ.[2]

SEPTIÈME ESPÈCE.

Trochilus paradiseus, Lath., Gmel., Vieill.

C'EST encore dans le recueil de Séba que M. Bris-

---

(1) Thes., vol. I, pag. 156.

(2) « Mellivora avis cristata, cum duabus pennis longis in caudâ ex
«novâ Hispaniâ. » Séba, vol. I , pag. 97.— *Falcinellus cristatus*. Klein,
Avi., pag. 107, n° 5. — « Trochilus curvirostris ruber, alis cæruleis,
« capite cristato, rectricibus duabus longissimis.... Trochilus paradi-
« seus. » Linnæus, Syst. Nat., ed. X, Gen. 60, Sp. 1. — « Polythmus
« cristatus, ruber; tectricibus alarum, remigibusque cæruleis; rectricibus
« rubris, binis intermediis longissimis.... Polythmus Mexicanus longi-
« caudus ruber cristatus. » Brisson, Ornithol., tome III, page 692.

son a trouvé ce colibri : ce n'est jamais qu'avec quelque défiance que nous établissons des espèces sur les notices souvent fautives de ce premier auteur; néanmoins celle-ci porte des caractères assez distincts pour que l'on puisse, ce semble, l'adopter. « Ce petit oiseau, dit Séba, dont le plu-
« mage est d'un beau rouge, a les ailes bleues;
« deux plumes fort longues dépassent sa queue;
« et sa tête porte une huppe très-longue encore
« à proportion de sa grosseur, et qui retombe
« sur le cou; son bec long et recourbé renferme
« une petite langue *bifide*, qui lui sert à sucer les
« fleurs. »

M. Brisson, en mesurant la figure donnée par Séba, sur laquelle il faut peu compter, lui trouve près de cinq pouces six lignes jusqu'au bout de la queue.

LE COLIBRI*
A QUEUE VIOLETTE.

HUITIÈME ESPÈCE.

Trochilus pectoralis, Juss., Vieill. (1); *T. nitidus*, Lath.;
T. albus, Gmel.

Le violet-clair et pur qui peint la queue de ce colibri le distingue assez des autres; la couleur violette fondue, sous des reflets brillants d'un jaune-doré, est celle des quatre plumes du milieu de sa queue; les six extérieures vues en dessous, avec la pointe blanche, offrent une tache violette qu'entoure un espace bleu-noir d'acier bruni; tout le dessous du corps vu de face est richement doré, et de côté paraît vert; l'aile est comme dans tous ces oiseaux, d'un brun tirant au violet; les côtés de la gorge sont blancs, au milieu est un trait longitudinal de brun mêlé de vert; les flancs sont colorés de même; la poitrine et le ventre sont blancs. Cette espèce assez grande, est une de celles qui portent le bec le plus long; il a seize lignes; et la longueur totale de l'oiseau est de cinq pouces.

* Voyez les planches enluminées, n° 671, fig. 2.

(1) M. Vieillot remarque que ce colibri à queue violette n'est qu'un jeune colibri hausse-col vert, qui commence à prendre les couleurs de l'adulte. DESM. 1827.

LE ·COLIBRI*

A CRAVATE VERTE.

NEUVIÈME ESPÈCE.

Trochilus pectoralis, Vieill. (1); *T. gularis,* Lath.;
T. maculatus, Gmel.

Un trait de vert-d'émeraude très-vif.tracé sur la
gorge de ce colibri, tombe en s'élargissant sur le
devant du cou; il a une tache noire sur la poitrine; les côtés de la gorge et du .cou sont roux
mêlés de blanc; le ventre est blanc-pur; le dessus
du corps et de la queue sont d'un vert-doré
sombre; la queue porte en dessous les mêmes
taches violettes, blanches et acier-bruni, que le
Colibri à queue violette: ces deux espèces paraissent voisines; elles sont de même taille; mais dans
celle-ci l'oiseau a le bec moins long. Nous avons
vu dans le cabinet de M. Mauduit, un colibri de
même grandeur avec le dessus du corps faible-
ment vert et doré sur un fond gris-noirâtre, et
tout le devant du corps roux, qui nous paraît être
la femelle de celui-ci.

---

* Voyez les planches enluminées, n° 671, fig. 1.

(1) Selon M. Vieillot, cet oiseau n'est encore qu'un jeune individu du
Colibri hausse-col vert, qui commence à se parer des couleurs de
l'adulte. Desm. 1827.

LE COLIBRI[1]

A GORGE CARMIN.

DIXIÈME ESPÈCE.

Trochilus granatinus jun., Vieill.; *T. jugularis*, Gmel. (2).

Edwards a donné ce colibri, que M. Brisson, dans son supplément, rapporte mal-à-propos au colibri violet, comme on peut en juger par la comparaison de cette espèce avec la suivante. Le colibri à gorge carmin, a quatre pouces et demi de longueur; son bec, long de treize lignes, a beaucoup de courbure, et par-là se rapproche du bec du grimpereau, comme l'observe Edwards; il a la gorge, les joues et tout le devant du cou d'un rouge de carmin, avec le brillant du rubis; le dessus de la tête, du corps et de la queue, d'un brun-noirâtre velouté, avec une légère frange de bleu au bord des plumes; un vert-doré foncé lustre les ailes; les couvertures inférieures et supérieures de la queue sont d'un beau bleu : cet oiseau est venu de Surinam en Angleterre.

---

(1) *The red breasted humming bird.* Edwards, Glan., pl. 266.

(2) Selon M. Vieillot, cet oiseau est le Colibri grenat, sous un plumage qui n'a pas encore acquis toute sa perfection. Desm. 1827.

LE COLIBRI VIOLET.[*][(1)]

ONZIÈME ESPÈCE.

Trochilus violaceus, Lath., Gmel., Vieill.

La description que donne M. Brisson de ce colibri, s'accorde entièrement avec la figure qui le représente dans notre planche enluminée; il a quatre pouces et deux ou trois lignes de long; son bec, onze lignes; il a toute la tête, le cou, le dos, le ventre enveloppés de violet-pourpré, brillant à la gorge et au-devant du cou, fondu sur tout le reste du corps dans du noir-velouté; l'aile est vert-doré; la queue de même, avec reflet changeant en noir. On le trouve à Cayenne; ses couleurs le rapprochent fort du colibri *grenat;* mais la différence de grandeur est trop considérable pour n'en faire qu'une seule et même espèce.

---

* Voyez les planches enluminées, n° 600, fig. 2.

(1) « Polythmus nigro violaceus; gutture et collo inferiore splendidè « violaceo purpureis; rectricibus viridi aureis, splendidè nigro colore « variantibus.... Polythmus Cayanensis violaceus. » Brisson, Ornithol., page 683.

LE HAUSSE-COL VERT.

DOUZIÈME ESPÈCE.

Trochilus pectoralis, Lath., Vieill. (1); *T. gramineus*, Gmel.

C<small>E</small> colibri, de taille un peu plus grande que le colibri à queue violette, n'a pas le bec plus long; il a tout le devant et les côtés du cou, avec le bas de la gorge d'un vert-d'émeraude; le haut de la gorge, c'est-à-dire cette petite partie qui est sous le bec, bronzée; la poitrine est d'un noir-velouté, teint de bleu-obscur; le vert et le vert-doré reparaît sur les flancs, et couvre tout le dessus du corps; le ventre est blanc; la queue d'un bleu-pourpré à reflet d'acier bruni, ne dépasse point l'aile. Nous regardons comme sa femelle un colibri de même grandeur, avec même distribution de couleur, excepté que le vert du devant du cou est coupé par deux traits blancs, et que le noir de la gorge est moins large et moins fort. Ces deux individus sont de la belle suite de colibris et d'oiseaux-mouches qui se trouve dans le cabinet de M. le docteur Mauduit.

---

(1) M. Vieillot rapporte à cette espèce, comme jeunes individus, les colibris à queue violette, et à cravate verte, décrits ci-avant, ainsi que le plastron blanc et le vert-perlé. D<small>ESM</small>. 1827.

LE COLLIER ROUGE. *(1).

TREIZIÈME ESPÈCE.

Trochilus leucurus, Làth., Gmel., Vieill.

CE Colibri, de moyenne grandeur, est long de quatre pouces cinq ou six lignes; il porte au bas du cou, sur le devant, un joli demi-collier rouge assez large; le dos, le cou, la tête, la gorge et la poitrine sont d'un vert-bronzé et doré; les deux plumes intermédiaires de la queue sont de la même couleur; les huit autres sont blanches, et c'est par ce caractère qu'Edwards a désigné cet oiseau.

---

* Voyez les planches enluminées, n° 600, fig. 4.

(1) *Tho white tailed humming bird.* Edwards, Glan., p. 99, pl. 256. — « Polythmus supernè viridi aureus, cupri puri colore varians; infernè « ex sordidè albo ad griseum inclinans; tæniâ transversâ in collo inferiore « dilatè rubrâ; rectricibus lateralibus albis binis utrinque extimis exteriùs « apice fusco notatis.... Polythmus Surinamensis. » Brisson, Ornithol., tome III, page 674.

LE PLASTRON NOIR.*[1]

QUATORZIÈME ESPÈCE.

Trochilus Mango, Lath., Gmel., Vieill.

LA gorge, le devant du cou, la poitrine et le ventre de ce colibri, sont du plus beau noir-velouté; un trait de bleu brillant part des coins du bec, et, descendant sur les côtés du cou, sépare le plastron noir du riche vert-doré dont tout le dessus du corps est couvert; la queue est d'un brun-pourpré changeant en violet luisant, et chaque penne est bordée d'un bleu d'acier bruni. A ces couleurs on reconnaît la cinquième espèce de Marcgrave; seulement son oiseau est un peu plus

---

* Voyez les planches enluminées, n° 680, fig. 3, sous la dénomination de *Colibri de la Jamaïque.*

(1) *Guainumbi quinta species.* Marcgrave, Hist. Nat. Brasil., p. 197. —Willughby, Ornithol., pag. 167. — Jonston, Avi., pag. 135 — Rai, Synops., pag. 187, n° 43. — *Largest, or blackest humming bird.* Sloane, Jamaïc., tom. II, pag. 308, n° 40. — Bourdonneur de Mango. Albin, tome III, page 20, avec une très-mauvaise figure, pl. 49, b. — « Tro-« chilus rectricibus subæqualibus ferrugineis, corpore testaceo, abdomine « atro. Mango. » Linnæus, Syst. Nat., ed. X, Gen. 60, Sp. 16. — « Po-« lythmus supernè viridi aureus, cupri puri colore varians, infernè splen-« didè niger, tæniâ cæruleâ ab oris angulis ad latera utrinque protensâ; « rectricibus lateralibus castaneo-purpureis, violaceo splendente varian-« tibus, marginibus nigro chalybeis.... Polythmus Jamaicensis. » Brisson, Ornithol., tome III, page 679.

5.

petit que celui-ci qui a quatre pouces de longueur;
le bec a un pouce, et la queue dix-huit lignes:
on le trouve également au Brésil, à Saint-Domingue et à la Jamaïque. L'oiseau représenté *fig.* 2,
de la planche enluminée, n° 680, sous la dénomination de *Colibri du Mexique*, ne nous paraît être
que la femelle de ce colibri à plastron noir.

LE PLASTRON BLANC.*

QUINZIÈME ESPÈCE.

Trochilus pectoralis, Vieill. (1); *T. margaritaceus*, Lath., Gmel.

Tout le dessous du corps, de la gorge au bas-
ventre, est d'un gris-blanc de perle; le dessus du
corps est d'un vert-doré; la queue est blanche à
la pointe; ensuite elle est traversée par une bande
de noir d'acier bruni, puis par une de brun-
pourpré, et elle est d'un noir-bleu d'acier près
de son origine. Cet oiseau a quatre pouces de
longueur, et son bec est long d'un pouce.

---

* Voyez les planches enluminées, n° 680, fig. 1, sous la dénomination
de *Colibri de Saint-Domingue.*

(1) Cet oiseau est encore, selon M. Vieillot, un jeune individu de
l'espèce du hausse-col vert, décrit ci-avant, page 65. Desm. 1827.

LE COLIBRI BLEU.[1]

SEIZIÈME ESPÈCE.

Trochilus granatinus, Lath., Vieill. (2); *T. auratus*, Gmel.

On est étonné que M. Brisson, qui n'a pas vu ce colibri, n'ait pas suivi la description qu'en fait le P. Dutertre, d'après laquelle seule il a pu le donner, à moins qu'il n'ait préféré les traits équivoques et infidèles dont Séba charge presque toutes ses notices. Ce colibri n'a donc pas les ailes et la queue bleues, comme le dit M. Brisson, mais noires selon le P. Dutertre, et selon l'analogie de tous les oiseaux de sa famille. Tout le dos est couvert d'azur; la tête, la gorge, le devant du corps jusqu'à la moitié du ventre, sont d'un cramoisi-velouté, qui, vu sous différents jours, s'enrichit de mille beaux reflets. C'est tout ce qu'en dit le P. Dutertre, en ajoutant qu'il est environ

(1) Grand colibri. Dutertre, Hist. des Antilles, tome II, page 263. —*Troglodites ad finis.* Moehring, Avi., Gen. 102. — *Avicula Mexicana, cyaneo colore venustissima.* Séba, vol. I, page 102. — Klein, Avi., pag. 107, n° III, 2. — « Polythmus in toto corpore cyaneus. Polythmus « Mexicanus cyaneus. » Brisson, Ornithol., tom. III, page 681.

(2) M. Vieillot remarque que cet oiseau n'est point d'une espèce particulière, mais qu'il se rapporte à celle du colibri grenat. Voyez page 52. Desm. 1827.

la moitié gros comme le petit roitelet de France (1).
Au reste, la figure de Séba que M. Brisson paraît
adopter ici, ne représente qu'un grimpereau.

~~~~~~

LE VERT-PERLÉ.[2]

DIX-SEPTIÈME ESPÈCE.

Trochilus pectoralis jun., Vieill.; *T. dominicus*, Lath. (3).

———————◆◆◆◆◆———————

Cᴇ colibri est un des plus petits, et n'est guère
plus grand que l'oiseau-mouche huppé; il a tout
le dessus de la tête, du corps et de la queue d'un
vert tendre doré, qui se mêle sur les côtés du cou,
et de plus en plus sur la gorge, avec du gris-
blanc perlé; l'aile est, comme dans les autres,
brune, lavée de violet; la queue est blanche à la
pointe, et en dessous couleur d'acier poli.

————————————————————————————

(1) Hist. Nat. des Antilles, tome II, page 269.

(2) « Polythmus supernè viridi aureus cupri puri colore varians, infernè
« griseo albus; rectricibus nigro chalybeis, mediâ parte castaneo pur-
« pureis, apice albis.... Polythmus Dominicensis. » Brisson, Ornithol.,
tome III, page 672.

(3) Ce serait encore un jeune individu de l'espèce du hausse-col vert,
suivant M. Vieillot, qui remarque que Buffon se trompe, en disant qu'il
n'est guère plus grand que l'oiseau-mouche huppé, car il a quatre pouces
et demi de longueur, et celui-ci n'a que trois pouces environ. Dᴇsᴍ. 1827.

LE COLIBRI[1]

A VENTRE ROUSSATRE.

DIX-HUITIÈME ESPÈCE.

Trochilus brasiliensis , Lath., Vieill.

Nous donnons cette espèce sur la quatrième de
Marcgrave, et ce doit être une des plus petites,
puisqu'il la fait un peu moindre que sa troisième,
qu'il dit déja la plus petite (*quarta paulò minor
tertiá..... tertiá minor reliquis omnibus, pag.* 197);
tout le dessus du corps de cet oiseau est d'un vert
doré; tout le dessous d'un bleu-roussâtre; la queue
est noire avec des reflets verts, et la pointe en est
blanche; le demi-bec inférieur est jaune à l'origine, et noir jusqu'à l'extrémité; les pieds sont
blancs-jaunâtres. D'abord il nous paraît, d'après
ce que nous venons de transcrire de Marcgrave,
que M. Brisson donne à cette espèce de trop grandes
dimensions en général; et de plus, il est sûr qu'il
fait le bec de ce colibri trop long, en le supposant de dix-huit lignes (Brisson, *page* 671); Marcgrave ne dit qu'un demi-pouce.

---

(1) *Guainumbi quarta species.* Marcgrave, Hist. Nat. Bras., page 197.
—Willughby, Ornithol., pag. 166. — Jonston, Avi., pag. 135.—Rai,
Synops. Avi., pag. 83, n° 4. —« Polythmus supernè viridi aureus, cupri
« puri colore varians, infernè albo rufescens; rectricibus ex nigricante
« virescentibus, apice albis pedibus pennatis.... Polythmus Brasiliensis.»
Brisson, Ornithol., tome III, page 670.

LE PETIT COLIBRI.*⁽¹⁾

DIX-NEUVIÈME ESPÈCE.

Trochilus Thaumantias, Lath., Gmel., Vieill.

V OICI le dernier et le plus petit de tous les colibris; il n'a que deux pouces dix lignes de longueur totale; son bec a onze lignes, et sa queue
douze à treize; il est tout vert-doré, à l'exception
de l'aile qui est violette ou brune; on remarque
une petite tache blanche au bas-ventre, et un
petit bord de cette même couleur aux plumes de
la queue, plus large sur les deux extérieures, dont
il couvre la moitié. Marcgrave réitère ici son admiration sur la brillante parure dont la nature a
revêtu ces charmants oiseaux : tout le feu et l'éclat
de la lumière, dit-il, en particulier de celui-ci,
semblent se réunir sur son plumage; il rayonne
comme un petit soleil; *in summá splendet ut sol.*

---

* Voyez les planches enluminées, n° 600, fig. 1.

(1) *Guainumbi sexta species.* Marcgrave, Hist. Nat. Bras., pag. 197.
—Willughby, Ornithol., pag. 167.— Jonston, Avi., pag. 135. — *Avi-
cula Americana colubritis;* Séba, vol. I, pag. 95, tab. 59, fig. 5. —
Melisuga Ronckjes dicta. Klein, Avi., pag. 106, n° 3. — *Guainumbi
minor, toto corpore aureo.*—Rai, Synops. Avi., pag. 83, n° 6. —
« Polythmus viridi-aureus, cupri puri colore varians; rectricibus viridi-
« aureis, lateralibus albo fimbriatis, utrinque extimá exteriùs albá.…
« Polythmus. » Brisson, Ornithol., tome III, page 667.

LE PERROQUET.[1-2]

L<small>ES</small> animaux que l'homme a le plus admirés,
sont ceux qui lui ont paru participer à sa nature;
il s'est émerveillé toutes les fois qu'il en a vu quelques-uns faire ou contrefaire les actions humaines;
le singe, par la ressemblance des formes extérieures, et le perroquet, par l'imitation de la parole,
lui ont paru des êtres privilégiés, intermédiaires
entre l'homme et la brute : faux jugement produit par la première apparence, mais bientôt détruit par l'examen et la réflexion. Les sauvages,
très-insensibles au grand spectacle de la nature,
très-indifférents pour toutes ses merveilles, n'ont

(1) En grec, Ψιττάκη; en grec moderne, Παπαγα; en latin, *Psittacus*;
en allemand, *Sittich*, *Sickust*, *Pappengey* (le nom de *Sittich* marque
proprement les perruches, celui de *Pappengey* les grands perroquets); en
anglais *Poppinjay* ou *Poppingey* (les perroquets), *Maccaws* (les aras),
Perrockeets (les perruches); en espagnol, *Popagio;* en italien, *Papa-*
gallo (les perroquets), *Peroquetto* (les perruches); en illyrien, *Pap-*
pauseck; en polonais, *Papuga;* en turc, *Dudi;* en ancien mexicain,
Tuznene, suivant de Laët; en brésilien, *Ajuru*, et les perruches, *Tui*
(Marcgrave); en ancien français, *Papegaut*, de *Papagallus*, *Papa-*
gallo, en quoi Aldrovande s'imagine trouver une expression de la di-
gnité et de l'excellence de cet oiseau, que ses talents et sa beauté firent
regarder, dit-il, comme le *Pape des oiseaux.* (Aldrovande, tome I,
page 635).

(2) Cet article traite des Perroquets en général. D<small>ESM</small>. 1827.

été saisis d'étonnement qu'à la vue des perroquets
et des singes; ce sont les seuls animaux qui aient
fixé leur stupide attention. Ils arrêtent leurs ca-
nots pendant des heures entières pour considérer
les cabrioles des sapajous; et les perroquets sont
les seuls oiseaux qu'ils se fassent un plaisir de
nourrir, d'élever, et qu'ils aient pris la peine de
chercher à perfectionner; car ils ont trouvé le
petit art, encore inconnu parmi nous, de varier
et de rendre plus riches les belles couleurs qui
parent le plumage de ces oiseaux (1).

L'usage de la main, la marche à deux pieds,
la ressemblance, quoique grossière, de la face; le
manque de queue, les fesses nues, la similitude
des parties sexuelles, la situation des mamelles,
l'écoulement périodique dans les femelles, l'amour
passionné des mâles pour nos femmes; tous les
actes qui peuvent résulter de cette conformité
d'organisation, ont fait donner au singe le nom
d'*homme sauvage*, par des hommes à la vérité qui
l'étaient à demi, et qui ne savaient comparer que
les rapports extérieurs. Que serait-ce? si par une
combinaison de nature aussi possible que toute
autre, le singe eût eu la voix du perroquet, et

(1) On appelle perroquets *tapirés*, ceux auxquels les sauvages donnent
ces couleurs artificielles : c'est, dit-on, avec du sang d'une grenouille
qu'ils laissent tomber goutte à goutte dans les petites plaies qu'ils font
aux jeunes perroquets en leur arrachant des plumes; celles qui renaissent
changent de couleur, et de vertes ou jaunes qu'elles étaient, deviennent
orangées, couleur de rose ou panachées, selon les drogues qu'ils em-
ploient.

comme lui la faculté de la parole : le singe parlant eût rendu muette d'étonnement l'espèce humaine entière, et l'aurait séduite au point que le philosophe aurait eu grande peine à démontrer qu'avec tous ces beaux attributs humains, le singe n'en était pas moins une bête. Il est donc heureux, pour notre intelligence, que la nature ait séparé et placé dans deux espèces très-différentes, l'imitation de la parole et celle de nos gestes; et que, ayant doué tous les animaux des mêmes sens, et quelques-uns d'entre eux de membres et d'organes semblables à ceux de l'homme, elle lui ait réservé la faculté de se perfectionner; caractère unique et glorieux qui fait seul notre prééminence, et constitue l'empire de l'homme sur tous les autres êtres.

Car il faut distinguer deux genres de perfectibilité; l'un stérile, et qui se borne à l'éducation de l'individu, et l'autre fécond, qui se répand sur toute l'espèce, et qui s'étend autant qu'on le cultive par les institutions de la société. Aucun des animaux n'est susceptible de cette perfectibilité d'espèce; ils ne sont aujourd'hui que ce qu'ils ont été, que ce qu'ils seront toujours, et jamais rien de plus; parce que leur éducation étant purement individuelle, ils ne peuvent transmettre à leurs petits que ce qu'ils ont eux-mêmes reçu de leurs père et mère : au lieu que l'homme reçoit l'éducation de tous les siècles, recueille toutes les institutions des autres hommes, et peut, par un sage emploi du temps, profiter de tous les instants de la durée de son espèce, pour la perfectionner toujours de plus en plus. Aussi, quel regret ne devons-nous pas avoir à ces âges funestes où la barbarie a non seulement arrêté nos progrès, mais nous a fait reculer au point d'imperfection d'où nous étions partis? Sans ces malheureuses vicissitudes, l'espèce humaine eût marché et marcherait encore constamment vers cette perfection glorieuse, qui est le plus beau titre de sa supériorité, et qui seule peut faire son bonheur.

Mais l'homme purement sauvage, qui se refuserait à toute société, ne recevant qu'une éducation individuelle, ne pourrait perfectionner son espèce, et ne serait pas différent, même pour l'intelligence, de ces animaux auxquels on a donné son nom : il n'aurait pas même la parole, s'il fuyait sa famille et abandonnait ses enfants peu de temps après leur naissance. C'est donc à la tendresse des mères que sont dus les premiers germes de la société : c'est à leur constante sollicitude et aux soins assidus de leur tendre affection, qu'est dû le développement de ces germes précieux : la faiblesse de l'enfant exige des attentions continuelles, et produit la nécessité de cette durée d'affection, pendant laquelle les cris du besoin et les réponses de la tendresse commencent à former une langue, dont les expressions deviennent constantes et l'intelligence réciproque, par la répétition de deux

ou trois ans d'exercice mutuel; tandis que dans
les animaux, dont l'accroissement est bien plus
prompt, les signes respectifs de besoins et de secours, ne se répétant que pendant six semaines
ou deux mois, ne peuvent faire que des impressions légères, fugitives, et qui s'évanouissent au
moment que le jeune animal se sépare de sa mère.
Il ne peut donc y avoir de langue, soit de paroles,
soit par signes, que dans l'espèce humaine, par
cette seule raison que nous venons d'exposer:
car l'on ne doit pas attribuer à la structure particulière de nos organes la formation de notre
parole, dès que le perroquet peut la prononcer
comme l'homme; mais jaser n'est pas parler; et
les paroles ne font langue que quand elles expriment l'intelligence et qu'elles peuvent la communiquer. Or, ces oiseaux, auxquels rien ne manque
pour la facilité de la parole, manquent de cette
expression de l'intelligence, qui seule fait la haute
faculté du langage: ils en sont privés comme tous
les autres animaux, et par les mêmes causes, c'est-
à-dire par leur prompt accroissement dans le
premier âge, par la courte durée de leur société
avec leurs parents, dont les soins se bornent à
l'éducation corporelle, et ne se répètent ni ne se
continuent assez de temps pour faire des impressions durables et réciproques, ni même assez pour
établir l'union d'une famille constante, premier
degré de toute société, et source unique de toute
intelligence.

La faculté de l'imitation de la parole ou de nos
gestes ne donne donc aucune prééminence aux
animaux qui sont doués de cette apparence de
talent naturel. Le singe qui gesticule, le perroquet qui répète nos mots, n'en sont pas plus en
état de croître en intelligence et de perfectionner
leur espèce : ce talent se borne dans le perroquet à le rendre plus intéressant pour nous, mais
ne suppose en lui aucune supériorité sur les autres oiseaux, sinon qu'ayant plus éminemment
qu'aucun d'eux cette facilité d'imiter la parole,
il doit avoir le sens de l'ouïe et les organes de la
voix plus analogues à ceux de l'homme; et ce
rapport de conformité, qui dans le perroquet est
au plus haut degré, se trouve, à quelques nuances
près, dans plusieurs autres oiseaux, dont la langue est épaisse, arrondie, et de la même forme
à-peu-près que celle du perroquet : les sanson-
nets, les merles, les geais, les choucas, etc., peuvent imiter la parole; ceux qui ont la langue
fourchue, et ce sont presque tous nos petits oiseaux, sifflent plus aisément qu'ils ne jasent :
enfin, ceux dans lesquels cette organisation propre
à siffler se trouve réunie avec la sensibilité de
l'oreille et la réminiscence des sensations reçues
par cet organe, apprennent aisément à répéter
des airs, c'est-à-dire à siffler en musique : le serin, la linotte, le tarin, le bouvreuil, semblent
être naturellement musiciens. Le perroquet, soit
par imperfection d'organes ou défaut de mé-

moire, ne fait entendre que des cris ou des phrases très-courtes, et ne peut ni chanter, ni répéter des airs modulés; néanmoins il imite tous les bruits qu'il entend, le miaulement du chat, l'aboiement du chien et les cris des oiseaux aussi facilement qu'il contrefait la parole : il peut donc exprimer et même articuler les sons, mais non les moduler ni les soutenir par des expressions cadencées, ce qui prouve qu'il a moins de mémoire, moins de flexibilité dans les organes, et le gosier aussi sec, aussi agreste que les oiseaux chanteurs l'ont moelleux et tendre.

D'ailleurs, il faut distinguer aussi deux sortes d'imitation, l'une réfléchie ou sentie, et l'autre machinale et sans intention : la première acquise, et la seconde pour ainsi dire innée : l'une n'est que le résultat de l'instinct commun répandu dans l'espèce entière, et ne consiste que dans la similitude des mouvements et des opérations de chaque individu, qui tous semblent être induits ou contraints à faire les mêmes choses; plus ils sont stupides, plus cette imitation tracée dans l'espèce est parfaite : un mouton ne fait et ne fera jamais que ce qu'ont fait et font tous les autres moutons : la première cellule d'une abeille ressemble à la dernière : l'espèce entière n'a pas plus d'intelligence qu'un seul individu; et c'est en cela que consiste la différence de l'esprit à l'instinct : ainsi l'imitation naturelle n'est dans chaque espèce qu'un résultat de similitude, une nécessité d'au-

tant moins intelligente et plus aveugle, qu'elle est
plus également répartie : l'autre imitation, qu'on
doit regarder comme artificielle, ne peut, ni se
répartir ni se communiquer à l'espèce ; elle n'appartient qu'à l'individu qui la reçoit, qui la pos-
sède sans pouvoir la donner : le perroquet le
mieux instruit ne transmettra pas le talent de la
parole à ses petits. Toute imitation communiquée
aux animaux par l'art et par les soins de l'homme,
reste dans l'individu qui en a reçu l'empreinte :
et, quoique cette imitation soit, comme la première, entièrement dépendante de l'organisation,
cependant elle suppose des facultés particulières
qui semblent tenir à l'intelligence, telles que la
sensibilité, l'attention, la mémoire ; en sorte que
les animaux qui sont capables de cette imitation,
et qui peuvent recevoir des impressions durables
et quelques traits d'éducation de la part de
l'homme, sont des espèces distinguées dans l'ordre
des êtres organisés ; et si cette éducation est facile, et que l'homme puisse la donner aisément
à tous les individus, l'espèce, comme celle du
chien, devient réellement supérieure aux autres
espèces d'animaux, tant qu'elle conserve ses ré-
lations avec l'homme ; car le chien abandonné à
sa seule nature, retombe au niveau du renard ou
du loup, et ne peut de lui-même s'élever au-
dessus.

Nous pouvons donc ennoblir tous les êtres en
nous approchant d'eux, mais nous n'apprendrons

jamais aux animaux à se perfectionner d'eux-mêmes; chaque individu peut emprunter de nous, sans que l'espèce en profite, et c'est toujours faute d'intelligence entre eux : aucun ne peut communiquer aux autres ce qu'il a reçu de nous; mais tous sont à-peu-près également susceptibles d'éducation individuelle : car quoique les oiseaux, par les proportions du corps et par la forme de leurs membres, soient très-différents des animaux quadrupèdes, nous verrons néanmoins que, comme ils ont les mêmes sens, ils sont susceptibles des mêmes degrés d'éducation : on apprend aux *agamis* à faire à-peu-près tout ce que font nos chiens : un serin bien élevé marque son affection par des caresses aussi vives, plus innocentes, et moins fausses que celles du chat : nous avons des exemples frappants (1) de ce que peut l'éducation sur

(1) « On m'apporta, dit M. Fontaine, en 1763, une buse prise au « piége; elle était d'abord extrêmement farouche et même cruelle; j'en- « trepris de l'apprivoiser, et j'en vins à bout en la laissant jeûner et la « contraignant de venir prendre sa nourriture dans ma main; je parvins « par ce moyen à la rendre très-familière, et après l'avoir tenue enfermée « pendant environ six semaines, je commençai à lui laisser un peu de « liberté, avec la précaution de lui lier ensemble les deux fouets de l'aile; « dans cet état elle se promenait dans mon jardin et revenait quand je « l'appelais pour prendre sa nourriture. Au bout de quelque temps, « lorsque je me crus assuré de sa fidélité, je lui ôtai ses liens et je lui « attachai un grelot d'un pouce et demi de diamètre au-dessus de la « serre, et je lui appliquai une plaque de cuivre sur le jabot, où était « gravé mon nom; avec cette précaution je lui donnai toute liberté, et « elle ne fut pas long-temps sans en abuser, car elle prit son essor et son « vol jusque dans la forêt de Belesme; je la crus perdue, mais quatre « heures après je la vis fondre dans ma salle qui était ouverte, poursuivie

les oiseaux de proie, qui de tous paraissent être les

« par cinq autres buses qui lui avaient donné la chasse, et qui l'avaient
« contrainte à venir chercher son asile.... Depuis ce temps elle m'a
« toujours gardé fidélité, venant tous les soirs coucher sur ma fenêtre ;
« elle devint si familière avec moi, qu'elle paraissait avoir un singulier
« plaisir dans ma compagnie ; elle assistait à tous mes dîners sans y man-
« quer, se mettait sur un coin de la table et me caressait très-souvent
« avec sa tête et son bec, en jetant un petit cri aigu, qu'elle savait pour-
« tant quelquefois adoucir. Il est vrai que j'avais seul ce privilége ; elle
« me suivit un jour, étant à cheval, à plus de deux lieues de chemin
« en planant.... Elle n'aimait ni les chiens ni les chats, elle ne les re-
« doutait aucunement ; elle a eu souvent vis-à-vis de ceux-ci de rudes
« combats à soutenir, elle en sortait toujours victorieuse ; j'avais quatre
« chats très-forts que je faisais assembler dans mon jardin en présence
« de ma buse, je leur jetais un morceau de chair crue, le chat qui était
« le plus prompt s'en saisissait, les autres couraient après, mais l'oiseau
« fondait sur le corps du chat qui avait le morceau, et avec son bec lui
« pinçait les oreilles, et avec ses serres lui pétrissait les reins de telle
« force, que le chat était forcé de lâcher sa proie ; souvent un autre chat
« s'en emparait dans le même instant, mais il éprouvait aussitôt le même
« sort, jusqu'à ce qu'enfin la buse, qui avait toujours l'avantage, s'en
« saisit pour ne pas la céder ; elle savait si bien se défendre, que quand
« elle se voyait assaillie par les quatre chats à la-fois, elle prenait alors son
« vol avec sa proie dans ses serres, et annonçait par son cri le gain de sa
« victoire ; enfin, les chats, dégoûtés d'être dupes, ont refusé de se prêter
« au combat.

    « Cette buse avait une aversion singulière ; elle n'a jamais voulu souffrir
« de bonnets rouges sur la tête d'aucun paysan, elle avait l'art de le leur
« enlever si adroitement, qu'ils se trouvaient tête nue sans savoir qui leur
« avait enlevé le bonnet ; elle enlevait aussi les perruques sans faire aucun
« mal, et portait ces bonnets et ces perruques sur l'arbre le plus élevé
« d'un parc voisin, qui était le dépôt ordinaire de tous ses larcins.... Elle
« ne souffrait aucun autre oiseau de proie dans le canton ; elle les atta-
« quait avec beaucoup de hardiesse, et les mettait en fuite ; elle ne faisait
« aucun mal dans ma basse-cour, les volailles qui dans le commencement
« la redoutaient, s'accoutumèrent insensiblement avec elle ; les poulets et
« les petits canards n'ont jamais éprouvé de sa part la moindre insulte,

plus farouches et les plus difficiles à dompter.
On connaît en Asie le petit art d'instruire le pigeon à porter et rapporter des billets à cent lieues
de distance : l'art plus grand et mieux connu de
la fauconnerie, nous démontre qu'en dirigeant
l'instinct naturel des oiseaux, on peut le perfectionner autant que celui des autres animaux. Tout

---

« elle se baignait au milieu de ces derniers; mais ce qu'il y a de singulier,
« c'est qu'elle n'avait pas cette même modération chez les voisins; je fus
« obligé de faire publier que je paierais les dommages qu'elle pourrait leur
« causer, cependant elle fut fusillée bien des fois, et a reçu plus de quinze
« coups de fusil sans avoir aucune fracture; mais un jour il arriva que
« planant dès le grand matin au bord de la forêt, elle osa attaquer un
« renard, le garde de ce bois la voyant sur les épaules du renard, leur
« tira deux coups de fusil, le renard fut tué, et ma buse eut le gros de
« l'aile cassé; malgré cette fracture, elle s'échappa des yeux du chasseur,
« et fut perdue pendant sept jours; cet homme s'étant aperçu, par le
« bruit du grelot, que c'était mon oiseau, vint le lendemain m'en avertir;
« j'envoyai sur les lieux en faire la recherche, on ne put le trouver, et
« ce ne fut qu'au bout de sept jours qu'il se retrouva; j'avais coutume
« de l'appeler tous les soirs par un coup de sifflet auquel elle ne répondit
« pas pendant six jours, mais le septième j'entendis un petit cri dans le
« lointain, que je crus être celui de ma buse; je le répétai alors une se-
« conde fois, et j'entendis le même cri; j'allai du côté où je l'avais en-
« tendu, et je trouvai enfin ma pauvre buse qui avait l'aile cassée, et
« qui avait fait plus d'une demi-lieue à pied pour regagner son asile, dont
« elle n'était pour lors éloignée que de cent vingt pas; quoiqu'elle fût
« extrêmement exténuée, elle me fit cependant beaucoup de caresses; elle
« fut près de six semaines à se refaire et à se guérir de ses blessures, après
« quoi elle recommença à voler comme auparavant et à suivre ses an-
« ciennes allures pendant environ un an, après quoi elle disparut pour
« toujours. Je suis très-persuadé qu'elle fut tuée par méprise, elle ne
« m'aurait pas abandonné par sa propre volonté. » Lettre de M. Fontaine,
curé de Saint-Pierre de Belesme, à M. le comte de Buffon, en date du
28 janvier 1778.

me semble prouver que, si l'homme voulait donner autant de temps et de soins à l'éducation d'un oiseau ou de tout autre animal, qu'on en donne à celle d'un enfant, ils feraient par imitation tout ce que celui-ci fait par intelligence ; la seule différence serait dans le produit : l'intelligence, toujours féconde, se communique et s'étend à l'espèce entière, toujours en augmentant, au lieu que l'imitation nécessairement stérile, ne peut ni s'étendre ni même se transmettre par ceux qui l'ont reçue.

Et cette éducation par laquelle nous rendons les animaux, les oiseaux plus utiles ou plus aimables pour nous, semble les rendre odieux à tous les autres, et surtout à ceux de leur espèce ; dès que l'oiseau privé prend son essor et va dans la forêt, les autres s'assemblent d'abord pour l'admirer, et bientôt ils le maltraitent et le poursuivent comme s'il était d'une espèce ennemie ; on vient d'en voir un exemple dans la buse, je l'ai vu de même sur la pie, sur le geai ; lorsqu'on leur donne la liberté, les sauvages de leur espèce se réunissent pour les assaillir et les chasser : ils ne les admettent dans leur compagnie que quand ces oiseaux privés ont perdu tous les signes de leur affection pour nous, et tous les caractères qui les rendaient différents de leurs frères sauvages, comme si ces mêmes caractères rappelaient à ceux-ci le sentiment de la crainte qu'ils ont de l'homme leur tyran, et la haine que méritent ses suppôts ou ses esclaves.

Au reste, les oiseaux sont de tous les êtres de
la nature les plus indépendants et les plus fiers
de leur liberté, parce qu'elle est plus entière et
plus étendue que celle de tous les autres animaux; comme il ne faut qu'un instant à l'oiseau
pour franchir tout obstacle et s'élever au-dessus
de ses ennemis, qu'il leur est supérieur par la
vitesse du mouvement, et par l'avantage de sa
position dans un élément où ils ne peuvent atteindre, il voit tous les animaux terrestres comme
des êtres lourds et rampants attachés à la terre;
il n'aurait même nulle crainte de l'homme si la
balle et la flèche ne leur avaient appris que, sans
sortir de sa place, il peut atteindre, frapper et
porter la mort au loin. La nature, en donnant
des ailes aux oiseaux, leur a départi les attributs
de l'indépendance et les instruments de la haute
liberté; aussi n'ont-ils de patrie que le ciel qui
leur convient; ils en prévoient les vicissitudes et
changent de climat en devançant les saisons; ils
ne s'y établissent qu'après en avoir pressenti la
température; la plupart n'arrivent que quand la
douce haleine du printemps a tapissé les forêts
de verdure; quand elle fait éclore les germes qui
doivent les nourrir; quand ils peuvent s'établir, se
gîter, se cacher sous l'ombrage; quand enfin la
nature vivifiant les puissances de l'amour, le ciel
et la terre semblent réunir leurs bienfaits pour
combler leur bonheur. Cependant cette saison de
plaisir devient bientôt un temps d'inquiétude;

tout-à-l'heure ils auront à craindre ces mêmes
ennemis au-dessus desquels ils planaient avec mé-
pris; le chat sauvage, la marte, la belette, cher-
cheront à dévorer ce qu'ils ont de plus cher; la
couleuvre rampante gravira pour avaler leurs œufs
et détruire leur progéniture, quelque élevé, quelque caché que puisse être leur nid, ils sauront
le découvrir, l'atteindre, le dévaster; et les enfants, cette aimable portion du genre humain,
mais toujours malfaisante par désœuvrement, vio-
leront sans raison ces dépôts sacrés du produit
de l'amour : souvent la tendre mère se sacrifie
dans l'espérance de sauver ses petits, elle se laisse
prendre plutôt que de les abandonner; elle préfère de partager et de subir le malheur de leur
sort à celui d'aller seule l'annoncer par ses cris
à son amant, qui néanmoins pourrait seul la con-
soler en partageant sa douleur. L'affection mater-
nelle est donc un sentiment plus fort que celui
de la crainte, et plus profond que celui de l'a-
mour, puisqu'ici cette affection l'emporte sur les
deux dans le cœur d'une mère, et lui fait oublier
son amour, sa liberté, sa vie.

Pourquoi le temps des grands plaisirs est-il
aussi celui des grandes sollicitudes? pourquoi les
jouissances les plus délicieuses sont-elles toujours
accompagnées d'inquiétudes cruelles, même dans
les êtres les plus libres et les plus innocents?
n'est-ce pas un reproche qu'on peut faire à la Nature, cette mère commune de tous les êtres? sa

bienfaisance n'est jamais pure ni de longue durée.
Ce couple heureux qui s'est réuni par choix, qui
a établi de concert et construit en commun son
domicile d'amour, et prodigué les soins les plus
tendres à sa famille naissante, craint à chaque
instant qu'on ne la lui ravisse; et s'il parvient à
l'élever, c'est alors que des ennemis encore plus
redoutables viennent l'assaillir avec plus d'avantage; l'oiseau de proie arrive comme la foudre et
fond sur la famille entière, le père et la mère sont
souvent ses premières victimes, et les petits dont
les ailes ne sont pas encore assez exercées ne
peuvent lui échapper. Ces oiseaux de carnage
frappent tous les autres oiseaux d'une frayeur si
vive, qu'on les voit frémir à leur aspect; ceux
même qui sont en sûreté dans nos basses-cours,
quelque éloigné que soit l'ennemi, tremblent au
moment qu'ils l'aperçoivent, et ceux de la campagne, saisis du même effroi, le marquent par des
cris et par leur fuite précipitée vers les lieux où
ils peuvent se cacher. L'état le plus libre de la
nature a donc aussi ses tyrans, et malheureusement c'est à eux seuls qu'appartient cette suprême
liberté dont ils abusent, et cette indépendance
absolue qui les rend les plus fiers de tous les animaux; l'aigle méprise le lion et lui enlève impunément sa proie; il tyrannise également les habitants de l'air et ceux de la terre, et il aurait peut-
être envahi l'empire d'une grande portion de la
nature, si les armes de l'homme ne l'eussent relé-

gué sur le sommet des montagnes et repoussé
jusqu'aux lieux inaccessibles, où il jouit encore
sans trouble et sans rivalité de tous les avantages
de sa domination tyrannique.

Le coup-d'œil que nous venons de jeter rapi-
dement sur les facultés des oiseaux, suffit pour
nous démontrer que, dans la chaîne du grand
ordre des êtres, ils doivent être après l'homme
placés au premier rang. La nature a rassemblé,
concentré dans le petit volume de leur corps plus
de force qu'elle n'en a départi aux grandes masses
des animaux les plus puissants; elle leur a donné
plus de légèreté sans rien ôter à la solidité de leur
organisation; elle leur a cédé un empire plus
étendu sur les habitants de l'air, de la terre et
des eaux; elle leur a livré les pouvoirs d'une domination exclusive sur le genre entier des insectes, qui ne semblent tenir d'elle leur existence
que pour maintenir et fortifier celle de leurs des-
tructeurs auxquels ils servent de pâture; ils dominent de même sur les reptiles dont ils purgent
la terre sans redouter leur venin, sur les poissons
qu'ils enlèvent hors de leur élément pour les dévorer; et enfin sur les animaux quadrupèdes dont
ils font également des victimes : on a vu la buse
assaillir le renard, le faucon arrêter la gazelle,
l'aigle enlever la brebis, attaquer le chien comme
le lièvre, les mettre à mort et les emporter dans
son aire; et si nous ajoutons à toutes ces préé-
minences de force et de vitesse, celles qui rap-

prochent les oiseaux de la nature de l'homme,
la marche à deux pieds, l'imitation de la parole,
la mémoire musicale, nous les verrons plus près
de nous que leur forme extérieure ne paraît l'indiquer; en même temps que par la prérogative
unique de l'attribut des ailes et par la prééminence du vol sur la course, nous reconnaîtrons
leur supériorité sur tous les animaux terrestres.

Mais descendons de ces considérations générales sur les oiseaux à l'examen particulier du
genre des perroquets; ce genre, plus nombreux
qu'aucun autre, ne laissera pas de nous fournir
de grands exemples d'une vérité nouvelle; c'est
que dans les oiseaux, comme dans les animaux
quadrupèdes, il n'existe dans les terres méridionales du Nouveau-Monde aucune des espèces des
terres méridionales de l'ancien continent, et cette
exclusion est réciproque, aucun des perroquets
de l'Afrique et des grandes Indes ne se trouve
dans l'Amérique méridionale, et réciproquement,
aucun de ceux de cette partie du Nouveau-Monde
ne se trouve dans l'ancien continent : c'est sur
ce fait général que j'ai établi le fondement de la
nomenclature de ces oiseaux, dont les espèces
sont très-diversifiées et si multipliées, qu'indépendamment de celles qui nous sont inconnues,
nous en pouvons compter plus de cent; et de ces
cent espèces, il n'y en a pas une seule qui soit
commune aux deux continents; y a-t-il une preuve
plus démonstrative de cette vérité générale que

nous avons exposée dans l'histoire des animaux
quadrupèdes? Aucun de ceux qui ne peuvent
supporter la rigueur des climats froids n'a pu passer d'un continent à l'autre, parce que ces continents n'ont jamais été réunis que dans les régions
du nord. Il en est de même des oiseaux, qui, comme
les perroquets, ne peuvent vivre et se multiplier
que dans les climats chauds ; ils sont, malgré la
puissance de leurs ailes, demeurés confinés, les
uns dans les terres méridionales du Nouveau-
Monde, et les autres dans celles de l'ancien, et
ils n'occupent dans chacun qu'une zone de vingt-
cinq degrés de chaque côté de l'équateur.

Mais, dira-t-on, puisque les éléphants et les
autres animaux quadrupèdes de l'Afrique et des
grandes Indes ont primitivement occupé les terres
du nord dans les deux continents, les perroquets
kakatoës, les loris et les autres oiseaux de ces
mêmes contrées méridionales de notre continent,
n'ont-ils pas dû se trouver aussi primitivement
dans les parties septentrionales des deux mondes?
comment est-il donc arrivé que ceux qui habi-
taient jadis l'Amérique septentrionale n'aient pas
gagné les terres chaudes de l'Amérique méridionale? car ils n'auront pas été arrêtés, comme les
éléphants, par les hautes montagnes ni par les
terres étroites de l'isthme, et la raison que vous
avez tirée de ces obstacles ne peut s'appliquer
aux oiseaux, qui peuvent aisément franchir ces
montagnes ; ainsi, les différences qui se trouvent

constamment entre les oiseaux de l'Amérique méridionale et ceux de l'Afrique, supposent quelques
autres causes que celle de votre système sur le
refroidissement de la terre et sur la migration de
tous les animaux du nord au midi.

Cette objection, qui d'abord paraît fondée, n'est
cependant qu'une nouvelle question, qui, de
quelque manière qu'on cherche à la faire valoir,
ne peut ni s'opposer, ni nuire à l'explication des
faits généraux de la naissance primitive des animaux dans les terres du nord, de leur migration
vers celles du midi, et de leur exclusion des terres
de l'Amérique méridionale; ces faits, quelque
difficulté qu'ils puissent présenter, n'en sont pas
moins constants, et l'on peut, ce me semble, répondre à la question d'une manière satisfaisante
sans s'éloigner du système : car les espèces d'oiseaux auxquels il faut une grande chaleur pour
subsister et se multiplier, n'auront, malgré leurs
ailes, pas mieux franchi que les éléphants les
sommets glacés des montagnes; jamais les perroquets et les autres oiseaux du midi ne s'élèvent
assez haut dans la région de l'air pour être saisis
d'un froid contraire à leur nature, et par conséquent ils n'auront pu pénétrer dans les terres de
l'Amérique méridionale, mais auront péri, comme
les éléphants, dans les contrées septentrionales
de ce continent, à mesure qu'elles se sont refroi-
dies; ainsi cette objection, loin d'ébranler le système, ne fait que le confirmer et le rendre plus

général, puisque, non seulement les animaux quadrupèdes, mais même les oiseaux du midi de notre
continent, n'ont pu pénétrer ni s'établir dans le
continent isolé de l'Amérique méridionale. Nous
conviendrons néanmoins que cette exclusion n'est
pas aussi générale pour les oiseaux que pour les
quadrupèdes, dans lesquels il n'y a aucune espèce
commune à l'Afrique et à l'Amérique, tandis que
dans les oiseaux on en peut compter un petit
nombre dont les espèces se trouvent également
dans ces deux continents; mais c'est par des raisons particulières et seulement pour de certains
genres d'oiseaux qui, joignant à une grande puissance de vol, la faculté de s'appuyer et de se reposer sur l'eau, au moyen des larges membranes
de leurs pieds, ont traversé et traversent encore
la vaste étendue des mers qui séparent les deux
continents vers le midi. Et comme les perroquets
n'ont ni les pieds palmés, ni le vol élevé et long-
temps soutenu, aucun de ces oiseaux n'a pu passer d'un continent à l'autre, à moins d'y avoir
été transporté par les hommes (1); on en sera

---

(1) Les perroquets ont le vol court et pesant, au point de ne pouvoir
traverser des bras de mer de sept ou huit lieues de largeur; chaque île
de l'Amérique méridionale a ses perroquets particuliers, ceux des îles de
Sainte-Lucie, de Saint-Vincent, de la Dominique, de la Martinique, de la
Guadeloupe sont différents les uns des autres; ceux des îles Caraïbes ne
leur ressemblent point, et les perroquets des îles Caraïbes ne se trouvent
point vers l'Orénoque, qui cependant est le canton du continent le plus
voisin de ces îles. Note communiquée par M. de la Borde, médecin du
roi à Cayenne.

convaincu par l'exposition de leur nomenclature,
et par la comparaison des descriptions de chaque
espèce, auxquelles nous renvoyons tous les détails de leurs ressemblances et de leurs différences, tant génériques que spécifiques; et cette nomenclature était peut-être aussi difficile à démêler
que celle des singes, parce que tous les naturalistes, avant moi, avaient également confondu les
espèces et même les genres des nombreuses tribus
de ces deux classes d'animaux, dont néanmoins
aucune espèce n'appartient aux deux continents
à-la-fois.

Les Grecs ne connurent d'abord qu'une espèce
de perroquet ou plutôt de perruche; c'est celle
que nous nommons aujourd'hui *grande Perruche
à collier*, qui se trouve dans le continent de
l'Inde. Les premiers de ces oiseaux furent apportés de l'île *Trapobane* en Grèce par Onésicrite,
commandant de la flotte d'Alexandre : ils y étaient
si nouveaux et si rares, qu'Aristote lui-même ne
paraît pas en avoir vu, et semble n'en parler que
par relation (1). Mais la beauté de ces oiseaux et
leur talent d'imiter la parole, en firent bientôt
un objet de luxe chez les Romains : le sévère
Caton leur en fait un reproche (2); ils logeaient

---

(1) « Indica avis cui nomen *Psittace*, quam loqui aiunt. » Aristote,
lib. VIII, cap. 12.

(2) Ce rigide censeur s'écrie au milieu du sénat assemblé : « O séna-
« teurs! O Rome malheureuse! quel augure pour toi! à quels temps
« sommes-nous arrivés, de voir les femmes nourrir les chiens sur leurs

cet oiseau dans des cages d'argent, d'écaille et d'ivoire (1), et le prix d'un perroquet fut quelquefois plus grand chez eux que celui d'un esclave.

On ne connaissait de perroquets à Rome que ceux qui venaient des Indes (2), jusqu'au temps de Néron, où des émissaires de ce prince en trouvèrent dans une île du Nil, entre Siène et Méroë (3), ce qui revient à la limite de 24 à 25 degrés que nous avons posée pour ces oiseaux, et qu'il ne parait pas qu'ils aient passée. Au reste, Pline nous apprend que le nom *Psittacus*, donné par les Latins au perroquet, vient de son nom indien *Psittace* ou *Sittace* (4).

Les Portugais qui, les premiers, ont doublé le cap de Bonne-Espérance et reconnu les côtes de l'Afrique, trouvèrent les terres de Guinée et toutes les îles de l'océan Indien peuplées, comme le continent, de diverses espèces de perroquets, toutes inconnues à l'Europe, et en si grand nombre,

---

« genoux, et les hommes porter sur le poing des perroquets ! » Voyez Columell., Dict. antiq., lib. III.

(1) Voyez Statius in Psitt. atedii.

(2) Pline, lib. X, cap. 42. Pausanias, in Corinthiac.

(3) « A Siene in Meroen.... Insulam Gagaudem esse in medio eo « tractu renuntiavere (Neronis exploratores) ; inde primùm visas aves « psittacos. » Un peu plus loin ces voyageurs trouvèrent des singes. Pline, lib. VI, cap. 29.

(4) « India hanc avem mittit, Sittacem vocat. » Pline, lib. X, cap. 42. On les apportait encore, au quinzième siècle, de ces contrées par la route d'Alexandrie. Voyez la relation de Cadamosto. Histoire générale des Voyages, tome II, page 305.

qu'à Calicut (1), à Bengale et sur les côtes d'A-
frique, les Indiens et les Nègres étaient obligés
de se tenir dans leurs champs de maïs et de riz
vers le temps de la maturité pour en éloigner ces
oiseaux, qui viennent les dévaster (2).

Cette grande multitude de perroquets dans
toutes les régions qu'ils habitent (3) semble prouver qu'ils réitèrent leurs pontes, puisque chacune
est assez peu nombreuse; mais rien n'égale la
variété d'espèces d'oiseaux de ce genre qui s'of-
frirent aux navigateurs sur toutes les plages méridionales du Nouveau-Monde, lorsqu'ils en firent
la découverte; plusieurs îles reçurent le nom d'*Iles
des Perroquets*. Ce furent les seuls animaux que
Colomb trouva dans la première où il aborda (4),
et ces oiseaux servirent d'objets d'échange dans
le premier commerce qu'eurent les Européens
avec les Américains (5). Enfin, on apporta des
perroquets d'Amérique et d'Afrique en si grand
nombre, que le perroquet des anciens fut oublié :

---

(1) Recueil des voyages qui ont servi à l'établissement de la Compagnie
des Indes, etc. Amsterdam, 1702, tome III, page 195.

(2) Voyez Mandeslo, suite d'Oléarius, tome II, page 144.

(3) « Entre plusieurs animaux remarquables, les perroquets du Malabar
« excitent l'admiration des voyageurs, par leur quantité prodigieuse,
« autant que par la variété de leurs espèces. Dellon assure qu'il avait
« souvent eu le plaisir d'en voir prendre jusqu'à deux cents d'un coup de
« filet. » Hist. génér. des Voyages, tome XI, page 454.

(4) Guanahani, une des Lucayes.

(5) Voyez premier voyage de Christophe Colomb. Hist. génér. des
Voyages, tome XII, *initio*.

on ne le connaissait plus du temps de Belon que par la description qu'ils en avaient laissée (1); et cependant, dit Aldrovande, nous n'avons encore vu qu'une partie de ces espèces, dont les îles et les terres du Nouveau-Monde nourrissent une si grande multitude, que pour exprimer leur incroyable variété, aussi-bien que le brillant de leurs couleurs et toute leur beauté, il faudrait quitter la plume et prendre le pinceau; c'est aussi ce que nous avons fait en donnant le portrait de toutes les espèces remarquables et nouvelles dans nos planches coloriées.

Maintenant, pour suivre autant qu'il est possible l'ordre que la nature a mis dans cette multitude d'espèces, tant par la distinction des formes que par la division des climats, nous partagerons le genre entier de ces oiseaux d'abord en deux grandes classes, dont la première contiendra tous les perroquets de l'ancien continent, et la seconde tous ceux du Nouveau-Monde; ensuite nous subdiviserons la première en cinq grandes familles; savoir, les Kakatoës, les Perroquets proprement dits, les Loris, les Perruches à longue queue et les Perruches à queue courte; et de même nous subdiviserons ceux du nouveau continent en six autres familles; savoir, les Aras, les Amazones, les Criks, les Papegais, les Perriches à queue longue,

_____

(1) « Tellement, dit-il, que ne l'avons onc veu, sinon en peinture. » Nat. des Oiseaux, page 296.

et enfin les Perriches à queue courte. Chacune de ces onze tribus ou familles est désignée par des caractères distinctifs, ou du moins chacune porte quelque livrée particulière qui les rend reconnaissables, et nous allons présenter celles de l'ancien continent les premières.

PERROQUETS

DE L'ANCIEN CONTINENT.

LES KAKATOËS.[1]

Les plus grands perroquets de l'ancien continent, sont les Kakatoës; ils en sont tous originaires, et paraissent être naturels aux climats de
l'Asie méridionale : nous ne savons pas s'il y en
a dans les terres de l'Afrique, mais il est sûr qu'il
ne s'en trouve point en Amérique; ils paraissent
répandus dans les régions des Indes méridionales (2) et dans toutes les îles de l'océan Indien, à

---

(1) Division du genre des perroquets qui renferme des espèces dont
la tête supporte une huppe formée de plumes longues et étroites, rangées
sur deux lignes, se couchant ou se relevant au gré de l'animal. Leur
plumage est le plus souvent blanc. DESM. 1827.

(2) « Les arbres de cette ville (Amadabat, capitale du Guzaratte), et
« ceux qui sont sur le chemin d'Agra à Brampour, qui est à cent cin-
« quante lieues d'Allemagne, nourrissent un nombre inconcevable de
« perroquets.... Il y en a qui sont blancs ou d'un gris-de-perle, et
« coiffés d'une huppe incarnate; on les appelle *Kakatous*, à cause de ce
« mot qu'ils prononcent dans leur chant assez distinctement. Ces oiseaux
« sont fort communs par toutes les Indes, où ils font leurs nids dans les
« villes sur les toits des maisons, comme les hirondelles en Europe. »
Voyage de Mandeslo à la suite d'Oléarius, tome II, page 144.

Ternate (1), à Banda (2), à Céram (3), aux Philippines (4), aux îles de la Sonde (5). Leur nom de
Kakatoës, Catacua et *Cacatou*, vient de la ressemblance de ce mot à leur cri (6). On les distingue
aisément des autres perroquets par leur plumage
blanc, et par leur bec plus crochu et plus arrondi, et particulièrement par une huppe de
longues plumes dont leur tête est ornée, et qu'ils
élèvent et abaissent à volonté (7).

Ces perroquets kakatoës apprennent difficilement à parler, il y a même des espèces qui ne
parlent jamais; mais on en est dédommagé par la
facilité de leur éducation; on les apprivoise tous
aisément (8); ils semblent même être devenus
domestiques en quelques endroits des Indes, car
ils font leurs nids sur le toit des maisons (9), et
cette facilité d'éducation vient du degré de leur

---

(1) Voyage autour du monde, par Gemelli Carreri. Paris 1719, tome V, page 5.

(2) Recueil des Voyages qui ont servi à l'établissement de la Compagnie des Indes, etc. Amsterdam, 1702, tome V, page 26.

(3) Dampierre. Hist. génér. des Voyages, tome XI, page 244.

(4) Gemelli Carreri, ubi supra.

(5) Voyage de Siam, par le P. Tachard. Paris, 1686, pag. 130.

(6) « Nous fîmes plusieurs bordées pour doubler l'île de Cacatoüa, « ainsi appelée à cause des perroquets blancs qui se trouvent dans cette « île, et qui en répètent sans cesse le nom. Cette île est assez près de « Sumatra. » Ibidem.

(7) Le sommet de la tête, qui est recouvert par les longues plumes couchées en arrière de la huppe, est absolument chauve.

(8) « A Ternate, ces oiseaux sont domestiques et dociles; ils parlent « peu et crient beaucoup. » Gemelli Carreri, tome V, page 325.

(9) Voyez Mandeslo, citation précédente.

intelligence qui paraît supérieure à celle des autres perroquets; ils écoutent, entendent et obéissent mieux; mais c'est vainement qu'ils font les mêmes efforts pour répéter ce qu'on leur dit; ils semblent vouloir y suppléer par d'autres expressions de sentiment et par des caresses affectueuses; ils ont dans tous leurs mouvements une douceur et une grace qui ajoutent encore à leur beauté. On en a vu deux, l'un mâle et l'autre femelle, au mois de mars 1775, à la foire Saint-Germain à Paris, qui obéissaient avec beaucoup de docilité, soit pour étaler leur huppe, soit pour saluer les personnes d'un signe de tête, soit pour toucher les objets de leur bec ou de leur langue, ou pour répondre aux questions de leur maître, avec le signe d'assentement qui exprimait parfaitement un *oui* muet; ils indiquoient aussi, par des signes réitérés, le nombre des personnes qui étaient dans la chambre, l'heure qu'il était, la couleur des habits, etc.; ils se baisaient en se prenant le bec réciproquement; ils se caressaient ainsi d'eux-mêmes, ce prélude marquait l'envie de s'apparier, et le maître assura qu'en effet ils s'appariaient souvent, même dans notre climat. Quoique les kakatoës se servent, comme les autres perroquets, de leur bec pour monter et descendre, ils n'ont pas leur démarche lourde et désagréable; ils sont au contraire très-agiles et marchent de bonne grace, en trottant et par petits sauts vifs.

2.

P.Oudart del.   Litho. de C. Motte.   Meunier

1 Le Kakatoes à huppe blanche, 2. id. à hup.^{re} ja

LE KAKATOËS*[1]

A HUPPE BLANCHE.

PREMIÈRE ESPÈCE.

Psittacus cristatus, Linn., Kulh.; *Cacatua cristata*, Vieill.

Ce kakatoës est à-peu-près de la grosseur d'une poule; son plumage est entièrement blanc, à l'exception d'une teinte jaune sur le dessous des ailes et des pennes latérales de la queue; il a le bec et les pieds noirs; sa magnifique huppe est très-remarquable, en ce qu'elle est composée de dix ou douze grandes plumes, non de l'espèce des plumes molles, mais de la nature des pennes, hautes et largement barbées; elles sont implantées du front en arrière sur deux lignes parallèles, et forment un double éventail.

---

*Voyez les planches enluminées, n° 263, sous la dénomination de *Kakatoës des Moluques.*

(1) *Psittacus albus cristatus.* Aldrovande, Avi., tome I, pag. 668.—Jonston, Avi., pag. 22.—Willugby, Ornithol., pag. 74.—Rai, Synops., pag. 30, n° 1. — Charleton, Exercit., pag. 74, n° 3. Idem, Onomast., pag. 66, n° 3. — *Kakatocha tota alba.* Klein, Avi., pag. 24, n° 6. — « Psittacus major brevicaudus, cristatus, nivens, capitis vertice nudo; re- » migibus majoribus et rectricibus lateralibus interiùs primâ medietate « sulphureis.... Cacatua. » Brisson, Ornithol., tome IV, page 204.

LE KAKATOËS*(¹)

A HUPPE JAUNE.

SECONDE ESPÈCE.

Psittacus sulphureus, Gmel., Kulh.; *Cacatua sulphurea*,
Vieill.

DANS cette espèce l'on distingue deux races qui
ne diffèrent entre elles que par la grandeur. La
planche enluminée représente la petite : dans l'une
et l'autre le plumage est blanc, avec une teinte
jaune sous les ailes et la queue, et des taches de
la même couleur à l'entour des yeux : la huppe
est d'un jaune citron, elle est composée de longues plumes molles et effilées, que l'oiseau relève

---

* Voyez les planches enluminées, n° 14.

(1) *Psittacus albus galeritus.* Frisch, tab. 50, avec une figure peu
exacte. — *Kakatocha alba.* Klein, Avi., pag. 24, n° 15. — « Psittacus
« Brachyurus albus, cristâ dependente flavâ. » Linnæus, Syst. Nat., ed. X,
Gen. 44, Sp. 16. — « Avis kakatocha orientalis, ex insulis Moluccis,
« cristata candidissima et sulphurea. » Séba, vol. I, pag 94, avec une
fig. inexacte, tab. 59, fig. 1. — Cockatoo ou Perroquet à tête blanche.
Albin, tome III, page 6, avec une mauvaise figure mal coloriée, pl. 12.
— « Psittacus major brevicaudus, cristatus, albus, infernè sulphureo
« adumbratus; cristâ sulphureâ; maculâ infra oculos saturatè sulphureâ;
« rectricibus lateralibus interiùs primâ medietate sulphureis…. Cacatua,
« luteo cristata. » Brisson, Ornithol., tome IV, page 206.

et jette en avant; le bec et les pieds sont noirs.
C'est un kakatoës de cette espèce, et vraisemblablement le premier qui ait été vu en Italie, que
décrit Aldrovande; il admire l'élégance et la beauté
de cet oiseau, qui d'ailleurs est aussi intelligent,
aussi doux et aussi docile que celui de la première
espèce.

Nous avons vu nous-même ce beau kakatoës
vivant; la manière dont il témoigne sa joie est de
secouer vivement la tête plusieurs fois de haut en
bas, faisant un peu craquer son bec et relevant
sa belle huppe : il rend caresse pour caresse; il
touche le visage de sa langue et semble vous lécher;
il donne des baisers doux et savourés; mais une
sensation particulière est celle qu'il paraît éprou-
ver lorsque l'on met la main à plat dessous son
corps, et que de l'autre main on le touche sur le
dos, ou que simplement on approche la bouche
pour le baiser, alors il s'appuie fortement sur la
main qui le soutient, il bat des ailes, et le bec à
demi-ouvert, il souffle en haletant, et semble
jouir de la plus grande volupté; on lui fait répéter ce petit manège autant que l'on veut : un
autre de ses plaisirs est de se faire gratter; il
montre sa tête avec la pate, il soulève l'aile pour
qu'on la lui frotte; il aiguise souvent son bec en
rongeant et cassant le bois; il ne peut supporter
d'être en cage, mais il n'use de sa liberté que pour
se mettre à portée de son maître qu'il ne perd pas
de vue; il vient lorsqu'on l'appelle, et s'en va

lorsqu'on le lui commande ; il témoigne alors la
peine que cet ordre lui fait en se retournant souvent, et regardant si on ne lui fait pas signe de
revenir ; il est de la plus grande propreté ; tous
ses mouvements sont pleins de graces, de délicatesse et de mignardise : il mange des fruits, des
légumes, toutes les graines farineuses, de la pâtisserie, des œufs, du lait et de tout ce qui est
doux sans être trop sucré ; du reste, ce kakatoës
avait le plumage d'un plus beau blanc que celui
de notre planche enluminée (1).

LE KAKATOËS*(2)

A HUPPE ROUGE.

TROISIÈME ESPÈCE.

Psittacus moluccensis, Linn., Kuhl.; *P. rosaceus*, Lath.;
Cacatua rosacea, Vieill.

C'EST un des plus grands de ce genre, ayant

(1) Cet oiseau est à présent à Nancy, chez une dame belle et aimable,
qui en fait ses délices. Note communiquée par M. Sonnini de Manoncour.
* Voyez les planches enluminées, n° 498.

(2) « Psittacus major brevicaudus, cristatus, albus, roseo adum-
« bratus, cristâ subtus rubrâ, rectricibus lateralibus interiùs primâ me-
« dietate sulphureis.... Cacatua rubro cristata. » Brisson, Ornithol.,
tome IV, page 209. — *Greater Cockatoo*. Edwards, tom. IV, pl. 160.

près d'un pied et demi de longueur ; le dessus de sa huppe, qui se rejette en arrière, est en plumes blanches, et couvre une gerbe de plumes rouges.

LE PETIT KAKATOËS*⁽¹⁾

A BEC COULEUR DE CHAIR.

QUATRIÈME ESPÈCE.

Psittacus philippinarum, Linn., Kuhl.; *Cacatua philippinarum*, Vieill.

Tout son plumage est blanc, à l'exception de quelques teintes de rouge pâle sur la tempe et aux plumes du dessous de la huppe ; cette teinte de rouge est plus forte aux couvertures du dessous de la queue : on voit un peu de jaune clair à l'origine des plumes scapulaires, de celles de la huppe, et au côté intérieur des pennes de l'aile et de la plupart de celles de la queue ; les pieds sont noirâtres ; le bec est brun-rougeâtre, ce qui

---

* Voyez les planches enluminées, n° 191, sous la dénomination de *petit Kakatoës des Philippines.*

(1) « Psittacus major brevicaudus, cristatus, albus, cristâ in exortu « sulphureâ, subtus pallidè rubrâ ; tectricibus caudæ inferioribus pallidè « rubris albo terminatis ; rectricibus lateralibus interiùs sulphureis.... « *Cacatua minor.* » Brisson, *Ornithol.*, tome IV, page 212.

est particulier à cette espèce, les autres kakatoës ayant tous le bec noir. C'est aussi le plus petit que noùs connaissions dans ce genre ; M. Brisson le fait de la grandeur du perroquet de Guinée : cependant celui-ci est beaucoup plus petit ; il est coiffé d'une huppe qui se couche en arrière et qu'il relève à volonté.

Nous devons observer que l'oiseau appelé par M. Brisson *Kakatoës à ailes et queue rouges* (1), ne paraît pas être un kakatoës, puisqu'il ne fait aucune mention de la huppe, qui est cependant le caractère distinctif de ces perroquets (2); d'ailleurs il ne parle de cet oiseau que d'après Aldrovande, qui s'exprime dans les termes suivants : « Ce perroquet doit être compté parmi les plus « grands; il est de la grosseur d'un chapon ; tout « son plumage est blanc-cendré; son bec est noir « et fortement recourbé ; le bas du dos, le crou- « pion, toute la queue et les pennes de l'aile sont « d'un rouge de vermillon (3). » Tous ces caractères conviendraient assez à un kakatoës, si l'on y ajoutait celui de la huppe; et ce grand perroquet rouge et blanc d'Aldrovande, qui ne nous est pas connu, ferait dans ce cas une cinquième espèce de kakatoës, ou une variété de quelqu'une des précédentes.

---

(1) Ornithol., tome IV, page 214.
(2) Edwards, planche 160.
(3) *Psittacus erythroleucos.* Aldrovande, Avi., tom. I, pag. 675.

LE KAKATOËS NOIR.[1]

CINQUIÈME ESPÈCE.

Psittacus aterrimus, Linn.; *P. Gigas*, Lath.; *Prosbosciger ater-rimus*, Kuhl.; *Microglossum aterrimum*, Geoffr. (2).

M. EDWARDS, qui a donné ce kakatoës, dit qu'il est aussi gros qu'un Ara; tout son plumage est d'un noir bleuâtre, plus foncé sur le dos et les ailes que sous le corps; la huppe est brune ou noirâtre, et l'oiseau a, comme tous les autres kakatoës, la faculté de la relever très-haut, et de la coucher presque à plat sur sa tête; les joues, au-dessous de l'œil, sont garnies d'une peau rouge, nue et ridée, qui enveloppe la mandibule infé-rieure du bec, dont la couleur, ainsi que celle des pieds, est d'un brun-noirâtre; l'œil est d'un beau noir, et l'on peut dire que cet oiseau est le nègre des kakatoës, dont les espèces sont géné-

---

(1) *The great black cockatoo.* Edwards, Glan., part. III, pag. 229, pl. 316.

(2) La singulière conformation et la petitesse extrême de la langue de cet oiseau, que Levaillant appelle *Ara à trompe*, l'a fait considérer par M. Geoffroy, comme devant former le type d'un groupe particulier dans le genre des perroquets. DESM. 1827.

ralement blanches; il a la queue assez longue et composée de plumes étagées; la figure dessinée d'après nature, en a été envoyée de Ceylan à M. Edwards, et ce naturaliste croit reconnaître le même kakatoës dans une des figures publiées par Vander-Meulen à Amsterdam, en 1707, et donnée par Pierre Schenk, sous le nom de *Corbeau des Indes*.

LES PERROQUETS

PROPREMENT DITS.

Nous laisserons le nom de *Perroquets propre-ment dits* à ceux de ces oiseaux qui appartiennent à l'ancien continent, et qui ont la queue courte et composée de pennes à-peu-près d'égale lon-gueur. On leur donnait jadis le nom de *Pape-gauts*, et celui de perroquet s'appliquait aux per-ruches (1): l'usage contraire a prévalu. Et comme le nom de papegaut ou papegai a été oublié, nous l'avons transporté à la famille des perroquets de l'Amérique qui n'ont point de rouge dans les ailes, afin de les distinguer par ce nom générique des perroquets amazones dont le caractère principal est d'avoir du rouge sur les ailes. Nous connais-sons huit espèces de ces perroquets proprement dits, toutes originaires de l'Afrique et des grandes Indes, et aucune de ces huit espèces ne se trouve en Amérique.

---

(1) Voyez Belon, Nat. des Oiseaux, pag. 298.

LE JACO*

ou

PERROQUET CENDRÉ.[1]

PREMIÈRE ESPÈCE.

Psittacus erythacus, Linn., Lath., Kuhl., Cuv.

C'EST l'espèce que l'on apporte le plus communément en Europe aujourd'hui, et qui s'y fait le
plus aimer, tant par la douceur de ses mœurs que

---

* Voyez les planches enluminées, n° 311.

(1) *Psittacus cinereus, seu sub-cæruleus.* Aldrovande, Avi., tom. I,
pag. 675. — Willughby, Ornithol., pag. 76. — Raí, Synops. Avi.,
pag. 31, n° 7. — *Psittacus cinereus caudâ rubrâ.*—Frisch, tab. 51.
Klein, Avi., pag. 25, n° 13.—*Psittacus cinereus.* Jonston, Avi., pag. 23.
— Barrère, Ornithol., class. III, Gen. 11, Sp. 2.—Charleton, Exercit.,
pag. 74, n° 8. — Idem, Onomast., pag. 67, n° 8. — « Psittacus bra-
« chyurus canus, temporibus albis caudâ coccineâ.... Psittacus ery-
« thacus. » Linnæus, Syst. Nat., ed. X, Gen. 44, Sp. 20. — Grand papegaut. Belon, Nat. des Oiseaux, pag. 297, avec une mauvaise figure;
la même, Portraits d'Oiseaux, pag. 73, A, sous les noms de *Papegay
grand, Perroquet grand.* — Perroquet couleur de fresne. Albin, tome I,
pl. 12. — « Psittacus major brevicaudus, cinereus, oris pennarum in
« capite, collo et corpore inferiore cinereo-albis; uropygio et imo ventre
« cinereo-albis, oris pennarum cinereis; oculorum ambitu nudo candido;
« rectricibus coccineis.... Psittacus Guineensis cinereus. » Brisson,
Ornithol., tome IV, page 310.

par son talent et sa docilité, en quoi il égale au moins le perroquet vert, sans avoir ses cris désagréables. Le mot de *jaco*, qu'il paraît se plaire à prononcer, est le nom qu'ordinairement on lui donne; tout son corps est d'un beau gris de perle et d'ardoise, plus foncé sur le manteau, plus clair au-dessus du corps et blanchissant au ventre; une queue d'un rouge de vermillon, termine et relève ce plumage lustré, moiré, et comme poudré d'une blancheur qui le rend toujours frais; l'œil est placé dans une peau blanche, nue et farineuse, qui couvre la joue; le bec est noir; les pieds sont gris; l'iris de l'œil est couleur d'or; la longueur totale de l'oiseau est d'un pied.

La plupart de ces perroquets nous sont apportés de la Guinée (1); ils viennent de l'intérieur des terres de cette partie de l'Afrique (2); on les

---

(1) Willughby.

(2) « On en trouve dans toute cette côte (de Guinée), mais en petit « nombre, et il faut même qu'ils y viennent la plupart du fond du pays. « On estime plus ceux de Benin, de Calbari, de Cabolopez, et c'est pour « cela qu'on en apporte ici de ces endroits-là; mais on ne prend pas garde « qu'ils sont beaucoup plus vieux que ceux que l'on peut avoir ici, et que « par conséquent ils ne sont pas si dociles et n'apprennent pas si bien. « Tous les perroquets sont ici sur la côte, de même que vers l'angle de « la Guinée, et dans les lieux susdits, de couleur bleue.... Ces animaux « sont si communs en Hollande, qu'on les y estime moins qu'ici, et qu'ils « n'y sont pas si chers. » Voyage en Guinée, par Bosman, Utrecht, 1705. — Albin se trompe quand il dit que cette espèce vient des Indes orientales; elle paraît renfermée dans l'Afrique, et à plus forte raison ne se trouve pas en Amérique, quoique M. Brisson la place à la Jamaïque, apparemment sur une indication de Browne et de Sloane; mais sans les avoir consultés, puisque Sloane (Jamaïc., tom. II, pag. 297), dit expressé-

trouve aussi à Congo (1) et sur la côte d'Angole (2);
on leur apprend fort aisément à parler (3), et ils
semblent imiter de préférence la voix des enfants
et recevoir d'eux plus facilement leur éducation
à cet égard. Au reste, les anciens (4) ont remarqué que tous les oiseaux susceptibles de l'imitation des sons de la voix humaine, écoutent plus
volontiers et rendent plus aisément la parole des
enfants, comme moins fortement articulée et plus
analogue, par ses sons clairs, à la portée de leur
organe vocal : néanmoins ce perroquet imite aussi
le ton grave d'une voix adulte ; mais cette imita-

---

ment que les perroquets que l'on voit en grande quantité à la Jamaïque,
y sont tous apportés de Guinée : cette espèce ne se trouve naturellement
dans aucune des contrées du Nouveau-Monde. « Dans la multitude de
« perroquets qui se trouvent au Para, on ne connaît point l'espèce grise
« qui est si commune en Guinée. » Voyage de la Condamine, page 173.
— Dans la France antarctique.... il ne s'en trouve point de gris, comme
en la Guinée et en la haute Afrique. Thevet. Singularités de la France
antarctique, Paris, 1558, page 92.

 (1) Recueil des Voyages qui ont servi à l'établissement de la compagnie des Indes. Amsterdam, 1702, tome IV, page 321.

 (2) Histoire générale des Voyages, tome V, page 76.

 (3) Ils peuplent aussi les îles de France et de Bourbon où on les a
transportés. Lettres édifiantes, recueil 18, page 11. « On vécut dans cette
« île (Maurice ou de France), de tortues, de tourterelles et de perroquets
« gris, et d'autre chasse qu'on allait prendre avec la main dans les bois.
« Outre l'utilité qu'on en retirait, on y trouvait encore beaucoup de di-
« vertissement ; quelquefois, quand on avait pris un perroquet gris on le
« faisait crier, et aussitôt on en voyait autour de soi voltiger des centaines
« qu'on tuait à coups de bâtons. » Recueil des Voyages qui ont servi à
l'établissement de la Compagnie des Indes. Amsterdam, 1702, tome III,
page 195.

 (4) Albert, lib. XXIII.

tion semble pénible, et les paroles qu'il prononce de cette voix sont moins distinctes. Un de ces perroquets de Guinée, endoctriné en route par un vieux matelot, avait pris sa voix rauque et sa toux, mais si parfaitement, qu'on pouvait s'y méprendre ; quoiqu'il eût été donné ensuite à une jeune personne, et qu'il n'eût plus entendu que sa voix, il n'oublia pas les leçons de son premier maître, et rien n'était si plaisant que de l'entendre passer d'une voix douce et gracieuse à son vieux enrouement et à son ton de marin.

Non seulement cet oiseau a la facilité d'imiter la voix de l'homme ; il semble encore en avoir le désir ; il le manifeste par son attention à écouter, par l'effort qu'il fait pour répéter ; et cet effort se réitère à chaque instant, car il gazouille sans cesse quelques-unes des syllabes qu'il vient d'entendre, et il cherche à prendre le dessus de toutes les voix qui frappent son oreille, en faisant éclater la sienne : souvent on est étonné de lui entendre répéter des mots ou des sons que l'on n'avait pas pris la peine de lui apprendre, et qu'on ne le soupçonnait pas même d'avoir écoutés (1) ; il semble se faire des tâches et chercher à retenir sa leçon chaque jour (2) ; il en est occupé jusque

_____

(1) Témoin ce perroquet de Henri VIII, dont Aldrovande fait l'histoire, qui, tombé dans la Tamise, appela les bateliers à son secours, comme il avait entendu les passagers les appeler du rivage.

(2) Cardan va jusqu'à lui attribuer la méditation et l'étude intérieure de ce qu'on vient de lui enseigner, et cela, dit-il, par émulation et par

dans le sommeil, et Marcgrave dit qu'il jase encore en rêvant (1). C'est surtout dans ses premières années qu'il montre cette facilité, qu'il a
plus de mémoire, et qu'on le trouve plus intelligent et plus docile; quelquefois cette faculté de
mémoire, cultivée de bonne heure, devient étonnante: comme dans ce perroquet, dont parle Rho-
diginus (2), qu'un cardinal acheta cent écus d'or,
parce qu'*il récitait correctement le Symbole des
Apôtres* (3): mais, plus âgé, il devient rebelle et
n'apprend que difficilement. Au reste, Olina con-
seille de choisir l'heure du soir, après le repas
des perroquets, pour leur donner leçon, parce
qu'étant alors plus satisfaits, ils deviennent plus
dociles et plus attentifs.

On a comparé l'éducation du perroquet à celle
de l'enfant (4): il y aurait souvent plus de raison
de comparer l'éducation de l'enfant à celle du
perroquet; à Rome, celui qui dressait un perroquet tenait à la main une petite verge et l'en

---

amour de la gloire.... *Meditatur ob studium gloriæ*.... Il faut que
l'amour du merveilleux soit bien puissant sur le philosophe, pour lui
faire avancer de pareilles absurdités.

(1) Marcgrave l'assure au sujet de la question qu'Aristote laisse in-
décise, savoir, si les animaux qui naissent d'un œuf ont des songes.
(Lib. IV, Hist. animal., cap. 10.) « Testor.... de meo psittaco, quam
« Lauram vocabam, quòd sæpius de nocte seipsum expergiscens, semi-
« somnus locutus est. » Marcgrave, pag. 205.

(2) Cælius Rhodig., antiq. lect., lib. III, cap. 32.

(3) M. de la Borde nous dit en avoir vu un qui servait d'aumônier dans
un vaisseau; il récitait la prière aux matelots, ensuite le rosaire.

(4) Élien.

frappait sur la tête. Pline dit que son crâne est très-dur, et qu'à moins de le frapper fortement lorsqu'on lui donne leçon, il ne sent rien des petits coups dont on veut le punir (1). Cependant celui dont nous parlons craignait le fouet autant et plus qu'un enfant qui l'aurait souvent senti : après avoir resté toute la journée sur sa perche, l'heure d'aller dans le jardin approchant, si par hasard il la devançait et descendait trop tôt (ce qui lui arrivait rarement), la menace et la démonstration du fouet suffisaient pour le faire remonter à son juchoir avec précipitation : alors il ne descendait plus, mais marquait son ennui et son impatience en battant des ailes et en jetant des cris.

« Il est naturel de croire que le perroquet ne « s'entend pas parler, mais qu'il croit cependant « que quelqu'un lui parle : on l'a souvent entendu « se demander à lui-même la pate, et il ne man- « quait jamais de répondre à sa propre question « en tendant effectivement la pate. Quoiqu'il aimât « fort le son de la voix des enfants, il montrait « pour eux beaucoup de haine ; il les poursuivait, « et, s'il pouvait les attraper, les pinçait jusqu'au « sang. Comme il avait des objets d'aversion, il « en avait aussi de grand attachement ; son goût « à la vérité n'était pas fort délicat, mais il a tou-

---

(1) Pline, lib. X, cap. 42.

« jours été soutenu ; il aimait, mais aimait avec
« fureur la fille de cuisine ; il la suivait partout, la
« cherchait dans les lieux où elle pouvait être, et
« presque jamais en vain : s'il y avait quelque temps
« qu'il ne l'eût vue, il grimpait avec le bec et les
« pates jusque sur ses épaules, lui faisait mille ca-
« resses, et ne la quittait plus, quelque effort
« qu'elle fît pour s'en débarrasser ; l'instant d'a-
« près, elle le retrouvait sur ses pas ; son attache-
« ment avait toutes les marques de l'amitié la plus
« sentie : cette fille eut un mal au doigt considé-
« rable et très-long, douloureux à lui arracher des
« cris ; tout le temps qu'elle se plaignit, le per-
« roquet ne sortit point de sa chambre ; il avait
« l'air de la plaindre en se plaignant lui-même,
« mais aussi douloureusement que s'il avait souf-
« fert en effet : chaque jour sa première démarche
« était de lui aller rendre visite ; son tendre inté-
« rêt se soutint pour elle tant que dura son mal,
« et dès qu'elle en fut quitte, il devint tranquille,
« avec la même affection, qui n'a jamais changé.
« Cependant son goût excessif pour cette fille pa-
« raissait être inspiré par quelques circonstances
« relatives à son service à la cuisine plutôt que
« par sa personne ; car cette fille ayant été rem-
« placée par une autre, l'affection du perroquet
« ne fit que changer d'objet, et parut être au même
« degré dès le premier jour pour cette nouvelle
« fille de cuisine, et par conséquent avant que ses

« soins n'eussent pu inspirer et fonder cet atta-
« chement (1). »

Les talents des perroquets de cette espèce ne
se bornent pas à l'imitation de la parole ; ils apprennent aussi à contrefaire certains gestes et certains mouvements : Scaliger en a vu un qui imitait la danse des Savoyards en répétant leur chanson : celui-ci aimait à entendre chanter, et lorsqu'il
voyait danser, il sautait aussi, mais de la plus
mauvaise grace du monde, portant les pates en
dedans et retombant lourdement ; c'était là sa plus
grande gaieté : on lui voyait aussi une joie folle
et un babil intarissable dans l'ivresse ; car tous les
perroquets aiment le vin, particulièrement le vin
d'Espagne et le muscat, et l'on avait déja remarqué du temps de Pline les accès de gaieté que
leur donnent les fumées de cette liqueur (2). L'hiver, il cherchait le feu : son grand plaisir, dans
cette saison, était d'être sur la cheminée ; et dès
qu'il s'y était réchauffé, il marquait son bien-être
par plusieurs signes de joie. Les pluies d'été lui
faisaient autant de plaisir ; il s'y tenait des heures
entières, et pour que l'arrosement pénétrât mieux,
il étendait ses ailes, et ne demandait à rentrer
que lorsqu'il était mouillé jusqu'à la peau. De
retour sur sa perche, il passait toutes ses plumes
dans son bec les unes après les autres ; au défaut

---

(1) Note communiquée par madame Nadault, ma sœur, a laquelle appartenait ce perroquet.

(2) « In vino præcipuè lasciva. » Pline, lib. X, cap. 42.

de la pluie, il se baignait avec plaisir dans une cuvette d'eau, y rentrait plusieurs fois de suite, mais avait toujours grand soin que sa tête ne fût pas mouillée. Autant il aimait à se baigner en été, autant il le craignait en hiver : en lui montrant dans cette saison un vase plein d'eau, on le faisait fuir et même crier.

Quelquefois on le voyait bâiller, et ce signe était presque toujours celui de l'ennui. Il sifflait avec plus de force et de netteté qu'un homme, mais, quoiqu'il donnât plusieurs tons, il n'a jamais pu apprendre à siffler un air. Il imitait parfaitement les cris des animaux sauvages et domestiques, particulièrement celui de la corneille, qu'il contrefaisait à s'y méprendre. Il ne jasait presque jamais dans une chambre où il y avait du monde, mais seul dans la chambre voisine; il parlait et criait d'autant plus, qu'on faisait plus de bruit dans l'autre; il paraissait même s'exciter et répéter de suite et précipitamment tout ce qu'il savait, et il n'était jamais plus bruyant et plus animé: le soir venu, il se rendait volontairement à sa cage, qu'il fuyait le jour; alors une pate retirée dans les plumes ou accrochée aux barreaux de la cage et la tête sous l'aile, il dormait jusqu'à ce qu'il revît le jour du lendemain. Cependant il veillait souvent aux lumières : c'était le temps où il descendait sur sa planche pour aiguiser ses pates, en faisant le même mouvement qu'une poule qui a gratté; quelquefois il lui arrivait de siffler ou de parler là nuit lorsqu'il voyait de la clarté ; mais dans l'obscurité, il était tranquille et muet (1).

L'espèce de société que le perroquet contracte avec nous par le langage, est plus étroite et plus douce que celle à laquelle le singe peut prétendre par son imitation capricieuse de nos mouvements et de nos gestes : si celle du chien, du cheval ou de l'éléphant sont plus intéressantes par le sentiment et par l'utilité, la société de l'oiseau parleur est quelquefois plus attachante par l'agrément ; il récrée, il distrait, il amuse : dans la solitude, il est compagnie ; dans la conversation, il est interlocuteur, il répond, il appelle, il accueille, il jette l'éclat des ris, il exprime l'accent de l'affection, il joue la gravité de la sentence ; ses petits mots, tombés au hasard, égaient par les disparates, ou quelquefois surprennent par la justesse (2). Ce jeu d'un langage sans idée a je ne sais quoi de bizarre et de grotesque, et sans être plus vide que tant d'autres propos, il est toujours plus amusant. Avec cette imitation de nos paroles, le perroquet semble prendre quelque chose de nos

_____

(1) Suite de la note communiquée par madame Nadault.

(2) Willughby parle, d'après Clusius, d'un perroquet qui, lorsqu'on lui disait : *Riez, perroquet, riez,* riait effectivement, et l'instant d'après s'écriait, avec un grand éclat, *ô le grand sot qui me fait rire !* Nous en avons vu un autre qui avait vieilli avec son maître, et partageait avec lui les infirmités du grand âge : accoutumé à ne plus guère entendre que ces mots, *je suis malade ;* lorsqu'on lui demandait, *qu'as-tu, perroquet, qu'as-tu ? Je suis malade,* répondait-il d'un ton douloureux, et en s'étendant sur le foyer, *je suis malade.*

inclinations et de nos mœurs; il aime et il haït;
il a des attachements, des jalousies, des préfé-
rences, des caprices; il s'admire, s'applaudit, s'en-
courage; il se réjouit et s'attriste; il semble s'é-
mouvoir et s'attendrir aux caresses; il donne des
baisers affectueux; dans une maison de deuil, il
apprend à gémir (1); et souvent accoutumé à répéter le nom chéri d'une personne regrettée, il
rappelle à des cœurs sensibles et leurs plaisirs et
leurs chagrins (2).

L'aptitude à rendre les accents de la voix articulée, portée dans le perroquet au plus haut degré, exige dans l'organe une structure particulière
et plus parfaite; la sûreté de sa mémoire, quoique
étrangère à l'intelligence, suppose néanmoins un
degré d'attention et une force de réminiscence
mécanique dont nul oiseau n'est autant doué.
Aussi les naturalistes ont tous remarqué la forme
particulière du bec, de la langue et de la tête du
perroquet; son bec arrondi en dehors, creusé et
concave en dedans, offre en quelque manière la
capacité d'une bouche, dans laquelle la langue
se meut librement; le son venant frapper contre

---

(1) Voyez dans les Annales de Constantin Manassés, l'histoire du
jeune prince Léon, fils de l'empereur Basile, condamné à la mort par ce
père impitoyable, que les gémissements de tout ce qui l'environnait ne
pouvaient toucher, et dont les accents de l'oiseau qui avait appris à dé-
plorer la destinée du jeune prince, émurent enfin le cœur barbare.

(2) Voyez dans Aldrovande (page 662) une pièce gracieuse et tou-
chante, qu'un poète qui pleure sa maîtresse, adresse à son perroquet qui
en répétait sans cesse le nom.

le bord circulaire dé la mandibule inférieure, s'y modifie comme il ferait contre une file de dents, tandis que de la concavité du bec supérieur il se réfléchit comme d'un palais; ainsi le son ne s'échappe ni ne fuit pas en sifflement, mais se remplit et s'arrondit en voix. Au reste, c'est la langue qui plie en tons articulés les sons vagues qui ne seraient que des chants ou des cris: cette langue est ronde et épaisse, plus grosse même dans le perroquet à proportion que dans l'homme; elle serait plus libre pour le mouvement, si elle n'était d'une substance plus dure que la chair, et recouverte d'une membrane forte et comme cornée.

Mais cette organisation si ingénieusement préparée le cède encore à l'art qu'il a fallu à la nature pour rendre le demi-bec supérieur du perroquet mobile, pour donner à ses mouvements la force et la facilité, sans nuire en même temps à son ouverture, et pour muscler puissamment un organe auquel on n'aperçoit pas même où elle a pu attacher des tendons; ce n'est ni à la racine de cette pièce, où ils eussent été sans force, ni à ses côtés, où ils eussent fermé son ouverture, qu'ils pouvaient être placés; la nature a pris un autre moyen, elle a attaché au fond du bec deux os qui, des deux côtés et sous les deux joues, forment, pour ainsi dire, des prolongements de sa substance, semblables pour la forme aux os qu'on nomme *ptérygoïdes* dans l'homme, excepté

qu'ils ne sont point, par leur extrémité postérieure, implantés dans un autre os, mais libres de
leurs mouvements; des faisceaux épais de muscles partant de l'occiput et attachés à ces os, les
meuvent et le bec avec eux. Il faut voir, avec plus
de détail, dans Aldrovande, l'artifice et l'assortiment de toute cette mécanique admirable (1).

Ce naturaliste fait remarquer, avec raison, depuis l'œil à la mâchoire inférieure un espace,
qu'on peut ici plus proprement appeler une joue
que dans tout autre oiseau, où il est occupé par
la coupe du bec; cet espace représente encore
mieux dans le perroquet une véritable joue par
les faisceaux des muscles qui le traversent et servent à fortifier le mouvement du bec autant qu'à
faciliter l'articulation.

Ce bec est très-fort; le perroquet casse aisément les noyaux des fruits rouges; il ronge le
bois, et même il fausse avec son bec et écarte
les barreaux de sa cage, pour peu qu'ils soient
faibles, et qu'il soit las d'y être renfermé; il s'en
sert plus que de ses pates pour se suspendre et
s'aider en montant; il s'appuie dessus en descendant comme sur un troisième pied qui affermit sa
démarche lourde, et se présente lorsqu'il s'abat
pour soutenir le premier choc de la chute (2).
Cette partie est pour lui comme un second or-

---

(1) Avi., tom. I, pag. 640 et 641.

(2) « Cum devolat rostro se excipit, illi innititur, levioremque se ita
« pedum infirmitati facit. » Pline, lib. X, cap. 42.

gane du toucher, et lui est aussi utile que ses doigts pour grimper ou pour saisir.

Il doit à la mobilité du demi-bec supérieur la faculté que n'ont pas les autres oiseaux, de mâcher ses aliments : tous les oiseaux granivores et carnivores n'ont dans leur bec, pour ainsi dire, qu'une main avec laquelle ils prennent leur nourriture et la jettent dans le gosier, ou une arme dont ils la percent et la déchirent; le bec du perroquet est une bouche à laquelle il porte les aliments avec les doigts; il présente le morceau de côté et le ronge à l'aise (1); la mâchoire inférieure a peu de mouvement, le plus marqué est de droite à gauche; souvent l'oiseau se le donne sans avoir rien à manger et semble mâcher à vide, ce qui a fait imaginer qu'il ruminait; il y a plus d'apparence qu'il aiguise alors la tranche de cette moitié du bec qui lui sert à couper et à ronger.

Le perroquet appète à-peu-près également toute espèce de nourriture : dans son pays natal, il vit de presque toutes les sortes de fruits et de graines : on a remarqué que le perroquet de Guinée s'engraisse de celle de *carthame*, qui néan-

(1) On doit remarquer que le doigt externe de derrière est mobile, et que l'oiseau le ramène de côté et en avant, pour saisir et manier ce qu'on lui donne; mais ce n'est que dans ce cas seul qu'il fait usage de cette faculté, et le reste du temps, soit qu'il marche ou qu'il se perche, il porte constamment deux doigts devant et deux derrière. Apulée et Solin parlent de perroquets à cinq doigts; mais c'est en se méprenant sur un passage de Pline, où ce naturaliste attribue à une race de pies cette singularité. (Voyez Pline, lib. X, cap. 42.)

moins est pour l'homme un purgatif violent (1);
en domesticité, il mange presque de tous nos aliments, mais la viande, qu'il préférerait, lui est
extrêmement contraire; elle lui donne une maladie, qui est une espèce de *pica* ou d'appétit contre
nature, qui le force à sucer, à ronger ses plumes,
et à les arracher brin à brin partout où son bec
peut atteindre. Ce perroquet cendré de Guinée
est particulièrement sujet à cette maladie; il déchire ainsi les plumes de son corps et même celles
de sa belle queue, et lorsque celles-ci sont une
fois tombées, elles ne renaissent pas avec le rouge-
vif qu'elles avaient auparavant.

Quelquefois on voit ce perroquet devenir, après
une mue, jaspé de blanc et de couleur de roses,
soit que ce changement ait pour cause quelque
maladie, ou les progrès de l'âge. Ce sont ces accidents que M. Brisson indique comme variétés,
sous les noms de *perroquet de Guinée à ailes
rouges* (2), et de *perroquet de Guinée varié de
rouge* (3). Dans celui que représente Edwards,
tome IV, planche 163, les plumes rouges sont
mélangées avec les grises au hasard et comme si
l'oiseau eût été tapiré. Le perroquet cendré est,
comme plusieurs autres espèces de ce genre, sujet
à l'épilepsie et à la goutte (4); néanmoins il est

---

(1) Les Espagnols ont nommé cette graine, *Semé de papagey*, graine
de perroquet.

(2) Ornithologie, tome IV, page 312.

(3) Ibid., page 313.

(4) Olina, Uccelleria, pag. 23.

très-vigoureux et vit long-temps (1); M. Salerne assure en avoir vu un à Orléans âgé de plus de soixante ans, et encore vif et gai (2).

Il est assez rare de voir des perroquets produire dans nos contrées tempérées, il ne l'est pas de leur voir pondre des œufs clairs et sans germe : cependant on a quelques exemples de perroquets nés en France; M. de la Pigeonière a eu un per-roquet mâle et une femelle dans la ville de Mar-mande en Agénois, qui, pendant cinq ou six an-nées, n'ont pas manqué chaque printemps de faire une ponte qui a réussi et donné des petits, que le père et la mère ont élevés. Chaque ponte était de quatre œufs, dont il y en avait toujours trois de bons et un de clair. La manière de les faire couver à leur aise fut de les mettre dans une chambre où il n'y avait autre chose qu'un baril défoncé par un bout, et rempli de sciure de bois; des bâtons étaient ajustés en dedans et en dehors du baril, afin que le mâle pût y monter égale-ment de toutes façons, et coucher auprès de sa compagne. Une attention nécessaire était de n'en-trer dans cette chambre qu'avec des bottines, pour garantir les jambes des coups de bec du

---

(1) « J'en ai connu un au Cap à Saint-Domingue, qui était âgé de « quarante-six ans bien avérés. » Note communiquée par M. de la Borde.

(2) Vosmaër dit qu'il connaît, dans une famille, un perroquet qui depuis cent ans passe de père en fils. Feuille imprimée en 1769. Mais Olina, plus croyable et plus instruit, n'attribue que vingt ans de vie moyenne au perroquet. Uccelleria, ubi suprà.

perroquet jaloux, qui déchirait tout ce qu'il voyait approcher de sa femelle (1). Le P. Labat fait aussi l'histoire de deux perroquets qui eurent plusieurs fois des petits à Paris (2).

LE PERROQUET VERT.*(3)

DEUXIÈME ESPÈCE.

Psittacus sinensis, Linn., Kuhl.; *P. Sonnerati* et *P. magnus*, Gmel.; *P. viridis*, Lath.

M. EDWARDS a donné cet oiseau (4) comme venant de la Chine; il ne s'en trouve cependant pas dans la plus grande partie des provinces de ce vaste empire; il n'y a guère que les plus méridionales, comme Quanton et Quangsi, qui ap-

---

(1) Lettre datée de Marmande en Agénois, le 25 août 1774, dans la Gazette de Littérature, du samedi 17 septembre suivant.

(2) Nouveaux Voyages aux îles de l'Amérique. Paris, 1722, tome II, page 160.

* Voyez les planches enluminées, n° 514.

(3) « Psittacus major brevicaudus, viridis, lateralibus et tectricibus « alarum inferioribus rubris ; marginibus alarum cæruleis; rectricibus su- « perne viridibus, subtus nigricantibus, apice subtus fusco flavicante.... « Psittacus Sinensis. » Brisson, Ornithol., tome IV, page 291.

(4) *Green and red parrot from china.* Edwards, Glan, , pag. 44, pl. 231.

prochent du tropique, limite ordinaire du climat des perroquets, où l'on trouve de ces oiseaux. Celui-ci est apparemment un de ceux que des voyageurs se sont figuré voir les mêmes en Chine et en Amérique (1); mais cette idée, contraire à l'ordre réel de la nature, est démentie par la comparaison de chaque espèce en détail : celle-ci en particulier n'est analogue à aucune des perroquets du Nouveau-Monde. Ce perroquet vert est de la grosseur d'une poule moyenne; il a tout le corps d'un vert vif et brillant; les grandes pennes de l'aile et les épaules bleues; les flancs et le dessous du haut de l'aile d'un rouge éclatant; les pennes des ailes et de la queue sont doublées de brun. (L'échelle a été omise par oubli dans la planche enluminée qui le représente, il faut y suppléer en lui figurant quinze pouces de longueur.) Edwards le dit un des plus rares : on le trouve aux Moluques et à la nouvelle Guinée d'où il nous a été envoyé.

---

(1) « Les provinces méridionales, telles que Quanton, et surtout « Quangsi, ont des perroquets de toutes espèces, qui ne diffèrent en « rien de ceux de l'Amérique; leur plumage est le même, et ils n'ont pas « moins de docilité pour apprendre à parler. » Histoire générale des Voyages, tome VI, page 488.

LE PERROQUET VARIÉ.[1]

TROISIÈME ESPÈCE.

Psittacus accipitrinus, Linn., Kuhl.; *P. elegans*, Clusius;
P. Clusii, Shaw.; *P. coronatus*, Gmel.

Ce perroquet est le même que le *Psittacus elegans* de Clusius (2) et le *perroquet à tête de faucon* d'Edwards (3). Il est de la grosseur d'un pigeon : les plumes du tour du cou qu'il relève dans la colère, mais qui sont exagérées dans la figure de Clusius, sont de couleur pourprée, bordées de bleu; la tête est couverte de plumes mêlées par traits de brun et de blanc comme le plumage d'un oiseau de proie, et c'est dans ce sens qu'Ed-

(1) « Psittacus major brevicaudus, supernè viridi, infernè pennis pur-
« pureis cæruleo marginatis vestitus; capite fusco, pennis in medio dilu-
« tioribus; collo pectori concolore, rectricibus subtus nigro-cærulescen-
« tibus supernè viridibus, lateralibus apice saturatè cærúleis.... Psittacus
« varius Indicus. » Brisson, Ornithol., tome IV, page 300. — « Psittacus
« brachyurus viridis, capite griseo, collo pectoreque subolivaceo vario;
« remigibus, rectricibusque cæruleis.... Psittacus accipitrinus. » Linnæus,
Syst. Nat., ed. X, gen. 44, Sp. 32.

(2) Clusius, Exotic. auctuar., pag. 365. — Nieremberg, pag. 226,
avec la figure empruntée de Clusius. — Rai, Synops. Avi., pag. 31,
n° 11.

(3) *Hawk-heuded parrot*. Edwards, Hist. of Birds., tom. IV, pl. 165.

wards l'a nommé *Perroquet à tête de faucon*. Il
y a du bleu dans les grandes pennes de l'aile et
à la pointe des latérales de la queue, dont les
deux intermédiaires sont vertes ainsi que le reste
des plumes du manteau.

Le perroquet maillé de nos planches enluminées, *n*° 526, nous paraît être le même que le
perroquet varié dont nous venons de donner la
description, et nous présumons que le très-petit
nombre de ces oiseaux qui sont venus d'Amérique en France, avaient auparavant été transportés des grandes Indes en Amérique, et que si on
en trouve dans l'intérieur des terres de la Guyane,
c'est qu'ils s'y sont naturalisés comme les serins,
le cochon d'Inde et quelques autres oiseaux et
animaux des contrées méridionales de l'ancien
continent qui ont été transportés dans le nouveau
par les navigateurs; et ce qui semble prouver
que cette espèce n'est point naturelle à l'Amérique, c'est qu'aucun des voyageurs dans ce continent n'en a fait mention, quoiqu'il soit connu
de nos oiseleurs, sous le nom de *Perroquet
maillé*, épithète qui indique la variété de son plumage; d'ailleurs il a la voix différente de tous les
autres perroquets de l'Amérique; son cri est aigu
et perçant; tout semble prouver que cette espèce, dont il est venu quelques individus d'Amérique, n'est qu'accidentelle à ce continent et y a
été apportée des grandes Indes.

——————

LE VAZA *(1)

ou

PERROQUET NOIR.

QUATRIÈME ESPÈCE.

Psittacus niger, Linn., Gmel.; *P. Vasa*, Shaw., Kuhl.;
P. obscurus, Beschst.

L A quatrième espèce des perroquets proprement
dits, est le *Vaza*, nom que celui-ci porte à Madagascar suivant Flaccourt (2), qui ajoute que ce
perroquet imite la voix de l'homme. Rennefort
en fait aussi mention (3); et c'est le même que

---

* Voyez les planches enluminées, n° 5oo.

(1) « Psittacus major brevicaudus, nigro-cærulescens; oculorum am-
« bitu candicante, remigibus cinereo fuscis; exteriùs ad viride vergenti-
« bus; rectricibus supernè nigro-cærulescentibus, subtus penitus nigris....
« Psittacus Madagascariensis niger. » Brisson, Ornithol., tome IV,
page 317. — « Psittacus ex nigro cæruleus rostro brevissimo. » Klein,
Avi., pag. 25, n° 23. — Edwards, tom. I, pl. 5. — *Psittacus Brachyurus niger.* Linnæus, Syst. Nat., ed. X, Gen. 44, Sp. 17.

(2) « *Vaza* est le perroquet qui est noir en ce pays; il y en a de petits
« qui sont rouge-brun, mais on a de la peine à les avoir. » Voyage à
Madagascar, par Flaccourt. Paris, 1661.

(3) A Madagascar.... les gros perroquets sont noirs. Relation de
Rennefort. Histoire générale des Voyages, tome VIII, page 606.

Pl. 17.

François Cauche appelle *Wouresmeinte* (1), ce qui veut dire oiseau noir, le nom de *Vourou* en langue madégasse, signifiant oiseau en général. Aldrovande place aussi des perroquets noirs dans l'Éthiopie (2). Le vaza est de la grosseur du perroquet cendré de Guinée : il est également noir dans tout son plumage; non d'un noir épais et profond, mais brun et comme obscurément teint de violet (3). La petitesse de son bec est remarquable; il a au contraire la queue assez longue. M. Edwards qui l'a vu vivant, dit que c'était un oiseau fort familier et fort aimable.

LE MASCARIN.*(4)

CINQUIÈME ESPÈCE.

Psittacus Mascarinus, Linn., Kuhl., Lath.

Il est ainsi nommé parce qu'il a autour du bec

---

(1) Voyage à Madagascar, par Fr. Cauche. Paris, 1651.

(2) Ornithol., tom. I, pag. 636.

(3) M. Brisson dit cette teinte bleuâtre, *cærulescens*.

* Voyez les planches enluminées, n° 35.

(4) « Psittacus major brevicaudus saturatè cinereus; capite et collo « superioribus dilutè cinereis : tæniâ circa bazim rostri nigrâ, oculorum « ambitu nudo coccineo, rectricibus saturatè cinereis, lateralibus in « exortu candidis. Psittacus Mascarinus. » Brisson, Ornithol., tom. IV,

une sorte de masque noir qui engage le front,
la gorge et le tour de la face. Son bec est rouge;
une coiffe grise couvre le derrière de la tête et
du cou; tout le corps est brun; les pennes de la
queue, brunes aux deux tiers de leur longueur,
sont blanches à l'origine. La longueur totale de
ce perroquet est de treize pouces. M. le vicomte
de Querhoënt nous assure qu'on le trouve à l'île
de Bourbon où probablement il a été transporté
de Madagascar. Nous avons au Cabinet du Roi un
individu de même grandeur et de même couleur,
excepté qu'il n'a pas le masque noir, ni le blanc
de la queue, et que tout le corps est également
brun; le bec est aussi plus petit, et par ce caractère il se rapproche plus du vaza, dont il paraît
être une variété, s'il ne forme pas une espèce intermédiaire entre celle-ci et celle du mascarin.
C'est à cette espèce ou à cette variété, que nous
rapporterons le *Perroquet brun* de M. Brisson (1).

---

page 315. — « Psittacus macrourus niger genis nudis, vertice cinereo
« nigricante vario, caudâ cinereâ. Psittacus obscurus. » Linnæus, Syst.
Nat., ed. X, Gen. 44, Sp. 3.

(1) « Psittacus major brevicaudus, in toto corpore cinereo fuscus....
« Psittacus fuscus. » Brisson, Ornithol., tome IV, page 314.

2.

Perroquet à bec couleur de sang, 2. Jeroan tête grise.

LE PERROQUET*

A BEC COULEUR DE SANG.

SIXIÈME ESPÈCE.

Psittacus macrochynchus, Linn., Gmel., Kuhl., Shaw.

Ce perroquet se trouve à la Nouvelle-Guinée; il est remarquable par sa grandeur; il l'est encore par son bec couleur de sang, plus épais et plus large, à proportion, que celui de tous les autres perroquets, et même que celui des aras d'Amérique. Il a la tête et le cou d'un vert brillant à reflets dorés; le devant du corps est d'un jaune ombré de vert; la queue doublée de jaune est verte en dessus; le dos est bleu d'aigue-marine; l'aile paraît teinte d'un mélange de ce bleu d'azur et de vert, suivant différents aspects; les couvertures sont noires, bordées et chamarrées de traits jaune doré. Ce perroquet a quatorze pouces de longueur.

---

* Voyez les planches enluminées, n° 713.

LE
GRAND PERROQUET VERT*
A TÊTE BLEUE.

SEPTIÈME ESPÈCE.

Psittacus gramineus, Linn., Gmel., Kuhl.

Ce perroquet qui se trouve à Amboine est un des plus grands; il a près de seize pouces de longueur, quoique sa queue soit assez courte. Il a le front et le dessus de la tête bleue; tout son manteau est d'un vert de pré, surchargé et mêlé de bleu sur les grandes pennes; tout le dessous du corps est d'un vert-olivâtre; la queue est verte en dessus et d'un jaune terne en dessous.

---

* Voyez les planches enluminées, n° 862.

LE PERROQUET[*(1)]

A TÊTE GRISE.

HUITIÈME ESPÈCE.

Psittacus senegalus, Linn., Gmel., Kuhl.

————————

CET oiseau a été nommé dans la planche enluminée *petite Perruche du Sénégal*, mais ce n'est
point une perruche proprement dite, puisqu'il n'a
pas la queue longue, et qu'au contraire il l'a très-
courte; il n'est pas non plus un moineau de Guinée ou petite perruche à queue courte, étant
deux ou trois fois plus gros que cet oiseau : il
doit donc être placé parmi les perroquets, dont
c'est véritablement une espèce, quoiqu'il n'ait
que sept pouces et demi de longueur; mais dans
sa taille ramassée il est gros et épais. Il a la tête
et la face d'un gris-lustré bleuâtre; l'estomac et
tout le dessous du corps d'un gros jaune-souci,
quelquefois mêlé de rouge-aurore, la poitrine et

————————————————

* Voyez les planches enluminées, n° 288.

(1) « Psittacus minor brevicaudus, supernè viridis, infernè aurantius ad
« latera luteus; capite et gutture cinereis ; collo viridi, rectricibus supernè
« saturatè cinereis, ad viride vergentibus viridi marginatis.... Psittacula
« Senegalensis. » Brisson, Ornithol., tome IV, page 400.

tout le manteau vert, excepté les pennes de l'aile qui sont seulement bordées de cette couleur, autour d'un fond gris-brun. Ces perroquets sont assez communs au Sénégal; ils volent par petites bandes de cinq ou six : ils se perchent sur le sommet des arbres épars dans les plaines brûlantes et sablonneuses de ces contrées, où ils font entendre un cri aigu et désagréable; ils se tiennent serrés l'un contre l'autre, de manière que l'on en tue plusieurs à la fois; il arrive même assez souvent de tuer la petite bande entière d'un seul coup de fusil. Lemaire assure qu'ils ne parlent point (1) : mais cette espèce peu connue n'a peut-être pas encore reçu de soins ni d'éducation.

---

(1) « Les perroquets y sont de deux sortes (au Sénégal); les uns sont « petits et tont verts, les autres plus grands, ont la tête grise, le ventre « jaune, les ailes vertes, et le dos mêlé de gris et de jaune, ceux-ci ne « parlent jamais; mais les petits ont une voix douce et claire, et disent « tout ce qu'on leur apprend. » Voyage de Lemaire, Paris, 1695, page 107.

On a donné ce nom dans les Indes orientales à une famille de perroquets, dont le cri exprime assez bien le mot *Lori*. Ils ne sont guère distingués des autres oiseaux de ce genre que par leur plumage, dont la couleur dominante est un rouge plus ou moins foncé. Outre cette différence principale, on peut aussi remarquer que les loris ont en général le bec plus petit, moins courbé et plus aigu que les autres perroquets. Ils ont de plus le regard vif, la voix perçante et les mouvements prompts : ils sont, dit Edwards, les plus agiles de tous les perroquets, et les seuls qui sautent sur leur bâton jusqu'à un pied de hauteur. Ces qualités bien constatées démentent la tristesse silencieuse qu'un voyageur leur attribue (1).

Ils apprennent très-facilement à siffler et à articuler des paroles; on les apprivoise aussi fort aisément, et ce qui est assez rare dans tous les animaux, ils conservent de la gaieté dans la captivité; mais ils sont en général très-délicats et

_____

(1) Histoire générale des Voyages, tome X, page 459.

très-difficiles à transporter et à nourrir dans nos
climats tempérés où ils ne peuvent vivre long-
temps. Ils sont sujets, même dans leur pays natal, à des accès épileptiques, comme les aras et
autres perroquets ; mais il est probable que les
uns et les autres ne ressentent cette maladie que
dans la captivité.

« C'est improprement, dit M. Sonnerat (1), que
« les ornithologistes ont désigné les loris par les
« noms de *Loris des Philippines, des Indes orien-*
« *tales, de la Chine*, etc. Les oiseaux de cette es-
« pèce ne se trouvent qu'aux Moluques et à la
« Nouvelle-Guinée, ceux qu'on voit ailleurs en
« ont tous été transportés. » Mais c'est encore
plus improprement, ou pour mieux dire très-mal-
à-propos que ces mêmes nomenclateurs d'oiseaux
ont donné quelques espèces de Loris comme
originaires d'Amérique, puisqu'il n'y en existe aucune, et que, si quelques voyageurs y en ont vu,
ce ne peuvent être que quelques individus qui
avaient été transportés des îles orientales de
l'Asie.

M. Sonnerat ajoute qu'il a trouvé les espèces
de Loris constamment différentes d'une île à l'autre, quoique à peu de distance ; on a fait une observation toute semblable dans nos îles de l'Amérique ; chacune de ces îles nourrit assez ordinairement des espèces différentes de perroquets.

---

(1) **Voyage à la Nouvelle-Guinée**, page 173.

LE LORI-NOIRA.*(1)

PREMIÈRE ESPÈCE.

Psittacus garrulus et *moluccensis*, Linn., Gmel.

CE Lori est représenté dans les planches enluminées, sous la dénomination de *Lori des Moluques;* mais cette dénomination est trop vague, puisque, comme nous venons de le voir, presque toutes les espèces de loris viennent de ces îles. Celui-ci se trouve à Ternate(2), à Céram et à Java:

---

* Voyez les planches enluminées, n° 216.

(1) *Noyra.* Clusius, Exotic., pag. 364. — Nieremberg, pag. 229. — Jonston, Avi., pag. 155. — Idem, pag. 157. — *Lory*, Rai, Synops., pag. 151, n° 9. — *Psittacus purpureus.* Charleton, Exercit., pag. 75, n° 16. — Idem, Onomast., pag. 67, n° 16. — *Psittacus coccineus alis ex viridi et nigro variis.* Willughby, Ornith., pag. 78. — Rai, Synops., p. 31, n° 9. — *Psittacus rufus, femoribus alisque viridibus.* Frisch, tab. 45. — Klein, Avi., pag. 25, n° 8. — *Scarlet lori.* Edwards, tom. IV, pl. 172. — « Psittacus major brevicaudus, coccineus, maculâ in dorso « supremô et tectricibus alarum superioribus minimis luteis; remigibus « majoribus exterius supernè viridibus, infernè pallidè roseis, interius « coccineis apice nigro; rectricibus lateralibus supernè primâ medietate « coccineâ, alterâ saturatè viridibus, binis utrinque extimis ultimâ me-« dietate exterius saturatè violaceo mixtis,.... *Lorius Moluccensis.* » Brisson, Ornithol., tome IV, page 219.

(2) « Il y a beaucoup de beaux perroquets à l'île de Ternate, qui sont « rouges sur le dos, avec de petites plumes sur le devant des ailes. Ils

le nom de *Noira* est celui que les Hollandais. lui donnent, et sous lequel il est connu dans ces îles.

Cette espèce est si recherchée dans les Indes, qu'on donne volontiers jusqu'à dix réaux de huit pour un noira. On lit dans les premiers voyages des Hollandais à Java, que pendant long-temps on avait tenté inutilement de transporter quelques-uns de ces beaux oiseaux en Europe : ils périssaient tous dans la traversée (1) : cependant les Hollandais du second voyage en apportèrent un à Amsterdam (2). On en a vu plus fréquemment depuis. Le noira marque à son maître de l'attachement et même de la tendresse, il le caresse avec son bec, lui passe les cheveux brin à brin avec une douceur et une familiarité surprenantes; et en même temps il ne peut souffrir les étrangers et les mord avec une sorte de fureur. Les Indiens de Java nourrissent un grand nombre de ces oiseaux (3); en général il paraît que la coutume

« sont un peu plus petits que ceux des Indes occidentales , mais ils ap-
« prennent bien mieux à parler. » Argensola, Conquête des Moluques.
Paris , 1706 , tome III , page 21.

(1) Linscot apud Clusium , Auct. , pag. 364.

(2) Recueil des Voyages qui ont servi à l'établissement de la Compagnie des Indes , etc. Amsterdam , 1702 , tome I , pages 529 et 530.

(3) « Les Hollandais passèrent dans l'appartement des perroquets , qui
« leur parurent beaucoup plus beaux que ceux qu'ils avaient vus dans
« d'autres lieux , mais d'une grosseur médiocre. Les Portugais leur donnent
« le nom de *Noyras* ; ils ont un rouge-vif et lustré sur la gorge et sous
« l'estomac, et comme une belle plaque d'or sur le dos. » Hist.-générale
des Voyages, tome VIII, page 136.

de nourrir et d'élever des perroquets en domesticité est très-ancienne chez les Indiens, puisque
Élien en fait mention.

VARIÉTÉS DU NOIRA.

I. C'est apparemment au noira que se rapporte
ce que dit Aldrovande du perroquet de Java, que
les insulaires appellent *Nor*, c'est-à-dire brillant.
Il a tout le corps d'un rouge foncé; l'aile et la
queue d'un vert aussi foncé; une tache jaune sur
le dos, et un petit bord de cette même couleur
à l'épaule. Entre les plumes de l'aile, qui étant
pliée paraît toute verte, les couvertures seulement
et les petites pennes sont de cette couleur jaune,
et les grandes sont brunes.

II. Le lori décrit par M. Brisson sous le nom
de *Lori de Céram* (1), et auquel il attribue tout
ce que nous avons appliqué au noira, n'en est en
effet qu'une variété, et il ne diffère de notre
noira qu'en ce qu'il a les plumes des jambes de
couleur verte, et que le noira les a rouges comme
le reste du corps.

---

(1) « Psittacus major brevicaudus coccineus; tectricibus alarum supe-
« rioribus minimis luteis; remigibus majoribus exteriùs supernè viridibus,
« infernè cinereo albis, interiùs coccineis, apice saturatè cinereo; rectri-
« cibus quatuor utrinque extimis supernè primùm coccineis, dein saturatè
« violaceis, apice saturatè viridibus.... Lorius Ceramensis. » Brisson,
Ornithol., tome IV, page 215. — « Psittacus brachyurus ruber, genibus
« aliisque viridibus, rectricibus medietate posticâ cæruleis.... Psittacus
« garrulus. » Linnæus, Syst. Nat., ed. X, Gen. 44, Sp. 21.

LE LORI A COLLIER.*

SECONDE ESPÈCE.

Psittacus Domicella, Linn., Kuhl.; *P. atricapillus*, Séba.

CETTE seconde espèce de lori est représentée dans les planches enluminées, sous la dénomination de *Lori mâle des Indes orientales;* nous n'adoptons pas cette dénomination, parce qu'elle est trop vague, et que d'ailleurs les loris ne sont pas réellement répandus dans les grandes Indes, mais plutôt confinés à la Nouvelle-Guinée et aux Moluques. Celui-ci a tout le corps, avec la queue, de ce rouge foncé de sang, qui est proprement la livrée des loris; l'aile est verte; le haut de la tête est d'un noir terminé de violet sur la nuque; les jambes et le pli de l'aile sont d'un beau bleu; le bas du cou est garni d'un demi-collier jaune, et c'est par ce dernier caractère que nous avons cru devoir désigner cette espèce.

L'oiseau représenté dans les planches enluminées, n° 84, sous la dénomination de *Lori des Indes orientales*, et que M. Brisson a donné sous

---

* Voyez les planches enluminées, n° 119.

le même nom (1), paraît être la femelle de celui dont il est ici question, car il n'en diffère qu'en ce qu'il n'a pas le collier jaune, ni la tache bleue du sommet de l'aile si grande; il est aussi un peu plus petit; apparemment le mâle seul dans cette espèce porte le collier. Ce lori est, comme tous les autres, très-doux et familier, mais aussi très-délicat et difficile à élever. Il n'y en a point qui apprenne plus facilement à parler et qui parle aussi distinctement; *j'en ai vu un*, dit M. Aublet, *qui répétait tout ce qu'il entendait dire à la première fois* (2). Toute étonnante que cette faculté puisse paraître, on ne peut guère en douter; il semble même qu'elle appartienne à tous les loris (3). Celui-ci en particulier est très-estimé:

---

(1) « Psittacus major brevicaudus, coccineus syncipite nigro violaceo; « vertice dilutè violaceo, marginibus alarum viridi et cæruleo variis; re-« migibus majoribus exteriùs et supernè viridibus, infernè nigricantibus, « interiùs luteis apice nigricante; rectricibus coccineis, apice viridi mar-« ginatis.... Lorius orientalis Indicus. » Brisson, Ornithol, tome IV, page 222. — « Psittacus brachyurus ruber, pileo fusco, alis viridibus, « humeris genibusque cæruleis.... Domicella. » Linn., Syst. Nat., ed. X, Gen. 44, Sp. 23.

(2) « Il était venu des Indes à l'Ile-de-France, et m'avait été donné « par M. le comte d'Estaing; il était étonnant. » Note communiquée par M. Aublet.

(3) Les Hollandais en avaient un qui contrefaisait sur-le-champ tous les cris des autres animaux qu'il entendait. Second Voyage des Hollandais. Histoire générale des Voyages, tome VIII, page 377. — « Tous les « voyageurs parlent avec admiration de la facilité que les perroquets des « Moluques ont à répéter ce qu'ils entendent. Leurs couleurs sont variées « et forment un mélange agréable; ils crient beaucoup et fort haut. » Ibidem.

Albin dit qu'il l'a vu vendre vingt guinées. Au reste, on doit regarder comme une variété de cette espèce le *Lori à collier des Indes*, donné par M. Brisson (1).

LE LORI TRICOLOR. *(2)

TROISIÈME ESPÈCE.

Psittacus Lori, Linn., Kuhl.

Le beau rouge, l'azur et le vert qui frappent les yeux dans le plumage de ce lori, et le coupent par grandes masses, nous ont déterminés à lui

---

(1) « Psittacus major brevicaudus, coccineus, uropygio et imo ventre « ex albo et roseo variegatis; capite superiore et remigibus majoribus « cyaneis; torque luteo; rectricibus purpureis, fusco rubescente adum- « bratis..... Lorius torquatus Indicus. » Brisson, Ornithol., tome IV, page 230. — « Psittacus capite cyaneo, collari luteo. » Klein, Avi., pag. 25, n° 17. — *Laurey*, Albin, tome I, planche 13.

* Voyez les planches enluminées, n° 198.

(2) *First black-capped lory*. Edwards, tom. IV, pl. 170. — « Psittacus « major brevicaudus, coccineus, collo superiore, dorso supremo, medio « pectore, medio ventre, tectricibusque caudæ inferioribus cæruleo vio- « laceis; capite superiùs nigro; remigibus majoribus exteriùs supernè « primâ medietate coccineis, alterâ saturatè viridibus, exteriùs saturatè « violaceo marginatis.... Lorius philippensis. » Brisson, Ornithol., tome IV, page 226. — « Psittacus brachyurus purpureus, pileo nigro; alis « viridibus; pectore, genibus, caudâque cæruleis... Lori. » Linnæus, Syst. Nat., ed. X, Gen. 44, Sp. 24.

P.Oudart del.   Litho de C. Motte   Massias direx.

1. Le Lory tricolor, 2. le Lory rouge.

donner le nom de Tricolor. Le devant et les côtés du cou, les flancs, avec le bas du dos, le croupion et la moitié de la queue sont rouges. Le dessous du corps, les jambes et le haut du dos sont bleus; l'aile est verte, et la pointe de la queue bleue; une calotte noire couvre le sommet de la tête. La longueur de cet oiseau est de près de dix pouces. Il en est peu d'aussi beaux par l'éclat, la netteté et la brillante opposition des couleurs; sa gentillesse égale sa beauté : Edwards, qui l'a vu vivant et qui le nomme *Petit lori*, dit qu'il sifflait joliment, prononçait distinctement différents mots; et sautant gaîment sur son juchoir ou sur le doigt, criait d'une voix douce et claire, *lori, lori*. Il jouait avec la main qu'on lui présentait; courait après les personnes en sautillant comme un moineau : ce charmant oiseau vécut peu de mois en Anglegleterre. Il est désigné dans nos planches enluminées, sous le nom de *Lori des Philippines*. M. Sonnerat l'a trouvé à l'île d'Yolo, que les Espagnols prétendent être une des Philippines, et les Hollandais une des Moluques.

LE LORI CRAMOISI. *(1)

QUATRIÈME ESPÈCE.

Psittacus grandis, Linn., Kuhl.(2); *P. puniceus*, Gmel.

CE lori a près de onze pouces de longueur; nous le nommons *Cramoisi*, parce que son rouge, la face exceptée, est beaucoup moins éclatant que celui des autres loris, et paraît terni et comme bruni sur l'aile. Le bleu du haut du cou et de l'estomac est faible et tirant au violet, mais au pli de l'aile il est vif et azuré, et au bord des grandes pennes il se perd dans leur fond noirâtre : la queue est par-dessous d'un rouge enfumé, et en dessus du même rouge tuilé que le dos. Cette espèce n'est pas la seule qui soit à Amboine, et il paraît par le témoignage de Gemelli Carreri, que la suivante s'y trouve également (3).

---

* Voyez les planches enluminées, n° 518.

(1) « Psittacus major brevicaudas, supernè saturatè coccineus, infernè « obscurè violaceus; rectricibus saturatè coccineis, apice sordidè pallidè « rubris. Lorius amboinensis. » Brisson, Ornithol., tome IV, page 231.

(2) Le lori cramoisi appartient à la même espèce que le grand lori décrit ci-après, page 149. DESM. 1827.

(3) « A Amboine il y a plusieurs espèces de perroquets, et entre autres « une dont toutes les plumes sont incarnates. » Voyage autour du monde, par Gemelli Carreri, tome V, page 236.

1.

2.

t del.   Litho: de C. Motte.   Meunier direx:

1. Le Lory cramoisi, 2. le Noira.

LE LORI ROUGE.*

CINQUIÈME ESPÈCE.

Psittacus ruber, Linn., Gmel., Kuhl.

Quoique dans tous les loris, le rouge soit la couleur dominante, celui-ci mérite entre tous les autres le nom que nous lui donnons : il est entièrement rouge, à l'exception de la pointe de l'aile qui est noirâtre ; de deux taches bleues sur le dos, et d'une de même couleur aux couvertures du dessous de la queue. Il a dix pouces de longueur. C'est une espèce qui paraît nouvelle. Nous corrigeons la dénomination de *Lori de la Chine*, qui lui est donnée dans la planche enluminée, parce qu'il ne paraît pas, d'après les voyageurs, qu'il se trouve des loris à la Chine, et que l'un de nos meilleurs observateurs, M. Sonnerat, nous assure au contraire qu'ils sont tous habitants des Moluques et de la nouvelle Guinée ; et en effet le *lori de Gilolo* (1) de cet observateur, nous paraît être absolument le même que celui-ci.

---

* Voyez les planches enluminées, n° 519, sous la dénomination de *Lori de la Chine*.

(1) Voyage à la Nouvelle-Guinée, page 177.

LE LORI*

ROUGE ET VIOLET.

SIXIÈME ESPÈCE.

Psittacus guebiensis, Linn.; Gmel., Lath.

Ce lori ne s'est trouvé jusqu'à présent qu'à Gueby, et c'est par cette raison qu'on l'a nommé *Lori
de Gueby* dans nos planches enluminées. Il a tout
le corps d'un rouge éclatant, régulièrement écaillé
de brun-violet depuis l'occiput, en passant par
les côtés du cou, jusqu'au ventre; l'aile est coupée
de rouge et de noir, de façon que cette dernière
couleur termine toutes les pointes des pennes, et
tranche une partie de leurs barbes; les petites
pennes, et leurs couvertures les plus près du
corps, sont d'un violet-brun; la queue est d'un
rouge de cuivre; la longueur totale de ce lori est
de huit pouces.

---

* Voyez les planches enluminées, n° 684.

1.

2.

P. Oudart del.   Litho: de C: Motte.   Meunier dirext

1. le Lori Perr.te rouge et violet, 2. la Perru: tricolor.

LE GRAND LORI.*

SEPTIÈME ESPÈCE.

Psittacus grandis, Linn., Gmel., Kuhl.; *Psittacus puniceus*, Gmel. (1).

C'est le plus grand des loris : il a treize pouces de longueur. La tête et le cou sont d'un beau rouge : le bas du cou tombant sur le dos est d'un bleu violet; la poitrine est richement nuée de rouge, de bleu, de violet et de vert; le mélange de vert et de beau rouge continue sur le ventre; les grandes pennes et le bord de l'aile depuis l'épaule, sont d'un bleu d'azur; le reste du manteau est rouge sombre. La moitié de la queue est rouge, sa pointe est jaune.

Il paraît que c'est cette espèce que M. Vosmaër a décrit sous le nom de *Lori de Ceylan* : il avait été apporté vraisemblablement de plus loin dans cette île, et de cette île en Hollande; mais il y vécut peu et mourut au bout de quelques mois (2).

---

* Voyez les planches enluminées, n° 683.

(1) Cette espèce du grand lori (*P. grandis*, Gmel.) et celle du lori cramoisi (*P. puniceus*, Gmel.), doivent être réunies, selon l'opinion de Kuhl, pour n'en former qu'une, à laquelle il a conservé le nom de *P. grandis*. Desm. 1827.

(2) Voyez Vosmaer, feuilles imprimées en 1769.

LES LORIS PERRUCHES.

Les espèces qui suivent sont des oiseaux presque
entièrement rouges comme les loris, mais leur
queue est plus longue, et cependant plus courte
que celle des perruches, et l'on doit les considérer comme faisant la nuance entre les loris et
les perruches de l'ancien continent; nous les appellerons par cette raison *Loris perruches*.

LE LORI PERRUCHE ROUGE.[1]

PREMIÈRE ESPÈCE.

Psittacus borneus, Linn., Gmel., Kuhl.

LE plumage de cet oiseau est presque entièrement rouge, à l'exception de quelques couvertures et des extrémités des pennes de l'aile et des
pennes de la queue, dont les unes sont vertes,
et quelques autres sont bleues. La longueur totale de l'oiseau est de huit pouces et demi. Edwards dit qu'il est très-rare, et qu'un voyageur
le donna à M. Hans Sloane, comme venant de
Borneo.

---

(1) « Psittacus minor longicaudus, coccineus; collo inferiore et pectore
« dilutiùs coccineis, marginibus pennarum luteis; remigibus apice viri-
« dibus, tribus corpori finitimis cæruleis; rectricibus sordidè rubris, su-
« pernè apice viridescentibus, utrinque extimâ supernè viridescente....
« Psittaca coccinea Bonarum fortunarum insulæ. » Brisson, Ornithol.,
tome IV, page 373. — « Psittacus macrourus ruber remigibus, rectrici-
« busque apice viridibus, alis maculâ cæruleâ.... Psittacus Borneus. »
Linnæus, Syst. Nat., ed. X, Gen. 44, Sp. 6. — *Long-tailed scarlet lory.*
Edwards, History of Birds, tom. IV, pl. 173.

LE LORI PERRUCHE[*][(1)]

VIOLET ET ROUGE.

SECONDE ESPÈCE.

Psittacus coccineus, Briss., Kuhl.

Lᴀ couleur dominante de cet oiseau est le rouge mêlé de bleu-violet. Sa longueur totale est de dix pouces, la queue fait près du tiers de cette longueur; elle est toute d'un gros bleu, de même que les flancs, l'estomac, le haut du dos et de la tête; les grandes pennes de l'aile sont jaunes; tout le reste du plumage est d'un beau rouge bordé de noir en festons sur les ailes.

---

[*] Voyez les planches enluminées, n° 143, sous la dénomination de *Perruche des Indes orientales*.

(1) « Psittacus minor longicaudus, coccineus, supernè saturatiùs, « infernè dilutiùs, fusco et cæruleo violaceo variegatus; capite et collo « superioribus, pectore et tæniâ ponè oculos cæruleo-violaceis; remi- « gibus majoribus dilutè fusco, minoribus fusco-violáceo terminatis; « rectricibus fusco-violaceis, lateralibus interiùs coccineis.... Psittaca « indica coccinea. » Brisson, tome IV, page 376.

LE LORI PERRUCHE*[1]
TRICOLOR.

TROISIÈME ESPÈCE.

Psittacus scapulatus, Beschst., Kuhl.; *P. tabuensis*, Lath., Shaw.; *P. amboinensis*, Linn.; *Platycercus scapulatus*, Vigors.

On peut nommer ainsi cet oiseau ; le rouge, le vert et le bleu turquin occupant par trois grandes masses tout son plumage : le rouge couvre la tête, le cou, et tout le dessous du corps ; l'aile est d'un vert foncé : le dos et la queue sont d'un gros bleu, moëlleux et velouté. La queue est longue de sept pouces ; l'oiseau entier, de quinze et demi, et de la grosseur d'une tourterelle. La queue dans ces trois dernières espèces, quoique plus longue que ne l'est communément celle des loris et des perroquets proprement dits, n'est néanmoins pas étagée comme celle des perruches à longue queue, mais composée de pennes égales et coupées à-peu-près carrément.

---

* Voyez les planches enluminées, n° 240, sous la dénomination de *Perruche rouge d'Amboine*.

(1) « Psittacus minor longicaudus, supernè cæruleo-violaceus, infernè « coccineus; capite et collo coccineis; remigibus exteriùs saturatè viri- « dibus, interiùs et subtus nigricantibus; rectricibus saturatè violaceis, « lateralibus interiùs et subtus nigricantibus; duabus utrinque extimis « rubro marginatis.... Psittaca Amboinensis coccinea. » Brisson, Ornith., tome IV, page 378.

PERRUCHES

DE L'ANCIEN CONTINENT.

PERRUCHES

A QUEUE LONGUE ET ÉGALEMENT ÉTAGÉE.

Nous séparerons en deux familles les perruches à longue queue : la première sera composée de celles qui ont la queue également étagée, et la seconde de celles qui l'ont inégale ou plutôt inégalement étagée, c'est-à-dire qui ont les deux pennes du milieu de la queue beaucoup plus longues que les autres pennes, et qui paraissent en même temps séparées l'une de l'autre. Toutes ces perruches sont plus grosses que les perruches à queue courte, dont nous donnerons ci-après la description, et cette longue queue les distingue aussi de tous les perroquets à queue courte.

1.

2.

P. Oudart del.   Lithe: de C: Motte.   Meunier direx.

LA GRANDE PERRUCHE*(1)

A COLLIER D'UN ROUGE VIF.

PREMIÈRE ESPÈCE A QUEUE LONGUE ET ÉGALE.

Psittacus Alexandri, Linn., Lath., Kuhl.; *P. Eupatria*, Gmel. (2).

P LINE et Solin ont également décrit le perroquet

---

* Voyez les planches enluminées, n° 642.

(1) *Psittacus torquatus macrouros antiquorum.* Aldrovande, Avi., tom. I, pag. 678, avec une figure assez reconnaissable, page 679. — Willughby, Ornithol., pag. 77, avec une figure peu juste (tab. XVI), parce qu'il l'a empruntée d'Olina, qui n'a pas représenté cette perruche. —Rai, Synops. Avi., pag. 33, n° 1. — *Psittacus torquatus macrourus.* Jonston, Avi., pag. 43, avec la figure encore mal-à-propos empruntée d'Olina. — Charleton, Exercit., pag. 74, n° 10. — Idem, Onomast., pag. 67, n° 10. — « Psittacus macrourus viridis, collari pectoreque « rubro, gulâ nigrâ.... Psittacus Alexandri. » Linnæus, Syst. Nat., ed. X, Gen. 44, Sp. 9. — Le *Perrochetto* d'Olina, page 27, n'est pas la perruche des Maldives ou le perroquet des anciens, mais plutôt notre perruche à collier, planche enluminée, n° 551, puisque lui attribuant le nom de *Scincialo*, il dit qu'elle vient de l'île Espagnole, et que sa figure porte un collier. — *Ring parraket.* Edwards, Glan., pag. 175, pl. 292, la figure d'en haut. M. Brisson, qui rapporte dans son Supplément (page 127), cette perruche d'Edwards, à sa perruche à collier (espèce 55), ne peut s'empêcher de remarquer, outre la différence de grosseur, qu'elle a du rouge à chaque aile; et Edwards distingue nettement en cet endroit même, cette grosse perruche de *la grandeur d'un pigeon*, de la petite perruche à collier, *grosse comme un merle*, qu'on voit, dit-il, *beaucoup plus fréquemment.*

(2) La perruche de Gingi de Buffon, décrite ci-après, se rapporte à cette espèce. DESM. 1827.

vert à collier, qui de leur temps était seul connu, et qui venait de l'Inde (1); Apulée le dépeint avec l'élégance qu'il a coutume d'affecter (2), et dit que son plumage est d'un vert naïf et brillant : le seul trait qui tranche, dit Pline, dans le vert de ce plumage, est un demi-collier d'un rouge vif appliqué sur le haut du cou (3); Aldrovande, qui a recueilli tous les traits de ces descriptions, ne nous permet pas de douter que ce perroquet à *collier* et à *longue queue* des anciens ne soit notre grande perruche à collier rouge : pour le prouver, il suffit de deux traits de la description d'Aldrovande; le premier est la largeur du collier, qui, dit-il, est dans son milieu de *l'épaisseur du petit doigt;* l'autre est la tache rouge qui *marque le haut de l'aile* (4). Or, de toutes les perruches qui pourraient ressembler à ce perroquet des anciens, celle-ci seule porte ces deux caractères; les autres n'ont point de rouge à l'épaule, et leur collier n'est qu'un cordon sans largeur. Au reste, cette perruche rassemble tous les traits de beauté des oiseaux de son genre; plumage d'un vert-clair et gai sur la tête, plus foncé sur les ailes et le dos; demi-collier couleur de rose qui, entourant

---

(1) Voyez Pline, lib. X, cap. 42; et Solin, cap. 52.

(2) Florid., lib. II.

(3) « Viridem toto corpore, torque tantùm miniato in cervice dis- « tinctam. » Pline, lib. X, cap. 42.

(4) « Alarum pennæ.... circa medium, in superiore parte rubrâ notâ « distinguuntur. » Aldrovande, tome I, page 678.

le derrière du cou, se rejoint sur les côtés à la bande noire qui enveloppe la gorge; bec d'un rouge vermeil, et tache pourprée au sommet de l'aile; ajoutez une belle queue, plus longue que le corps, mêlée de vert et de bleu d'aigue-marine en dessus, et doublée de jaune-tendre, vous aurez toute la figure, simple à-la-fois et parée, de cette grande et belle perruche qui a été le premier perroquet connu des anciens. Elle se trouve non seulement dans les terres du continent de l'Asie méridionale, mais aussi dans les îles voisines et à Ceylan; car il paraît que c'est de cette dernière île que les navigateurs de l'armée d'Alexandre la rapportèrent en Grèce, où l'on ne connaissait encore aucune espèce de perroquets (1).

---

(1) Voyez, sur le perroquet des anciens, la fin du Discours qui précède les perroquets.

LA PERRUCHE*[1]

A DOUBLE COLLIER.

SECONDE ESPÈCE A QUEUE LONGUE ET ÉGALE.

Psittacus bitorquatus, Kuhl.; *P. Alexandri*, var. η *bitorquatus*, Gmel.

Deux petits rubans, l'un rose et l'autre bleu, entourent le cou en entier de cette perruche, qui est de la grosseur d'une tourterelle; du reste, tout son plumage est vert, plus foncé sur le dos, jaunissant sous le corps, et dans plusieurs de ses parties rembruni d'un trait sombre sur le milieu de chaque plume; sous la queue un frangé jaunâtre borde le gris-brun tracé dans chaque penne; la moitié supérieure du bec est d'un beau rouge; l'inférieure est brune : il est probable que cette perruche, venue de l'île de Bourbon, se trouve aussi dans le continent correspondant, ou de l'Afrique ou des Indes.

---

* Voyez les planches enluminées, n° 215, sous le nom de *Perruche de l'île de Bourbon.*

(1) « Psittacus minor, longicaudus, viridi, infernè ad flavum incli- « nans; torque roseo, tæniâ transversâ sub gutture luteâ, ad colli latera « nigrâ; rectricibus supernè viridibus subtus cinereo flavis.... Psittaca « Borbonica torquata. » Brisson, Ornithol. tome IV, page 328.

LA PERRUCHE*(1)
A TÊTE ROUGE.

TROISIÈME ESPÈCE A QUEUE LONGUE ET ÉGALE.

Psittacus erythrocephalus, Linn., Kuhl.; *Psittacus ginginianus*, Lath.

Cette perruche qui a onze pouces de longueur totale, et dont la queue est plus longue que le corps, en a tout le dessus d'un vert sombre, avec une tache pourpre dans le haut de l'aile; la face est d'un rouge pourpré qui, sur la tête, se fond dans du bleu, et se coupe sur la nuque par un trait prolongé du noir qui couvre la gorge; le dessous du corps est d'un jaune terne et sombre; le bec est rouge.

---

* Voyez les planches enluminées, n° 264.

(1) « Psittacus minor longicaudus, supernè viridi flavicans, infernè « luteo viridescens; capite rubro, dilutè cæruleo adumbrato; tæniâ nigrâ « ab oris angulo ad oris angulum per occipitum ductâ; gutture nigro; « maculâ in alis obscurè rubrâ; rectricibus viridibus, lateralibus interiùs « luteis.... Psittaca Ginginiana erythrocephalos. » Brisson, Ornithol., tome IV, page 346.

LA PERRUCHE*[1]
A TÊTE BLEUE.

QUATRIÈME ESPÈCE A QUEUE LONGUE ET ÉGALE.

Psittacus hæmatopus, Linn., Kuhl.; *P. moluccanus* et *cyano-cephalus*, Gmel.; *P. cyanogaster*, Shaw.

C ETTE perruche, longue de dix pouces, a le bec blanc, la tête bleue, le corps vert; le devant du cou jaune, et du jaune mêlé dans le vert sous le ventre et la queue, dont les pennes intermédiaires sont en dessus teintes de bleu; les pieds sont bleuâtres.

---

* Voyez les planches enluminées, n° 192, sous le nom de *Perruche à tête bleue des Indes orientales.*

(1) « Psittacus minor longicaudus, supernè viridis, infernè viridi luteus; « capite cæruleo violaceo, syncipite ad rubrum inclinante; gutture cinereo- « violaceo; collo ad latera luteo; rectricibus subtus cinereo-luteis, supernè « binis intermediis viridi cæruleis, utrinque proximâ exteriùs viridi cæ- « ruleâ, interiùs luteo viridi, quatuor utrinque, extimis exteriùs viri- « dibus, interiùs luteis, lateralibus apice pallidè luteis.... Psittaca cya- « nocephalos. » Brisson, Ornithol., tome IV, page 359.

LA PERRUCHE LORI.*(¹)

CINQUIÈME ESPÈCE A QUEUE LONGUE ET ÉGALE.

Psittacus ornatus, Linn., Lath., Kuhl.

Nous adoptons le nom qu'Edwards a donné à cette espèce, à cause du beau rouge qui semble la rapprocher des loris : ce rouge, traversé de petites ondes brunes, teint la gorge, le devant du cou et les côtés de la face jusque sur l'occiput qu'il entoure ; le haut de la tête est pourpré, Edwards le marque bleu ; le dos, le dessus du cou, des ailes et l'estomac, sont d'un vert-d'émeraude ; du jaune - orangé tache irrégulièrement les côtés du cou et les flancs ; les grandes pennes de l'aile sont noirâtres, frangées au bout de jaune ; la

---

* Voyez les planches enluminées, n° 552, sous le nom de *Perruche variée des Indes orientales.*

(1) « Psittacus minor longicaudus, viridis, marginibus pennarum in « dorso et ad latera ventris luteis; capite superiùs et maculâ ad aures « nigro cæruleis; occipite, genis, gutture, collo inferiore et pectore « coccineis, marginibus pennarum in pectore viridi nigricantibus; tæniâ « utrinque longitudinali in collo luteâ; rectricibus supernè viridibus, « infernè rubris, apice viridi flavicantibus.... Psittaca indica varia. » Brisson, Ornithol., tome IV, page 366. — « Psittacus macrourus luteo- « viridis, occipite, gulâ, pectoreque rubris, vertice auribusque cæru- « leis.... Psittacus ornatus. » Linnæus, Syst. Nat., ed. X, Gen. 44, Sp. 14.—*Lory-parrakeet.* Edwards, History of Birds, tom. IV, pl. 174.

queue, verte en dessus, paraît doublée de rouge
et de jaune à la pointe ; le bec et les pieds sont
gris-blanc : cette perruche est de moyenne grosseur, et n'a que sept pouces et demi de longueur ;
c'est une des plus jolies par l'éclat et l'assortiment
des couleurs. Ce n'est point l'*Avis paradisiaca* de
Séba (1), comme le croit M. Brisson, puisque,
sans compter d'autres différences, cet oiseau de
Séba, très-difficile d'ailleurs à rapporter à sa véritable espèce, est à queue inégalement étagée.

LA PERRUCHE JAUNE.[2]

SIXIÈME ESPÈCE A QUEUE LONGUE ET ÉGALE.

Psittacus solstitialis, Linn., Lath., Kuhl.

M. BRISSON donne cette espèce sous la dénomi-

---

(1) « Avis paradisiaca orientalis, vario colore elegantissima. » Séba,
vol. I, pag. 95, tab. 60.

(2) « Psittacus minor longicaudus, luteo aurantius, supernè viridi
« lutescente varius ; oculorum ambitu, lateribus, cruribusque rubris ;
« rectricibus viridi-lutescentibus, tribus utrinque extimis exteriùs su-
« pernè cæruleis.... Psittaca angolensis lutea. » Brisson, Ornithol.,
tome IV, page 371. — « Psittacus luteus caudâ longâ. » Frisch, tab. 53.
— « Psittacus croceus, caudâ longâ, oculis in circulo rubro, extremis
« remigibus et pennâ infimâ caudæ cæruleis. » Klein, Avi., pag. 25,
n° 15. — « Psittacus macrourus luteus, alarum tectricibus viridibus ;
« caudâ forficatâ.... Psittacus solstitialis. » Linnæus, Syst. Nat., ed. X,
Gen. 44, Sp. 7.

nation de *Perruche jaune d'Angola*, et la décrit
d'après Frisch; tout son plumage est jaune, excepté le ventre et le tour de l'œil qui sont rouges,
et les pennes des ailes, avec une partie de celles
de la queue, qui sont bleues; les premières sont
traversées dans leur milieu d'une bande jaunâtre;
au reste, la queue est représentée dans Frisch
d'une manière équivoque et peu distincte. Albin,
qui décrit aussi cette perruche, assure qu'elle apprend à parler, et quoiqu'il l'appelle *Perroquet*
d'Angola, il dit qu'elle vient des Indes occidentales (1).

LA PERRUCHE[2]

A TÊTE D'AZUR.

SEPTIÈME ESPÈCE A QUEUE LONGUE ET ÉGALE.

Psittacus Alexandri, Gmel., var. **«** *capite cyaneo ?*

CETTE perruche qui est de la grosseur d'un pigeon, a toute la tête, la face et la gorge d'un

(1) Albin, tome III, page 6, planche 13.
(2) « Psittacus minor longicaudus, viridis, supernè saturatiùs, infernè
« dilutiùs; capite et gutture cyaneis, maculâ in albis luteâ; rectricibus
« supernè cæruleis, subtus obscurè luteis.... Psittaca cyanocephalos in-
« dica. » Brisson, Suppl. d'Ornithol., page 129. — Perroquet à tête
bleue. Edwards, Glanures, pag. 175, pl. 292.

beau bleu-céleste; un peu de jaune sur les ailes;
la queue bleue également étagée et aussi longue
que le corps; le reste du plumage est vert : cette
perruche vient des grandes Indes, suivant M. Edwards qui nous l'a fait connaître.

LA PERRUCHE-SOURIS.*

HUITIÈME ESPÈCE A QUEUE LONGUE ET ÉGALE.

Psittacus murinus, Linn., Gmel., Kuhl.

CETTE espèce paraît nouvelle, et nous igno-
rons son pays natal; peut-être pourrait-on lui rapporter l'indication suivante, tirée d'un voyage à
l'Ile-de-France. « La perruche verte à capuchon
« gris, de la grosseur d'un moineau, ne peut s'ap-
« privoiser (1) : » quoique cette perruche soit con-
sidérablement plus grosse que le moineau, nous
lui avons donné le nom de *Souris*, parce qu'une
grande pièce gris-de-souris lui couvre la poitrine,
la gorge, le front et toute la face; le reste du
corps est vert d'olive, excepté les grandes pennes
de l'aile qui sont d'un vert plus fort; la queue est
longue de cinq pouces, le corps d'autant; les pieds

* Voyez les planches enluminées, n° 768, sous la dénomination de
Perruche à poitrine grise.

(1) Voyage à l'Ile-de-France, 1772, page 122.

sont gris; le bec est gris-blanc; tout le plumage
pâle et décoloré de cette perruche lui donne un
air triste, et c'est la moins brillante de toutes
celles de sa famille.

LA PERRUCHE*

A MOUSTACHES.

NEUVIÈME ESPÈCE A QUEUE LONGUE ET ÉGALE.

Psittacus pondicerianus, Linn., Gmel., Kuhl.

Un trait noir passe d'un œil à l'autre sur le front
de cette perruche, et deux grosses moustaches de
la même couleur partent du bec inférieur, et
s'élargissent sur les côtés de la gorge; le reste de
la face est blanc et bleuâtre; la queue, verte en
dessus, est jaune-paille en dessous; le dos est
vert-foncé; il y a du jaune dans les couvertures
de l'aile, dont les grandes pennes sont d'un vert-
d'eau foncé; l'estomac et la poitrine sont de couleur de lilas; cette perruche a près de onze pouces;
sa queue fait la moitié de cette longueur. Cette
espèce est encore nouvelle, ou du moins n'est
indiquée par aucun naturaliste.

---

* Voyez les planches enluminées, n° 517, sous la dénomination de
Perruche de Pondichéry.

LA PERRUCHE*[1]

A FACE BLEUE.

DIXIÈME ESPÈCE A QUEUE LONGUE ET ÉGALE.

Psittacus hæmatotus, Linn., Kuhl.; *P. cyanogaster*, Shaw.;
P. moluccanus et *cyanocephalus*, Gmel.

———

CETTE belle perruche a le manteau vert et la
tête peinte de trois couleurs; d'indigo sur la face
et la gorge, de vert-brun à l'occiput, et de jaune
en dessous; le bas du cou et la poitrine sont d'un
mordoré rouge, tracé de vert-brun; le ventre
est vert; le bas-ventre mêlé de jaune et de vert,
et la queue doublée de jaune. Edwards a déja
donné cette espèce [2], mais elle paraît avoir été
représentée d'après un oiseau mis dans l'esprit-
de-vin, et les couleurs en sont flétries : celui que
représente notre planche enluminée était mieux

———

[1] « Psittacus minor longicaudus, supernè viridis; capite anteriùs
« saturatè cæruleo; collo superiore torque luteo cincto; collo inferiore et
« pectore rubro aurantiis, marginibus pennarum saturatè cærulèis; ventre
« supremo saturatè viridi; imo ventre viridi-luteo, saturatè viridi macu-
« lato; rectricibus supernè splendidè, infernè sordidè viridibus....
« Psittaca amboinensis varia. » Brisson , Ornithol. , tome IV, page 364.

[2] *Red-breasted parrakeet.* Glanures, page 45, pl. 232.

conservé. Cette perruche se trouve à Amboine; nous lui rapporterons comme simple variété, ou du moins comme espèce très-voisine, la *Perruche des Moluques*, n° 743, dont la grandeur et les principales couleurs sont les mêmes; à cela près que la tête entière est indigo, et qu'il y a une tache de cette couleur au ventre; le rouge-aurore de la poitrine n'est point ondé, mais mêlé de jaune : ces différences sont trop légères pour constituer deux espèces distinctes. La queue de ces perruches est aussi longue que le corps; la longueur totale est de dix pouces; leur bec est blanc-rougeâtre.

LA PERRUCHE[*]

AUX AILES CHAMARÉES.

ONZIÈME ESPÈCE A QUEUE LONGUE ET ÉGALE.

Psittacus marginatus, Linn., Gmel., Kuhl.; P. *olivaceus* et *lucionensis*, Gmel.

L'OISEAU donné dans la planche enluminée n° 287, sous le nom de *Perroquet de Luçon*, doit plutôt être appelé *Perruche*, puisqu'il a la queue longue et étagée; il a les ailes chamarées de bleu,

---

[*] Voyez les planches enluminées, n° 287.

de jaune et d'orangé; la première de ces couleurs occupant le milieu des plumes, les deux autres s'étendent sur la frange; les grandes pennes sont d'un brun-olivâtre; cette couleur est celle de tout le reste du corps, excepté une tache bleuâtre derrière la tête. Cette perruche a un peu plus de onze pouces de longueur; la queue fait plus du tiers de cette longueur totale, cependant l'aile est aussi très-longue, et couvre près de la moitié de la queue, ce qui ne se trouve pas dans les autres perruches, qui ont généralement les ailes beaucoup plus courtes.

Passons maintenant à l'énumération des perruches de l'ancien continent, qui ont de même la queue longue, mais inégalement étagée.

PERRUCHES

A QUEUE LONGUE ET INÉGALE DE L'ANCIEN CONTINENT.

LA PERRUCHE *(1)

A COLLIER COULEUR DE ROSE.

PREMIÈRE ESPÈCE A QUEUE LONGUE ET INÉGALE.

Psittacus torquatus, Briss., Kuhl. (2).

LOIN que cette perruche paraisse propre au nouveau continent, comme le dit M. Brisson, elle lui est absolument étrangère : on la trouve dans plusieurs parties de l'Afrique; on en voit arriver au Caire en grand nombre par les caravanes d'Éthiopie. Les vaisseaux qui partent du Sénégal ou de Guinée, où cette perruche se trouve aussi

---

* Voyez les planches enluminées, n° 551.

(1) « Psittacus minor longicaudus, dilutè viridis, ad flavum inclinans, « gutture nigro; torque roseo; rectricibus binis intermediis viridi cæru- « læis; duabus utrinque proximis exteriùs et apice viridi cæruleis, in- « teriùs viridi luteis, tribus utrinque extimis viridi luteis.... Psittaca « torquata. » Brisson, Ornithol., tome IV, page 323.

(2) Cet oiseau, qui est notre perruche à collier ordinaire, n'est pas celui que Gmelin décrit sous le nom de *Psittacus torquatus*. DESM. 1827.

communément, en portent quantité avec les nègres dans nos îles de l'Amérique : on ne rencontre point de ces perruches dans tout le continent du Nouveau-Monde, on ne les voit que dans les habitations de Saint-Domingue, de la Martinique, de la Guadeloupe, etc., où les vaisseaux d'Afrique abordent continuellement; tandis qu'à Cayenne, où il ne vient que très-rarement des vaisseaux négriers, l'on ne connaît pas ces perruches (1). Tous ces faits, qui nous sont assurés par un excellent observateur, prouvent que cette perruche n'est pas du nouveau continent, comme le dit M. Brisson.

Mais ce qu'il y a de plus singulier, c'est qu'en même temps que cet auteur place cette perruche en Amérique, il la donne pour le perroquet des anciens, le *Psittacus torquatus macrourus antiquorum* d'Aldrovande; comme si les anciens, Grecs et Romains, étaient allés chercher leur perroquet au Nouveau-Monde; de plus, il y a erreur de fait; cette perruche à collier n'est point le perroquet des anciens décrit par Aldrovande; ce perroquet doit se rapporter à notre grande

(1) La grande ressemblance entre la perruche, n° 550 des planches enluminées, qui est le *Scincialo* et celle-ci, nous eût porté à lui appliquer les mêmes raisons, et à regarder ces deux espèces comme très-voisines ou peut-être la même; mais l'autorité d'un naturaliste tel que Marcgrave, ne nous permet pas de croire qu'il ait donné, comme naturelle au Brésil, une espèce qui n'y aurait été qu'apportée, et nous force à regarder, malgré leurs rapports, le *Scincialo* comme différent de la perruche à collier couleur de rose, et ces espèces comme séparées.

perruche à collier, première espèce à queue longue et également étagée, comme nous l'avons
prouvé dans l'article où il en est question.

La perruche à collier que nous décrivons ici
a quatorze pouces de long, mais de cette longueur la queue et ses deux longs brins font près
des deux tiers ; ces brins sont d'un bleu d'aigue-
marine ; tout le reste du plumage est d'un vert-
clair et doux, un peu plus vif sur les pennes de
l'aile, et mêlé de jaune sur celles de la queue ; un
petit collier rose ceint le derrière du cou, et se
rejoint au noir de la gorge ; une teinte bleuâtre
est jetée sur les plumes de la nuque qui se ra-
battent sur le collier ; le bec est rouge-brun (1).

---

(1) M. Brisson fait une seconde espèce de *Perruche à collier des Indes*
(tome IV, page 326), apparemment parce qu'il s'est trompé sur le pays
de la première, et sur une simple figure d'Albin, dont on peut croire que
les inexactitudes font toutes les différences : nous n'hésiterons pas de
rapporter cette espèce à la précédente.

LA PETITE PERRUCHE *(1)

A TÊTE COULEUR DE ROSE A LONGS BRINS.

SECONDE ESPÈCE A QUEUE LONGUE ET INÉGALE.

Psittacus bengalensis, Linn., Gmel., Shaw.; *P. rhodocephalus*, Shaw.

Cette petite perruche, dont tout le corps n'a pas plus de quatre pouces de longueur, en aura douze si on la mesure jusqu'à la pointe des deux longs brins par lesquels s'effilent les deux plumes du milieu de la queue; ces longues plumes sont bleues, le reste de la queue, qui n'est long que de deux pouces et demi, est vert-d'olive, et c'est aussi la couleur de tout le dessous du corps et même du dessus, où elle est seulement plus forte

---

* Voyez les planches enluminées, n° 888, sous la dénomination de *Perruche de Mahé.*

(1) *Rose-headed ring parraket.* Edwards, Glan., pl. 233. — Petit perroquet de Bengale. Albin, tome III, pl. 14. — « Psittacus sub mento « niger, capite rubro, cervice purpureâ; inferiore mandibulâ nigrâ, su- « periore croceâ, pedibus cæruleis. » Klein, Avi., pag. 25, n° 25. — « Psittacus minor longicaudus viridis, infernè ad flavum inclinans; ver- « tice roseo; occipitio cæruleo; gutture et torque nigris; maculâ in alis « obscurè rubra; rectricibus supernè cæruleis, infernè obscurè flavican- « tibus..... Psittaca bengalensis. » Brisson, Ornithol., tome IV, page 348.

1.

2.

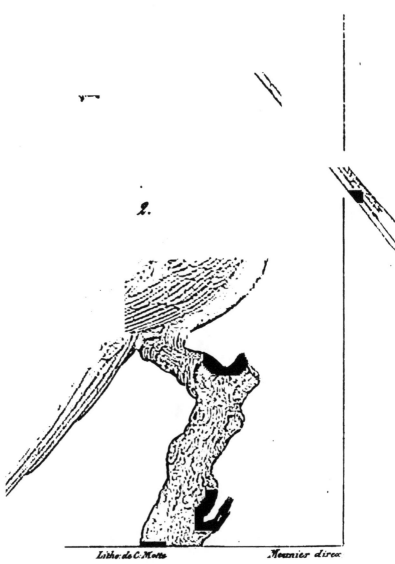

del: Lithe: de C. Motte   Meunier direx

ruche à tête couleur de rose et à longs brins, 2. la S.^{che}
couleur de rose.

et plus chargée ; quelques petites plumes rouges percent sur le haut de l'aile ; la tête est d'un rouge de rose mêlé de lilas, coupé et bordé par un cordon noir, qui, prenant à la gorge, fait le tour du cou. Edwards, qui parle avec admiration de la beauté de cette perruche (1), dit que les Indiens du Bengale, où elle se trouve, l'appellent *Fridytutah*. Il relève avec raison les défauts de la figure qu'en donne Albin, et surtout la bévue de ne compter à cet oiseau que quatre plumes à la queue.

LA GRANDE PERRUCHE*

A LONGS BRINS.

TROISIÈME ESPÈCE A QUEUE LONGUE ET INÉGALE.

Psittacus barbatulatus, Beschst., Kuhl.; *P. malaccensis*, Gmel.

Les ressemblances dans les couleurs sont assez grandes entre cette perruche et la précédente pour qu'on les pût regarder comme de la même espèce, si la différence de grandeur n'était pas considérable ; en effet, celle-ci a seize pouces de longueur, y compris les deux brins de la queue,

---

(1) Glanures, page 47.
* Voyez les planches enluminées, n° 887.

et les autres dimensions sont plus grandes à proportion ; les brins sont bleus comme dans l'espèce
précédente ; la queue est de même vert-d'olive,
mais plus foncé et de la même teinte que celle
des ailes ; il paraît un peu de bleu dans le milieu
de l'aile ; tout le vert du corps est fort délayé dans
du jaunâtre ; toute la tête n'est pas couleur de
rose, ce n'est que la région des yeux et l'occiput
qui sont de cette couleur, le reste est vert, et il
n'y a pas non plus de cordon noir qui borde la
coiffe de la tête.

LA GRANDE PERRUCHE*[(1)]

A AILES ROUGEATRES.

QUATRIÈME ESPÈCE A QUEUE LONGUE ET INÉGALE.

Psittacus Alexandri, Linn., Gmel., Kuhl. ; *P. Eupatria*,
Gmel. *junior*.

CETTE perruche a vingt pouces de longueur

---

* Voyez les planches enluminées, n° 239, sous la dénomination de
Perruche de Gingi.

(1) « Psittacus minor longicaudus, viridis, infernè ad flavum inclinans;
« pauco rubro obscuro in dorso mixto, gutture et collo inferiore non
« nihil ad cinereum vergentibus; tectricibus alarum superioribus mino-
« ribus corpori finitimis obscurè rubris; rectricibus subtus pallidè luteis,
« supernè binis intermediis dilatè viridibus, tribus utrinque proximis

depuis la pointe du bec jusqu'à l'extrémité des deux longs brins de la queue; tout le corps est en dessus d'un vert-d'olive foncé, et en dessous d'un vert-pâle mêlé de jaunâtre; il y a sur le fouet de chaque aile un petit espace de couleur rouge et du bleu faible dans le milieu des longues plumes de la queue; le bec est rouge, ainsi que les pieds et les ongles.

LA PERRUCHE[1]

A GORGE ROUGE.

CINQUIÈME ESPÈCE A QUEUE LONGUE ET INÉGALE.

Psittacus incarnatus, Linn., Gmel., Kuhl.

EDWARDS, qui décrit cet oiseau, dit que c'est la plus petite des perruches à longue queue qu'il ait vue; elle n'est pas plus grosse en effet qu'une mésange, mais la longueur de la queue surpasse

« exteriùs dilutè viridibus, interiùs viridi-luteis, binis utrinque extimis « viridi-luteis.... Psittaca ginginiana. » Brisson, Ornithol., tome IV, page 343.

(1) *Little-red-winged parraket.* Edwards, Glan., pag. 53, pl. 236. — « Psittacus minor longicaudus, viridis, supernè saturatiùs, infernè di- « lutiùs et ad flavum inclinans; gutture coccineo; tectricibus alarum « superioribus, rectricibus saturatè viridibus.... Psittaca indica. » Brisson, Ornithol., tome IV, page 341.

celle de son corps; le dos et la queue sont d'un gros vert; les couvertures des ailes et la gorge sont rouges; le dessous du corps est d'un vert-jaunâtre; l'iris de l'œil est si foncé qu'il en paraît noir, au contraire de la plupart des perroquets qui l'ont couleur d'or. On assura M. Edwards que cette perruche venait des grandes Indes.

LA GRANDE PERRUCHE[1]

A BANDEAU NOIR.

SIXIÈME ESPÈCE A QUEUE LONGUE ET INÉGALE.

Psittacus atricapillus, Linn., Gmel. (2).

L'OISEAU que M. Brisson donne sous le nom d'*Ara des Moluques*, n'est bien certainement

---

(1) « Psittacus major longicaudus, supernè saturatè cyaneus, infernè « saturatè viridis, rubro variegatus; capite superiore nigro; collo supe-« riore torque viridi et rubro cincto; collo inferiore et pectore dilutè « rubris; rectricibus supernè viridibus, subtus rubris, marginibus nigri-« cantibus.... Ara molucensis varia. » Brisson, Ornithol., tome IV, page 197.

(2) Cette espèce, qui nous est inconnue, paraît avoir quelques rapports avec la Perruche-lori à collier jaune (*Psittacus Domicella*, Gmel.), et c'est sans doute ce qui a engagé M. Kuhl. à rapporter à celle-ci la citation de Séba, relative à la grande perruche à bandeau noir de Buffon. DESM. 1827.

qu'une perruche : on sait qu'il n'y a point d'aras
aux grandes Indes, ni dans aucune partie de l'ancien continent. Séba, de son côté, nomme ce
même oiseau *Lori* (1); ce n'est pas plus un lori
qu'un ara, et les longues plumes de sa queue ne
laissent aucun doute qu'on ne doive le compter
au nombre des perruches. La longueur totale de
cet oiseau est de quatorze pouces, sur quoi la
queue en a près de sept; sa tête porte un bandeau noir, et le cou un collier rouge et vert; la
poitrine est d'un beau rouge-clair; les ailes et le
dos sont d'un riche bleu-turquin; le ventre est
vert-foncé, parsemé de plumes rouges; la queue,
dont les pennes du milieu sont plus grandes, est
colorée de vert et de rouge avec des bords noirs.
Cet oiseau venait, dit Séba, des îles *Papoe;* un
Hollandais d'Amboine l'avait acheté d'un Indien
cinq cents florins. Ce prix n'était pas au-dessus
de la beauté et de la gentillesse de l'oiseau; il
prononçait distinctement plusieurs mots de diverses langues, saluait au matin et chantait sa
chanson; son attachement égalait ses graces :
ayant perdu son maître, il mourut de regret (2).

---

(1) « Psittacus orientalis, exquisitus, Loeri dictus. » Séba, Thes., vol. I,
pag. 63, tab. 38, fig. 4. — « Psittacus capite nigro, collari viridi,
« Loeri dictus. » Klein, Avi., pag. 25, n° 16.

(2) Le traducteur de Séba lui donne cinq doigts, de quoi le texte ne
dit mot; mais la figure représente mal les pieds d'une autre façon, en
mettant les doigts trois en avant et un en arrière.

LA PERRUCHE[1]

VERTE ET ROUGE.

SEPTIÈME ESPÈCE A QUEUE LONGUE ET INÉGALE.

Rsittacus japonicus, Linn., Lath., Gmel., Kuhl.

CETTE espèce a été donnée par M. Brisson sous la dénomination de *Perruche du Japon;* mais on ne trouve dans cette île, non plus que dans les provinces septentrionales de la Chine, que les perroquets qui y ont été apportés (2), et vraisemblablement cette perruche prétendue du Japon, dont Aldrovande n'a vu que la figure, venait de quelque autre partie plus méridionale de l'Asie. Willughby remarque même que cette figure et la description qui y est jointe, paraissent suspectes : quoi qu'il en soit, Aldrovande représente le plumage de cette perruche comme un mélange de

---

(1) *Psittacus erythrochlorus macrouros.* Aldrovande, Avi, tom. I, pag. 678. — Willughby, Ornithol., pag. 77. — Rai, Synops., pag. 34, n° 3. — Charleton, Exercit., pag. 74, n° 11. Idem, Onomast, pag. 67, n° 11. — « Psittacus minor longicaudus, supernè viridis, infernè ruber; « gutture ferrugineo ad subrubrum vergente; maculâ utrinque ante et « ponè oculos cæruleâ; remigibus intensè cæruleis; rectricibus inter- « mediis viridibus, lateralibus rubris.... Psittaca japonensis. » Brisson, Ornithol., tome IV, page 362.

(2) Kempfer, tome I, page 113.

vert, de rouge et d'un peu de bleu; la première
de ces couleurs domine au-dessus du corps, la
seconde teint le dessous et la queue, excepté les
deux longs brins qui sont verts; le bleu coloré
les épaules et les pennes de l'aile; et il y a deux
taches de cette même couleur de chaque côté de
l'œil.

LA PERRUCHE HUPPÉE.[1]

HUITIÈME ESPÈCE A QUEUE LONGUE ET INÉGALE.

Psittacus Bontii, Lath., Kuhl.

CELLE-CI est le *Petit perroquet de Bontius* (2),
duquel Willughby vante le plumage pour l'éclat
et la variété des couleurs, dont le pinceau, dit-il,
rendrait à peine le brillant et la beauté; c'est un
composé de rouge vif, de couleur de rose, mêlé
de jaune et de vert sur les ailes; de vert et de
bleu sur la queue qui est très-longue, passant

(1) « Psittacus minor longicaudus, cristatus, coccineus; gutture griseo;
« collo inferiore et pectore dilutè roseis; remigibus viridibus, luteo et
« roseo colore variis, rectricibus binis intermediis coccineis lateralibus
« dilutè roseis, apice cæruleis, viridi mixtis.... Psittaca javensis cris-
« tata coccinea. » Brisson, Ornithol., tome IV, page 381.

(2) *Psittacus parvus.* Bont., Ind. orient., pag. 63. — *Psittacus parvus
Bontii.* Willughby, Ornithol., pag. 81. — Rai, Synops., pag. 24, n° 5.

l'aile pliée de dix pouces, ce qui est beaucoup pour un oiseau de la grosseur d'une alouette. Cette perruche relève les plumes de sa tête en forme de huppe, qui doit être très-élégante, puisqu'elle est comparée à l'aigrette du paon, dans la notice suivante, qui nous paraît appartenir à cette belle espèce. « Cette perruche n'est que de la grosseur « d'un tarin ; elle porte sur la tête une aigrette de « trois ou quatre petites plumes, à-peu-près « comme l'aigrette du paon ; cet oiseau est d'une « gentillesse charmante (1). » Ces petites perruches se trouvent à Java, dans l'intérieur des terres; elles volent en troupes en faisant grand bruit; elles sont jaseuses, et, quand elles sont privées, elles répètent aisément ce qu'on veut leur apprendre (2).

_____

(1) Lettres édifiantes, second recueil, page 60.
(2) Willughby, Ornithol., pag. 81.

PERRUCHES

A COURTE QUEUE

DE L'ANCIEN CONTINENT.

Il y a une grande quantité de ces perruches dans l'Asie méridionale et en Afrique; elles sont toutes différentes des perruches de l'Amérique, et s'il s'en trouve quelques-unes dans ce nouveau continent, qui ressemblent à celles de l'ancien, c'est que probablement elles y ont été transportées; pour les distinguer par un nom générique, nous avons laissé celui de *Perruche* à celles de l'ancien continent, et nous appellerons *Perriches* celles du nouveau. Au reste, les espèces de perruches à queue courte sont bien plus nombreuses dans l'ancien continent que dans le nouveau; elles ont de même quelques habitudes naturelles aussi différentes que le sont les climats; quelques-unes, par exemple, dorment la tête en bas et les pieds en haut, accrochées à une petite branche d'arbre, ce que ne font pas les perriches d'Amérique.

En général, tous les perroquets du Nouveau-Monde font leurs nids dans des creux d'arbres, et spécialement dans les trous abandonnés par les pics, nommés aux îles *Charpentiers* (1). Dans l'ancien continent, au contraire, plusieurs voyageurs nous assurent que différentes espèces de perroquets suspendent leurs nids tissus de joncs et de racines, en les attachant à la pointe des rameaux flexibles (2) : cette diversité dans la manière de nicher, si elle est réelle pour un grand nombre d'espèces, pourrait être suggérée par la différente impression du climat. En Amérique, où la chaleur n'est jamais excessive, elle doit être recueillie dans un petit lieu qui la concentre ; et sous la zone torride d'Afrique, le nid suspendu reçoit des vents qui le bercent, un rafraîchissement peut-être nécessaire.

---

(1) Lery assure positivement que les perroquets d'Amérique ne suspendent point leur nid, mais le font dans des creux d'arbres. Apud Clusium auct., page 364.

(2) Voyez la relation de Cadamosto. Hist. générale des Voyages, tome II, page 305. — Voyage à Madagascar, par Fr. Cauche. Paris, 1651.

LA PERRUCHE*[1]

A TÊTE BLEUE.

PREMIÈRE ESPÈCE A QUEUE COURTE.

Psittacus Galgulus, Linn., Gmel., Kuhl.

Cet oiseau a le sommet de la tête d'un beau bleu, et porte un demi-collier orangé sur le cou; la poitrine et le croupion sont rouges, et le reste du plumage est vert.

Edwards dit qu'on lui avait envoyé cet oiseau de Sumatra; M. Sonnerat (2) l'a trouvé à l'île de Luçon, et c'est par erreur qu'on l'a étiqueté *Perruche du Pérou* dans les planches enluminées, car il y a toute raison de croire qu'elle ne se trouve point en Amérique.

Cette espèce est de celles qui dorment la tête en bas; elle se nourrit de *callou*, sorte de liqueur blanche que l'on tire, dans les Indes orientales,

---

* Voyez les planches enluminées, n° 190, fig. 2, sous la dénomination de *Petite perruche du Pérou*.

(1) *Sapphire-crowned parraket*. Perrique couronnée de saphir, Edwards, Glan. pag. 177, avec une figure coloriée, pl. 293, n° 1. — « Psittacus brachyurus viridis, uropygio pectoreque coccineis, vertice cæ- « ruleo.... Psittacus Galgulus. » Linnæus, Syst. Nat., ed. XII, pag. 150.

(2) Voyage à la Nouvelle-Guinée, page 76.

du cocotier, en coupant les bourgeons de la grappe à laquelle tient le fruit. Les Indiens attachent un bambou creux à l'extrémité de la branche, pour recevoir cette liqueur qui est très-agréable lorsqu'elle n'a pas fermenté, et qui a à-peu-près le goût de notre cidre nouveau.

Il nous paraît qu'on peut rapporter à cette espèce l'oiseau indiqué par Aldrovande (1), qui a le sommet de la tête d'un beau bleu, le croupion rouge et le reste du plumage vert; mais comme ce naturaliste ne fait mention ni du demi-collier ni du rouge sur la poitrine, et que d'ailleurs il dit que ce perroquet venait de Malaca, il se pourrait que cet oiseau fût d'une autre espèce, mais très-voisine de celle-ci.

---

(1) « Avicula ex Malaca insulâ, seu Psittacus minimus. » Aldrovande, Avi., tom. III, pag. 560. — « Psittacus minor brevicaudus, viridis; « vertice cyaneo; tectricibus caudæ superioribus coccineis; rectricibus « viridibus.... Psittacula malaccensis. » Brisson, Ornithol., tome IV, page 386.

LA PERRUCHE[*][(1)]
A TÊTE ROUGE

ou

LE MOINEAU DE GUINÉE.

SECONDE ESPÈCE A QUEUE COURTE.

Psittacus pullarius, Linn., Lath., Kuhl.

CETTE perruche est connue par les oiseleurs, sous le nom de *Moineau de Guinée* (2); elle est

---

* Voyez les planches enluminées, n° 60, sous la dénomination de *Petite perruche mâle de Guinée.*

(1) *Psittacus minimus.* Clusius, Exot. auctuar., pag. 365. — Euseb., Nieremberg, pag. 226. — « Psittacus pusillus viridis Æthiopicus Clusii. » Rai, Synops. Avi., pag. 31. — Petit perroquet vert des Indes orientales. Albin, tome III, page 7, avec une mauvaise figure, pl. 15.— « Psittacus « viridis minimus fronte et gulâ rubris. » Klein, Avi., pag. 25, n° 21. — « Psittacus minimus viridis cum fronte et gulâ rubrâ. » Frisch, pl. 54. — *Little red headed parraket*, or, *guiney sparrow.* Petite perruche à tête rouge ou le Moineau de Guinée. Edwards, Glan., pag. 54, avec une bonne figure coloriée, pl. 237. — « Psittacus minor brevicaudus, viridis « supernè saturatiùs, infernè dilutiùs ; capite anteriùs et gutture rubris ; « uropygio cyaneo ; rectricibus viridibus, lateralibus tæniis transversis, « aliâ coccinea, alterâ nigrâ notatis.... Psittacula guinensis. » Brisson, Ornithol., tome IV, page 387. — Perruche de Java. Salerne, Ornithol., pag. 72. « Psittacus brachyurus viridis, fronte rubrâ, caudâ fulvâ, fasciâ « nigrâ, orbitis cinereis.... Psittacus pullarius. » Linnæus, Syst. Nat., ed. XII, pag. 149.

(2) « On donne aux perroquets le nom de *Moineau de Guinée*, dit

fort commune dans cette contrée, d'où on l'apporte souvent en Europe, à cause de la beauté de son plumage, de sa familiarité et de sa douceur; car elle n'apprend point à parler, et n'a qu'un cri assez désagréable : ces oiseaux périssent en grand nombre dans le transport; à peine en sauve-t-on un sur dix dans le passage de Guinée en Europe (1), et néanmoins ils vivent assez long-temps dans nos climats, en les nourrissant de graines de panis et d'alpiste, pourvu qu'on les mette par paires dans leur cage; ils y pondent même quelquefois (2), mais on a peu d'exemples que leurs œufs aient éclos : lorsque l'un des deux oiseaux appariés vient à mourir, l'autre s'attriste et ne lui survit guère; ils se prodiguent réciproquement de tendres soins, le mâle se tient d'affection à côté de sa femelle, lui dégorge de la graine

---

« Bosman, sans qu'il soit aisé d'en trouver la raison, puisque les moineaux
« ordinaires sont ici (à la côte d'Or), dans une extrême abondance....
« leur bec rouge est un peu courbé, comme celui des perroquets. On
« transporte en Hollande un grand nombre de ces petites créatures; elles
« s'y vendent fort bien, quoiqu'elles ne valent en Guinée qu'un écu la
« douzaine, sur quoi il en meurt neuf ou dix dans le transport. » Histoire
générale des Voyages, tome IV, page 247.

(1) Histoire générale des Voyages, tome IV, page 64.

(2) On ne peut douter qu'avec quelques soins, on ne parviendrait à
propager plus communément ces oiseaux en domesticité. Quelquefois la
force de la nature seule, malgré la rigueur du climat et de la saison, prévaut en eux; on a vu chez S. A. S. de Bourbon de Vermandois, abbesse
de Beaumont-lès-tours, deux perruches de Gorée, faire éclore deux petits
au mois de janvier, dans une chambre sans feu, où le froid les fit bientôt
périr.

dans le bec; celle-ci marque son inquiétude si elle en est un moment séparée; ils charment ainsi leur captivité par l'amour et la douce habitude. Les voyageurs (1) rapportent qu'en Guinée, ces oiseaux, par leur grand nombre, causent beaucoup de dommages aux grains de la campagne. Il paraît que l'espèce en est répandue dans presque tous les climats méridionaux de l'ancien continent, car on les trouve en Éthiopie (2), aux Indes orientales (3), dans l'île de Java (4), aussi-bien qu'en Guinée (5).

Bien des gens appellent mal-à-propos cet oiseau *Moineau du Brésil*, quoiqu'il ne soit pas naturel au climat du Brésil, mais comme les vaisseaux y en transportent de Guinée, et qu'ils arrivent du Brésil en Europe, on a pu croire qu'ils appartenaient à cette contrée de l'Amérique. Cette petite perruche a le corps tout vert, marqué par une tache d'un beau bleu sur le croupion, et par un masque rouge de feu mêlé de rouge aurore qui

---

(1) Barbot. Hist. de Guinée, page 220.

(2) Clusius, Exot. auctuar., pag. 365.

(3) Albin, tome III, page 7.

(4) Salerne, Ornithol., pag. 72.

(5) « Tout le long de cette côte il s'en trouve une grande quantité, « mais surtout vers la partie inférieure, comme à Mourée, à Cormantin, « à Acra. » Voyage en Guinée, par Bosman. Utrecht, 1705, page 277. « On trouve un nombre infini de perroquets à Anamabo; ils sont de la « grosseur des moineaux; ils ont le corps d'un fort beau vert; la tête et « la queue d'un rouge admirable, et toute la figure si fine, que l'auteur « en apporta quelques-unes à Paris, comme un présent digne du roi. » Hist. générale des Voyages, tome IV, page 64.

couvre le front, engage l'œil, descend sous la
gorge, et au milieu de laquelle perce un bec
blanc-rougeâtre; la queue est très-courte, et paraît toute verte étant pliée, mais quand elle s'é-
tale on la voit coupée transversalement de trois
bandes, l'une rouge, l'autre noire, et la troisième
verte, qui en borde et termine l'extrémité; le
fouet de l'aile est bleu dans le mâle, et jaune dans
la femelle, qui diffère du mâle en ce qu'elle a la
tête d'un rouge moins vif.

Clusius a parfaitement bien décrit cet oiseau sous
le nom de *Psittacus minimus* (1). MM. Edwards,
Brisson et Linnæus l'ont confondu avec le petit
perroquet d'Amérique peint de diverses couleurs
donné par Séba (2); mais il est sûr que ce n'est pas
le même oiseau, car ce dernier auteur dit que
non seulement son perroquet a un collier d'un
beau bleu céleste, et la queue magnifiquement
nuancée d'un mélange de cinq couleurs, de bleu,
de jaune, de rouge, de brun et de vert foncé,
mais encore qu'il est tout aimable pour sa voix et
la douceur de son chant, et qu'enfin il apprend
très-aisément à parler; or, il est évident que tous
ces caractères ne conviennent point à notre moineau de Guinée, et cet oiseau de Séba qu'il a eu
vivant, est peut-être une sixième espèce dans les
perriches à queue courte du nouveau continent.

---

(1) Exotic. auctuar., pag. 365.
(2) Séba, tome II, page 40.

Une variété, ou peut-être une espèce très-voisine de celle-ci, est l'oiseau donné par Edwards sous la dénomination de *très-petit perroquet vert et rouge* (1), qu'il dit venir des Indes orientales, et qui ne diffère de celui-ci qu'en ce qu'il a le croupion rouge.

LE COULACISSI[*][2]

TROISIÈME ESPÈCE A QUEUE COURTE.

Psittacus philippensis, Kuhl.; *Psittacula philippensis*, Briss.; *Psittacus galgulus*, var. β, Lath., Gmel.

C OMME nous adoptons toujours dè préférence

---

(1) *Smallest green and red Indian perroquet. Psittacus minimus viridis et ruber.* Edwards, Hist. of Birds, pag. 6. — « Psittacus minor brevi-« caudus, viridis, supernè saturatiùs, infernè dilutiùs; capite superiùs, « dorso infimo et uropygio rubris; rectricibus supernè viridibus, infernè « cæruleo-beryllinis.... Psittacula indica. » Brisson, Ornithol., tome IV, page 390.

* Voyez les planches enluminées, n° 520, fig. 1, le mâle; et fig. 2, la femelle, sous la dénomination de *Perruche des Philippines*.

(2) « Psittacus minor brevicaudus, viridis, infernè ad luteum vergens; « (syncipite, gutture, collo inferiore et uropygio rubris; tæniâ trans-« versâ infra occipitium aurantio-rubrâ, *mas*); (syncipite et uropygio « rubris; maculá utrinque rostrum intèr et oculum viridi-cæruleâ « *fœmina*); rectricibus supernè viridibus, infernè cæruleo-beryllinis.../. « Psittacula philippensis. » Brisson, Ornithol, tome III, page 392; et pl. 30, fig. 1. — *Coulacissi.* Salerne, Ornithol., pag. 72.

les noms que les animaux portent dans leur pays natal, nous conserverons à cet oiseau celui de *Coulacissi* qu'on lui donne aux Philippines, et particulièrement dans l'île de Luçon; il a le front, la gorge et le croupion rouges; un demi-collier orangé sur le dessus du cou; le reste du corps et les couvertures supérieures des ailes sont verts; les grandes pennes des ailes sont d'un vert foncé sur leur côté extérieur, et noirâtre sur le côté intérieur; les pennes moyennes des ailes et celles de la queue, sont vertes en dessus et bleues en dessous; le bec, les pieds et les ongles sont rouges.

La femelle diffère du mâle en ce qu'elle a une tache bleuâtre de chaque côté de la tête entre le bec et l'œil; qu'elle n'a point de demi-collier sur le cou, ni de rouge sur la gorge, et que la couleur rouge du front est plus faible et moins étendue.

MM. Brisson (1) et Linnæus (2), ont confondu cet oiseau avec la perruche couronnée de saphir, donnée par Edwards (3), qui est notre perruche à tête bleue, première espèce à queue courte.

---

(1) Supplément d'Ornithologie, page 128.

(2) Syst. Nat., ed. XII, pag. 150.

(3) Glanures, page 177; et planche 293, n° 1.

LA PERRUCHE[1]

AUX AILES D'OR.

QUATRIÈME ESPÈCE A QUEUE COURTE.

Psittacus chrysopterus, et *P. virescens*, Linn., Gmel. (2).

C'EST à M. Edwards que l'on doit la connaissance de cet oiseau; il dit que vraisemblablement il avait été apporté des Indes orientales, mais qu'il n'a pu s'en assurer; il a la tête, les petites couvertures supérieures des ailes et le corps entier, d'un vert seulement plus foncé sur le corps qu'en dessous; les grandes couvertures supérieures des ailes sont orangées; les quatre premières pennes des ailes sont d'un bleu foncé sur leur côté exté-

---

(1) *Golden-wenged parraket.* Perrique aux ailes d'or. Edwards, Glan., pag. 177, avec une figure coloriée, pl. 293. — « Psittacus minor brevi-« caudus, viridis, supernè saturatiùs, infernè dilutiùs; majoribus alarum « tectricibus et remigibus intermediis aurantiis, remigibus quatuor pri-« moribus exteriùs saturatè cæruleis; rectricibus viridibus.... Psittacula « alis deauratis. » Brisson, Supplément d'Ornithologie, page 130. — « Psittacus brachyurus viridis, alis maculâ cæruleâ fulvâque, orbitis « nudis albis.... Psittacus chrysopterus. » Linnæus, Syst. Nat., ed. XII, pag. 149.

(2) Levaillant et Kuhl ont rapporté cette perruche d'Edwards à l'espèce qui a été décrite (voyez ci-après) par Buffon, sous le nom de *Perriche aux ailes variées.* Desm. 1827.

rieur, et brunes sur leur côté intérieur et à l'extrémité; les quatre suivantes sont de couleur orangée; quelques-unes des suivantes sont de la même couleur que les premières; et enfin celles qui sont près du corps sont entièrement vertes, ainsi que les pennes de la queue; le bec est blanchâtre; les pieds et les ongles sont de couleur de chair pâle.

LA PERRUCHE*[1]
A TÊTE GRISE.

CINQUIÈME ESPÈCE A QUEUE COURTE.

Psittacus canus, Linn., Gmel., Kuhl.

M. Brisson a donné le premier cet oiseau, qu'il dit se trouver à Madagascar. Il a la tête, la gorge et la partie inférieure du cou, d'un gris tirant un peu sur le vert; le corps est d'un vert plus clair en dessous qu'en dessus; les couvertures supérieures

---

* Voyez les planches enluminées, n° 791, fig. 2, sous la dénomination de *Petite perruche de Madagascar.*

(1) « Psittacus minor brevicaudus, dilutè viridis, infernè ad luteum « vergens; capite, gutture et collo inferiore cinereo-albis, ad viride in- « clinantibus; rectricibus dilutè viridibus, tæniâ transversâ nigrâ no- « tatis.... Psittacula madagascariensis. » Brisson, Ornithol., tome IV, page 394; et pl. 30, fig. 2.

1.

2.

P. Oudart del.   Lithé. de C. Motte   Meunier dir.

1. la Perruche aux ailes variées, 2. le Moineau de Guinée.

des ailes, et les pennes moyennes sont vertes; les grandes pennes sont brunes sur leur côté intérieur, et vertes sur leur côté extérieur et à l'extrémité; les pennes de la queue sont d'un vert-clair, avec une large bande transversale noire vers leur extrémité; le bec, les pieds et les ongles sont blanchâtres.

LA PERRUCHE*

AUX AILES VARIÉES.

SIXIÈME ESPÈCE A QUEUE COURTE.

Psittacus melanopterus, Linn., Gmel., Kùhl.

Cette perruche est un peu plus grande que les précédentes; elle se trouve à Batavia et à l'île de Luçon. Nous en devons la description à M. Sonnerat (1). « Cet oiseau, dit-il, a la tête, le cou et « le ventre d'un vert-clair et jaunâtre; il a une « bande jaune sur les ailes, mais chaque plume « qui forme cette bande est bordée extérieure- « ment de bleu; les petites plumes des ailes sont « verdâtres; les grandes sont d'un beau noir ve-

---

* Voyez les planches enluminées, n° 791, fig. 1, sous la dénomination de *petite Perruche de Batavia.*

(1) Voyage à la Nouvelle-Guinée, page 78.

« louté (en sorte que les ailes sont variées de
« jaune, de bleu, de vert et de noir) ; la queue
« est de couleur de lilas clair ; il y a près de son
« extrémité une bande noire très-étroite ; les pieds
« sont gris ; le bec et l'iris de l'œil sont d'un jaune-
« rougeâtre. »

LA PERRUCHE*

AUX AILES BLEUES.

SEPTIÈME ESPÈCE A QUEUE COURTE.

Psittacus passerinus, Kuhl.; *P. capensis*, Gmel., Shaw. (1).

CETTE espèce est nouvelle et nous été envoyée
du cap de Bonne-Espérance, mais sans aucune
notice sur le climat ni sur les habitudes naturelles de l'oiseau ; il est vert partout, à l'exception de quelques pennes des ailes qui sont d'un
beau bleu ; le bec et les pieds sont rougeâtres.
Cette courte description suffit pour la faire distinguer de toutes les autres perruches à queue
courte.

* Voyez les planches enluminées, n° 455, fig. 1, sous la dénomination
de *Perruche du cap de Bonne-Espérance*.

(1) Cette petite perruche est d'Amérique, et ne diffère pas spécifiquement de celle qui est décrite ci-après, sous les noms d'*Été* ou *Toui-
Été*. DESM. 1827.

LA PERRUCHE

A COLLIER.

HUITIÈME ESPÈCE A QUEUE COURTE.

Psittacus sreptophorus, Kuhl.; *Psittacus torquatus*, Gmel. (1).

C'EST encore à M. Sonnerat que nous devons la connaissance de cet oiseau, qu'il décrit dans les termes suivants : «Il se trouve aux Philippines « et particulièrement dans l'île de Luçon; il est « de la taille du moineau du Brésil (de Guinée); « tout le corps est d'un vert gai et agréable, plus « foncé sur le dos, éclairci sous le ventre et nuancé « de jaune; il a derrière le cou, au bas de la tête, « un large collier; ce collier est composé, dans le « mâle, de plumes d'un bleu-de-ciel; mais dans « l'un et l'autre sexe, les plumes du collier sont « variées transversalement de noir; la queue est « courte, de la longueur des ailes et terminée en «pointe; le bec, les pieds, l'iris, sont d'un gris- « noirâtre. Cette espèce n'a pour elle que sa forme « et son coloris; elle est d'ailleurs sans agrément « et n'apprend point à parler (2). »

---

(1) Le *Psittacus torquatus* de Gmelin est très-différent de celui de Brisson (notre perruche à collier et à longue queue.) DESM. 1827.

(2) Voyage à la Nouvelle-Guinée, pages 77 et 78.

LA PERRUCHE
A AILES NOIRES.

NEUVIÈME ESPÈCE A QUEUE COURTE.

Psittacus indicus, Linn., Gmel.; *Psittacus minor* mas, Lath.;
P. *asiaticus*, Ejusd.

<hr/>

Autre espèce qui se trouve à l'île de Luçon,
et dont M. Sonnerat donne la description suivante : « Cet oiseau est un peu plus petit que le pré-
« cédent ; il a le dessus du cou, le dos, les petites
« plumes des ailes et la queue, d'un vert-foncé ; le
« ventre d'un vert-clair et jaunâtre ; le sommet de
« la tête du mâle est d'un rouge très-vif ; les plu-
« mes qui entourent le bec en dessus dans la fe-
« melle sont de ce même rouge-vif ; elle a de plus
« une tache jaune au milieu du cou, au-dessus ;
« le mâle a la gorge bleue, la femelle l'a rouge ;
« l'un et l'autre sexe a les grandes plumes des ailes
« noires, celles qui recouvrent la queue en dessus
« sont rouges ; le bec, les pieds et l'iris sont jaunes.
« Je donne, dit M. Sonnerat, ces deux perru-
« ches comme mâle et femelle, parce qu'elles
« me semblent différer très-peu, se convenir par
« la taille, par la forme, par les couleurs, et parce
« qu'elles habitent le même climat : je n'oserai

« cependant affirmer que ce ne soient pas deux
« espèces distinctes ; l'une et l'autre ont encore de
« commun de dormir suspendues aux branches la
« tête en bas, d'être friandes du suc qui coule du
« *régime* des cocotiers fraîchement coupés (1). »

L'ARIMANON.*

DIXIÈME ESPÈCE A QUEUE COURTE.

Psittacus taitianus, Linn., Gmel.; *P. Porphyrio*, Shaw.

CET oiseau se trouve à l'île d'Otahiti, et son
nom dans la langue du pays signifie *oiseau de
coco*, parce qu'en effet il habite sur les cocotiers :
nous en devons la description à M. Commerson.

Nous le plaçons à la suite des perruches à courte
queue, parce qu'il semble appartenir à ce genre ;
cependant cette perruche a un caractère qui lui
est particulier, et qui n'appartient ni aux perruches à courte queue, ni aux perruches à queue
longue ; ce caractère est d'avoir la langue pointue
et terminée par un pinceau de poils courts et
blancs.

Le plumage de cet oiseau est entièrement d'un

(1) Voyage à la Nouvelle-Guinée, pages 77 et 78.
* Voyez les planches enluminées, n° 455, fig. 2, sous la dénomination de *petite Perruche d'Otahiti.*

beau bleu, à l'exception de la gorge et de la partie inférieure du cou qui sont blancs ; le bec et les
pieds sont rouges. Il est très-commun dans l'île
d'Otahiti, où on le voit voltiger partout et on
l'entend sans cesse piailler ; il vole de compagnie,
se nourrit de bananes, mais il est fort difficile à
conserver en domesticité ; il se laisse mourir d'ennui, surtout quand il est seul dans la cage ; on
ne peut lui faire prendre d'autres nourritures que
des jus de fruits, il refuse constamment tous les
aliments plus solides.

1.

2.

P. Oudart del.   Lithe de C. Motte   Meunier.d

1 Le Perroquet gris. 2. le Perroquet vert

PERROQUETS

DU NOUVEAU CONTINENT.

LES ARAS.

De tous les perroquets, l'Ara est le plus grand et le plus magnifiquement paré; le pourpre, l'or et l'azur brillent sur son plumage; il a l'œil assuré, la contenance ferme, la démarche grave et même l'air désagréablement dédaigneux, comme s'il sentait son prix et connaissait trop sa beauté; néanmoins son naturel paisible le rend aisément familier et même susceptible de quelque attachement; on peut le rendre domestique sans en faire un esclave, il n'abuse pas de la liberté qu'on lui donne; la douce habitude le rappelle auprès de ceux qui le nourrissent, et il revient assez constamment au domicile qu'on lui fait adopter.

Tous les aras sont naturels aux climats du nouveau monde, situés entre les deux tropiques, dans le continent comme dans les îles, et aucun ne se trouve en Afrique ni dans les grandes Indes. Christophe Colomb, dans son second voyage, en touchant à la Guadeloupe, y vit des aras auxquels il donna le nom de *Guacamayas* (1). On les rencontre jusque dans les îles désertes; et partout ils font le plus bel ornement de ces sombres forêts qui couvrent la terre abandonnée à la seule nature (2).

Dès que ces perroquets parurent en Europe, ils y furent regardés avec admiration. Aldrovande qui, pour la première fois, vit un ara à Mantoue en 1572, remarque que cet oiseau était alors absolument nouveau et très-recherché, et que les princes le donnaient et le recevaient comme un présent aussi beau que rare (3). Il était rare en effet, car Belon, cet observateur si curieux, n'avait point vu d'aras, puisqu'il dit que les perroquets gris sont les plus grands de tous (4).

Nous connaissons quatre espèces d'aras; savoir, le rouge, le bleu, le vert et le noir. Nos nomenclateurs en ont indiqué six espèces (5), qui doi-

(1) Herrera, lib. II, cap. 10.

(2) « Pendant que M. Anson et ses officiers contemplaient les beautés « naturelles de cette solitude, une volée d'aras passa au-dessus d'eux, « et comme si ces oiseaux avaient eu dessein d'animer la fête et relever « la magnificence du spectacle, ils s'arrêtèrent à faire mille tours en l'air, « qui donnèrent tout le temps de remarquer l'éclat et la vivacité de leur « plumage; ceux qui furent témoins de cette scène, ne peuvent encore la « décrire de sang-froid. » Voyage autour du monde par l'amiral Anson, page 288.— « C'est la chose la plus belle du monde de voir dix ou douze « aras sur un arbre bien vert; on ne vit jamais de plus bel émail. » Dutertre, Hist. des Antil., t. II, p. 247.

(3) Aldrovande, Avi., tom. I, pag. 665.

(4) Nature des Oiseaux, page 298.

(5) M. Brisson.

vent se réduire par moitié, c'est-à-dire, aux trois premières, comme nous allons le démontrer par leur énumération successive.

Les caractères qui distinguent les aras des autres perroquets du Nouveau-Monde sont, 1° la grandeur et la grosseur du corps, étant du double au moins plus gros que les autres; 2° la longueur de la queue, qui est aussi beaucoup plus longue, même à proportion du corps; 3° la peau nue et d'un blanc-sale qui couvre les deux côtés de la tête, l'entoure par dessous, et recouvre aussi la base de la mandibule inférieure du bec, caractère qui n'appartient à aucun autre perroquet; c'est même cette peau nue, au milieu de laquelle sont situés ses yeux, qui donne à ces oiseaux une physionomie désagréable; leur voix l'est aussi, et n'est qu'un cri qui semble articuler *ara* d'un ton rauque, grasseyant, et si fort qu'il offense l'oreille.

L'ARA ROUGE.*(¹)

PREMIÈRE ESPÈCE.

Psittacus Macao, Linn., Gmel., Kulh.; *Macrocerus Macao,*
Vieill.
Psittacus Aracanga, Linn., Gmel., Kuhl.; *Psittacus tricolor,*
Kuhl. (2).

On a représenté cet oiseau dans deux différentes

---

* Voyez les planches enluminées, nᵒˢ 12 et 641.

(1) *Psittacus erythroxantus.* Gesner, Avi., pag. 720. — *Psittacus ery-*
throcianus. Ibidem, pag. 721. — « Psittacus quem erythroxantum distin-
« guendi gratiâ cognominare visum est germanis. Rol-gelber sittich. »
Gesner, Icon. Avi., pag. 38. — *Psittacus erythrocianus.* Ibidem,
pag. 39. — *Psittacus maximus alter.* Aldrovande, Avi., tom. I, pag. 665.
— *Psittacus erythroxantus ornithologi.* Ibidem, pag. 683. — *Psittacus*
erythrocianus ornithologi. Ibid.—*Psittacus erythroxantus.* Schwenckfeld,
Avi., Siles., pag. 343.— *Psittacus erythrocyanus.* Ibid. — *Araracanga*
Brasiliensibus. Marcgrave, Hist. Nat. Bras, pag. 206. — *Arara.* Pison,
Hist. Nat. Bras., pag. 85. — *Psittacus erythroxantus.* Jonston, Avi.,
pag. 23.—*Psittacus maximus alter.* Ibid., pag. 21. — *Psittacus erythro-*
cyanus. Ibid., pag. 23. — *Araracanga Marcgravii.* Ibid., pag. 141. —
Haitini huacamaias Mexicanis alo. Fernandez, Hist. nov. Hisp. pag. 38,
cap. 117.—*Psittacus erythroxantus.* Charleton, Exercit., pag. 74, n° 15;
et Onomast, pag. 67, n° 15. — *Psittacus maximus alter vertice capitis*
compresso. Idem, pag. 74, n° 2; et Onomast., pag. 66, n° 2.— *Psittacus*
erythrocyanus. Idem, pag. 74, n° 14; et Onomast., pag. 67, n° 14. —

(2) M. Kuhl considère comme espèces distinctes, 1° le grand ara
rouge de Buffon; 2° l'aracanga (pl. enlum. n° 12), et le petit ara rouge
(pl. 641). L'aracanga avait déja été séparé du grand ara rouge par
Gmelin. DESM. 1827.

2.

1. l'Ara rouge, 2. L'. tourou-Couroucou.

planches enluminées, sous la dénomination d'*Ara rouge* et de *petit Ara rouge*; mais ces deux re-

---

Psittacus maximus Marcgravii cosmoro. Ara rouge. Barrère, Franc. équinox., pag. 145. — *Psittacus puniceus.* Idem, Ornit., clas. III, Gen. 2, Sp. 7. — *Psittacus major diversi-color Macaw seu Macao dictus*, Willughby, Ornithol., pag. 73.—*Psittacus maximus alter Aldrovandi.* Ibid., pag. 73. — *Araracanga Marcgravii.* Rai, Synops. Avi., pag. 29, n° 3. — *Psittacus maximus alter Aldrovandi.* Ibid., n° 1. — *Arras.* Dutertre, Hist. des Antilles, tome II, page 247. — Arras. Labat, Nouveau Voyage aux îles de l'Amérique, tome II, page 154. — Arat, par les sauvages de l'Amérique. J. de Léry, Hist. d'un voyage au Brésil, page 170. — *Guacamayas.* Garcilasso de la Vega, Hist. des Incas, tome II, page 282. — *Guacamayas.* Gemelli Carreri, Voyage autour du monde, tome VI, page 210 — *Guacamaïac.* Joseph Acosta, Hist. Nat. des Indes, pag. 197. — *Carinde.* Thevet, Sing, de la Franc. antar., pag. 92. — *Macaw*, au Brésil, *Jackon.* Dampierre, Voyage, tome IV, pag. 65. — *Macaw.* Waffer, Voyage, tome IV, page 231. — *Aras.* Rochefort, Hist. Nat. des Antilles, page 154. — Grand perroquet de Macao. Albin, tome I, page 11. — Perroquet de la Jamaïque. Ibid. — « Psittacus « macrourus ruber, remigibus supra cæruleis, subtus rufis, genis mediis « rugosis.... Psittacus Macao. » Linnæus, Syst. Nat., ed. X, pag. 96. — « Psittacus maximus coccineo varius, caudâ productâ. » Browne, Nat. hist. of Jamaïc., pag. 472. — *Red and blue Macaw. Psittacus maximus puniceus et cæruleus.* Edwards, History of Birds, pag. 158. — *Red and blue Macaw.* Nat. hist. of Guyana, pag. 155. — *Red and yellow Macaw.* Ibid., pag. 156. — « Psittacus major longicaudus, coc- « cineus; uropygio dilutè cæruleo; pennis scapularibus cæruleo et viridi « variegatis; genis nudis, candidis, rectricibus binis intermediis cocci- « neis, apice dilutè cæruleis, utrinque extimis supernè cyaneis, violaceo « mixtis, infernè obscurè rubris.... Ara brasiliensis. » Brisson, Ornithol., tome IV, page 184, pl. 19, fig. 1. — « Psittacus major longicaudus, di- « lutè coccineus; uropygio dilutè cæruleo; pennis scapularibus luteis, « viridi terminatis; genis nudis, candidis; rectricibus supernè cyaneis, « violaceo admixto, infernè obscurè rubris; binis intermediis utrinque « proximâ primâ medietate obscurè rubrâ.... Ara jamaïcensis. » Brisson, Ornithol., tome IV, page 188. — Le grand perroquet rouge et l'aracanga de Marcgrave. Salerne, Ornithol.

présentations ne nous paraissent pas désigner
deux espèces réellement différentes; ce sont plutôt deux races distinctes, ou peut-être même de
simples variétés de la même race (1). Cependant tous
les nomenclateurs, d'après Gesner et Aldrovande,
en ont fait deux espèces, quoique Marcgrave et
tous les voyageurs, c'est-à-dire tous ceux qui
les ont vus et comparés, n'en aient fait, avec raison, qu'un seul et même oiseau, qui se trouve
dans tous les climats chauds de l'Amérique, aux
Antilles, au Mexique, aux terres de l'isthme, au
Pérou, à la Guyane, au Brésil, etc.; et cette espèce, très-nombreuse et très-répandue en Amérique, ne se trouve nulle part dans l'ancien continent : il doit donc paraître bien singulier que
quelques auteurs (2) aient, d'après Albin, appelé
cet oiseau *Perroquet de Macao*, et qu'ils aient
cru qu'il venait du Japon. Il est possible qu'on y
en ait transporté quelques-uns d'Amérique, mais
il est certain qu'ils n'en sont pas originaires, et il
y a apparence que ces auteurs ont confondu le
grand lori rouge des Indes orientales avec l'ara
rouge des Indes occidentales.

Ce grand ara rouge a près de trente pouces de
longueur, mais celle de la queue en fait presque
moitié; tout le corps, excepté les ailes, est d'un
rouge vermeil; les quatre plus longues plumes de

---

(1) Ces deux espèces sont réellement distinctes : l'une est le *Psittacus
Macao* et l'autre le *Psittacus Aracanga* des ornithologistes de notre époque. Desm. 1827.

-(2) Albin, Willughby.

la queue sont du même rouge; les grandes pennes de l'aile sont d'un bleu-turquin en dessus, et en dessous d'un rouge de cuivre sur fond noir; dans les pennes moyennes le bleu et le vert sont alliés et fondus d'une manière admirable ; les grandes couvertures sont d'un jaune-doré, et terminées de vert; les épaules sont du même rouge que le dos ; les couvertures supérieures et inférieures de la queue sont bleues ; quatre des pennes latérales de chaque côté sont bleues en dessus, et toutes sont doublées d'un rouge de cuivre plus clair et plus métallique sous les quatre grandes pennes du milieu ; un toupet de plumes veloutées, rouge-mordoré, s'avance en bourrelet sur le front; la gorge est d'un rouge-brun ; une peau membraneuse, blanche et nue, entoure l'œil, couvre la joue et enveloppe la mandibule inférieure du bec, lequel est noirâtre, ainsi que les pieds. Cette description a été faite sur un de ces oiseaux vivant, des plus grands et des plus beaux : au reste, les voyageurs remarquent des variétés dans les couleurs, comme dans la grandeur de ces oiseaux, selon les différentes contrées, et même d'une île à une autre (1). Nous en avons vu qui avaient la

(1) « Ces oiseaux sont si dissemblables, selon les terres où ils re-
« paissent, qu'il n'y a pas une île qui n'ait ses perroquets, ses aras et ses
« perriques dissemblables en grandeur de corps, en ton de voix et en
« diversité de plumage. » Dutertre, Hist. des Antilles. Paris, 1667,
tome II, page 247.—« Les aras sont des oiseaux beaux par excellence....
« ils ont une longue queue qui est composée de belles plumes qui sont de

queue toute bleue, d'autres rouge et terminée de
bleu : leur grandeur varie autant et plus que leurs
couleurs ; mais les petits aras rouges sont plus
rares que les grands.

En général, les aras étaient autrefois très-communs à Saint-Domingue. Je vois, par une lettre
de M. le chevalier Deshayes, que depuis que les
établissements français ont été poussés jusque sur
le sommet des montagnes, ces oiseaux y sont
moins fréquents (1). Au reste, les aras rouges et
les aras bleus, qui font notre seconde espèce, se
trouvent dans les mêmes climats, et ont absolument les mêmes habitudes naturelles ; ainsi ce
que nous allons dire de celui-ci peut s'appliquer
à l'autre.

Les aras habitent les bois, dans les terrains
humides plantés de palmiers, et ils se nourrissent
principalement des fruits du palmier-latanier,
dont il y a de grandes forêts dans les savannes
noyées ; ils vont ordinairement par paires et rarement en troupes ; quelquefois néanmoins ils se
rassemblent le matin pour crier tous ensemble et
se font entendre de très-loin ; ils jettent les mêmes
cris lorsque quelque objet les effraie ou les sur-

« diverses couleurs, selon la différence des îles où ils ont pris naissance. »
Hist. nat. et morale des Antilles. Rotterdam, 1658, page 154.

(1) « Dans toutes ces îles (Antilles) les aras sont devenus très-rares,
« parce que les habitants les détruisent à force d'en manger ; ils se
« retirent dans les endroits les moins fréquentés, et on ne les voit plus
« approcher des lieux cultivés. » Observation de M. de la Borde, médecin du roi à Cayenne.

prend (1); ils ne manquent jamais aussi de crier
en volant, et de tous les perroquets, ce sont ceux
qui volent le mieux; ils traversent les lieux découverts, mais ne s'y arrêtent pas; ils se perchent
toujours sur la cime ou la branche la plus élevée
des arbres; ils vont le jour chercher leur nourriture au loin, mais tous les soirs ils reviennent
au même endroit, dont ils ne s'éloignent qu'à la
distance d'une lieue environ pour chercher des
fruits mûrs. Dutertre (2) dit que quand ils sont
pressés de la faim, ils mangent le fruit du mancenilier, qui, comme l'on sait, est un poison pour
l'homme, et vraisemblablement pour la plupart
des animaux; il ajoute que la chair de ces aras
qui ont mangé des pommes de mancenilier est
mal-saine et même vénéneuse; néanmoins on
mange tous les jours des aras à la Guyane, au
Brésil, etc., sans qu'on s'en trouve incommodé,
soit qu'il n'y ait pas de mancenilier dans ces
contrées, soit que les aras, trouvant une nourriture plus abondante et qui leur convient mieux,
ne mangent point les fruits de cet arbre de poison.

Il paraît que les perroquets dans le Nouveau-

---

(1) « Les Indiens étaient dans une profonde sécurité (à Yubarco, dans
« le Darien) lorsque les cris d'une sorte de perroquets rouges, d'une
« grosseur extraordinaire, qu'ils appelaient *Guacamayas*, les avertirent
« de l'approche de leurs ennemis. » Expédition d'Ojéda, etc. Hist.
générale des Voyages, tome XII, page 156.

(2) Histoire des Antilles, tome II, page 248.

Monde étaient tels à-peu-près qu'on a trouvé
tous les animaux dans les terres désertes, c'est-à-
dire confiants et familiers, et nullement intimi-
dés à l'aspect de l'homme, qui, mal armé et peu
nombreux dans ces régions, n'y avait point encore fait connaître son empire (1). C'est ce que
Pierre d'Angleria assure des premiers temps de
la découverte de l'Amérique (2); les perroquets s'y
laissaient prendre au lacet et presque à la main du
chasseur, le bruit des armes ne les effrayait guère,
et ils ne fuyaient pas en voyant leurs compagnons
tomber morts; ils préféraient à la solitude des
forêts les arbres plantés près des maisons; c'est là
que les Indiens les prenaient trois ou quatre fois
l'année pour s'approprier leurs belles plumes,
sans que cette espèce de violence parût leur faire
déserter ce domicile de leur choix (3); et c'est de
là qu'Aldrovande, sur la foi de toutes les premières relations de l'Amérique, a dit que ces
oiseaux s'y montraient naturellement amis de
l'homme, ou du moins ne donnaient pas des signes de crainte, ils s'approchaient des cases en
suivant les Indiens lorsqu'ils les y voyaient ren-

_____

(1) « Les petits oiseaux qui remplissent les bois à la Nouvelle-Zélande,
« connaissent si peu les hommes, qu'ils se juchaient tranquillement sur
« les branches d'arbres les plus voisines de nous, même à l'extrémité de
« nos fusils : nous étions pour eux des objets nouveaux qu'ils regardaient
« avec une curiosité égale à la nôtre. » Relation de M. Forster, dans le
second Voyage du capitaine Cook, tome I, page 206.

(2) Lib. X, decad. 3.

(3) Léry, page 174.

trer, et paraissaient s'affectionner aux lieux ·habités par ces hommes paisibles (1). Une partie de cette sécurité reste encore aux perroquets que nous avons relégués dans les bois. M. de La Borde nous le marque de ceux de la Guyane; ils se laissent approcher de très-près sans méfiance et sans crainte; et Pison dit des oiseaux du Brésil, ce qu'on peut étendre à tout le Nouveau-Monde, qu'ils ont peu d'astuce et donnent dans tous les piéges.

Les aras font leurs nids dans des trous de vieux arbres pourris, qui ne sont pas rares dans leur pays natal, où il y a plus d'arbres tombant de vétusté, que d'arbres jeunes et sains; ils agrandissent le trou avec leur bec lorsqu'il est trop étroit; ils en garnissent l'intérieur avec des plumes. La femelle fait deux pontes par an, comme tous les autres perroquets d'Amérique, et chaque ponte est ordinairement de deux œufs qui, selon Dutertre, sont gros comme des œufs de pigeon et tachés comme ceux de perdrix (2). Il ajoute que les jeunes ont deux petits vers dans les narines, et un troisième dans un petit bubon qui

---

(1) Aldrovande, page 653.

(2) Il arrive assez souvent aux aras de pondre un œuf ou deux dans nos contrées tempérées; Aldrovande en cite quelque exemple. M. le marquis d'Abzac nous apprend qu'un grand ara rouge a fait chez lui une ponte de trois œufs; ils étaient sans germe, néanmoins la mère ara était dans une grande chaleur et demandait à couver, on lui donna un œuf de poule qu'elle fit éclore. Lettre de M. le marquis d'Abzac, datée du château de Noyac près Périgueux, le 21 septembre 1776.

leur vient au-dessus de la tête, et que ces petits vers meurent d'eux-mêmes lorsque ces oiseaux commencent à se couvrir de plumes (1) : ces vers dans les narines des oiseaux ne sont pas particuliers aux aras, les autres perroquets, les cassiques et plusieurs autres oiseaux, en ont de même tant qu'ils sont dans leur nid ; il y a aussi plusieurs quadrupèdes, et notamment les singes, qui ont des vers dans le nez et dans d'autres parties du corps : on connaît ces insectes en Amérique sous le nom de *Vers macaques*; ils s'insinuent quelquefois dans la chair des hommes, et produisent des abcès difficiles à guérir : on a vu des chevaux mourir de ces abcès causés par les vers macaques, ce qui peut provenir de la négligence avec laquelle on traite les chevaux dans ce pays, où on ne les loge ni ne les panse.

Le mâle et la femelle ara, couvent alternativement leurs œufs et soignent les petits ; ils leur apportent également à manger ; tant qu'ils ont besoin d'éducation, le père et la mère, qui ne se quittent guère, ne les abandonnent point : on les voit toujours ensemble perchés à portée de leur nid.

Les jeunes aras s'apprivoisent aisément, et dans plusieurs contrées de l'Amérique, on ne prend ces oiseaux que dans le nid, et on ne tend point de piéges aux vieux, parce que leur éducation

---

(1) Histoire des Antilles, tome II, page 249.

serait trop difficile et peut-être infructueuse; cependant Dutertre raconte que les sauvages des
Antilles avaient une singulière manière de prendre ces oiseaux vivants : ils épiaient le moment
où ils mangent à terre des fruits tombés; ils tâ-
chaient de les environner, et tout-à-coup ils je-
taient des cris, frappaient des mains et faisaient
un si grand bruit, que ces oiseaux, subitement
épouvantés, oubliaient l'usage de leurs ailes, et
se renversaient sur le dos pour se défendre du
bec et des ongles; les sauvages leur présentaient
alors un bâton qu'ils ne manquaient pas de saisir,
et dans le moment on les attachait avec une petite liane au bâton; il prétend, de plus, qu'on
peut les apprivoiser quoique adultes et pris de
cette manière violente; mais ces faits me paraissent un peu suspects, d'autant que tous les aras
s'enfuient actuellement à la vue de l'homme, et
qu'à plus forte raison ils s'enfuiraient au grand
bruit (1). Waffer dit que les Indiens de l'isthme
de l'Amérique, apprivoisent les aras comme nous
apprivoisons les pies, qu'ils leur donnent la liberté d'aller se promener le jour dans les bois,
d'où ils ne manquent pas de revenir le soir; que
ces oiseaux imitent la voix de leur maître et le chant
d'un oiseau qu'il appelle *Chicali* (2). Fernandez
rapporte qu'on peut leur apprendre à parler, mais

---

(1) Histoire des Antilles, tome II, page 248.
(2) Waffer, tome IV du voyage de Dampier, page 231.

qu'ils ne prononcent que d'une manière grossière et désagréable; que quand on les tient dans les maisons, ils y élèvent leurs petits comme les autres oiseaux domestiques (1). Il est très-sûr en effet qu'ils ne parlent jamais aussi bien que les autres perroquets; et que, quand ils sont apprivoisés, ils ne cherchent point à s'enfuir.

Les Indiens se servent de leurs plumes pour faire des bonnets de fêtes et d'autres parures; ils se passent quelques-unes de ces belles plumes à travers les joues, la cloison du nez et les oreilles. La chair des aras, quoique ordinairement dure et noire, n'est pas mauvaise à manger; elle fait de bon bouillon, et les perroquets en général sont le gibier le plus commun des terres de Cayenne, et celui qu'on mange le plus ordinairement.

L'ara est, peut-être plus qu'aucun autre oiseau, sujet au mal caduc, qui est plus violent et plus immédiatement mortel dans les climats chauds que dans les pays tempérés. J'en ai nourri un des plus grands et des plus beaux de cette espèce, qui m'avait été donné par madame la marquise de Pompadour, en 1751; il tombait d'épilepsie deux ou trois fois par mois, et cependant il n'a pas laissé de vivre plusieurs années dans ma campagne en Bourgogne, et il aurait vécu bien plus long-temps si on ne l'avait pas tué : mais dans

_____

(1) Fernandez, Hist. nov. Hisp., pag. 38.

l'Amérique méridionale, ces oiseaux meurent ordinairement de ce même mal caduc, ainsi que
tous les autres perroquets qui y sont également
sujets dans l'état de domesticité; c'est probablement, comme nous l'avons dit dans l'article des
serins, la privation de leur femelle et la surabon-
dance de nourriture, qui leur cause ces accès épileptiques, auxquels les sauvages, qui les élèvent
dans leurs carbets pour faire commerce de leurs
plumes, ont trouvé un remède bien simple; c'est
de leur entamer l'extrémité d'un doigt et d'en faire
couler une goutte de sang, l'oiseau paraît guéri
sur-le-champ; et ce même secours réussit également sur plusieurs autres oiseaux qui sont, en
domesticité, sujets aux mêmes accidents. On doit
rapprocher ceci de ce que j'ai dit à l'article des
serins qui tombent du mal caduc, et qui meurent
lorsqu'ils ne jettent pas une goutte de sang par le
bec; il semble que la nature cherche à faire le
même remède que les sauvages ont trouvé.

On appelle *crampe*, dans les Colonies, cet accident épileptique, et on assure qu'il ne manque
pas d'arriver à tous les perroquets en domesticité
lorsqu'ils se perchent sur un morceau de fer,
comme sur un clou ou sur une tringle, etc., en
sorte qu'on a grand soin de ne leur permettre de
se poser que sur du bois; ce fait qui, dit-on, est
reconnu pour vrai, semble indiquer que cet accident, qui n'est qu'une forte convulsion dans les

nerfs, tient d'assez près à l'électricité, dont l'action est, comme l'on sait, bien plus violente dans le fer que dans le bois.

L'ARA BLEU.*(1)

SECONDE ESPÈCE.

Psittacus Ararauna, Linn., Gmel., Kuhl.; *Macrocerus Ararauna*, Vieill.

Les nomenclateurs ont encore fait ici deux es-

---

* Voyez les planches enluminées, n° 36, sous la dénomination de l'*Ara bleu et jaune du Brésil.*

(1) *Psittacus maximus cyanocroceus.* Aldrovande, Avi., tom. I, pag. 663. — *Rot-gelber papagey. Psittacus cyanocroceus.* Schwenckfeld, Avi. Siles., pag. 343. — *Ararauna Brasiliensibus.* Marcgrave, Hist. Bras., pag. 206. — *Canide.* Léry, Voyage au Brésil, pag. 170. — *Canidas.* Coréal, Voyage aux Indes occidentales, pag. 176.—*Guacamayas.* Garcilasso de la Véga. Hist. des Incas, tom. II, pag. 282. — *Guacamayas.* Acosta, Hist. Nat. des Indes, pag. 197. — *Carinde.* Thevet, Sing. de la France antarct., pag. 92.—*The great blue and yellow parrot, called the Machao and cockatoon, rectius .eahatoon ἄνοçε. Psittacus maximus cyanocroceus.* Charleton, Exercit., pag. 74, n° 1; et Onomast. pag. 66, n° 1.—*Psittacus maximus cyanocroceus.* Jonston, Avi., pag. 21. — *Ararauna Brasiliensibus.* Ibid., pag. 141. — *Ararauna Brasiliensibus Marcgravii Macao dictus.* Willughby, Ornithol., pag. 73. — *Psittacus maximus cyanocroceus Aldrovandi.* Ibid., pag. 72. — *Psittacus maximus cyanocroceus Aldrovandi.* Rai, Synops. Avi., pag. 28, n° 1. — *Canide lorii.* Ibid., pag 18, n° 5. — « *Psittacus maximus alter*

P. Oudart pt.   Litho de C. Motte.   Meunier direx

1. l'Ara bleu; 2. l'Amazone Jaune.

pèces d'une seule; ils ont nommé la première
Ara bleu et jaune de la Jamaïque, et la seconde
Ara bleu et jaune du Brésil; mais ces deux oiseaux
sont non seulement de la même espèce, mais encore des mêmes contrées dans les climats chauds
de l'Amérique méridionale; l'erreur de ces nomenclateurs vient vraisemblablement de la méprise qu'a faite Albin, en prenant le premier de
ces aras bleus pour la femelle de l'ara rouge; et
comme on a reconnu qu'il n'était pas de cette
espèce, on a cru qu'il pouvait être différent de
l'ara bleu commun, mais c'est certainement le
même oiseau; cet ara bleu se trouve dans les

« Jonstonii, ararauna Brasiliensibus, Marcgravii kararaoua, aras bleu.»
Barrère, Franc. equinox., pag. 145. — « Psittacus maximus cyano-
« croceus Jonstonii. » Idem, Ornithol., clas. III, Gen. 2, Sp. 6. — *Blew*
Macaw, femelle du perroquet de Macao. Albin, tome III, pag. 5. —
The great Maccaw. Psittacus maximus Aldrovandi. Sloane, Voyag. of
Jamaïc., pag. 296. — *The blue and yellow Maccaw. Psittacus maximus*
cyanocroceus. Edwards, Hist. of Birds, pag. 159. — « Psittacus ma-
« crourus supra cæruleus, genis nudis, lineis plumosis. Psittacus ararauna. »
Linnæus, Syst. Nat., ed. X, pag. 96. — « Psittacus vertice viridi, caudâ
« cyaneâ. » Klein, Avi., pag. 24, n° 2. — « Psittacus maximus cæruleo
« varius, caudâ productâ. » Browne, Hist. Nat. of Jamaïe., pag. 472,
— *Blue and yellow Macaw.* Nat. hist. of Guyane, pag. 155. — « Psit-
« tacus major longicaudus, supernè cyaneus, infernè croceus, genis nudis,
« candidis, rectricibus supernè cyaneis infernè croceis.... Ara Jamaïcensis
« cyano-crocea. » Brisson, Ornithol., tome IV, page 191. — « Psittacus
« major longicaudus, supernè cyaneus infernè croceus; syncipite viridi :
« tæniâ transversâ sub gutture nigrâ ; genis nudis, candidis, lineis plu-
« mosis nigris striatis; reetricibus infernè luteis, supernè cyaneis, late-
« ralibus interiùs ad violaceum inclinantibus.... Ara Brasiliensis cyaneo-
« crocea. » Ibid., pag. 193, et pl. 20. — Le grand perroquet bleu.
Salerne, Ornithol., pag. 62.

mêmes endroits que l'ara rouge ; il a les mêmes
habitudes naturelles, et il est au moins aussi
commun.

Sa description est aisée à faire, car il est entièrement bleu d'azur sur le dessus du corps, les
ailes et la queue, et d'un beau jaune sous tout le
corps (1) ; ce jaune est vif et plein, et le bleu a
des reflets et un lustre éblouissant. Les sauvages
admirent ces aras et chantent leur beauté : le re-
frain ordinaire de leurs chansons est : *oiseau jaune,
oiseau jaune, que tu es beau!* (2)

Les aras bleus ne se mêlent point avec les aras
rouges, quoiqu'ils fréquentent les mêmes lieux,
sans chercher à se faire la guerre : ils ont quelque
chose de différent dans la voix ; les sauvages re-
connaissent les rouges et les bleus sans les voir,

---

(1) « L'autre nommé *Canidé*, ayant tout le plumage sous le ventre et
« à l'entour du cou aussi jaune que fin or ; le dessus du dos, les ailes et
« la queue, d'un bleu si naïf qu'il n'est pas possible de plus ; vous diriez
« à le voir qu'il est vêtu d'une toile d'or par-dessous, et émantelé de
« damas violet figuré par-dessus. » Léry. Voyage au Brésil. Paris, 1578,
page 171. Thevet ne caractérise pas moins bien les deux espèces d'aras :
« Nature s'est plue à portraire ce bel oiseau, nommé des sauvages,
« *Carinde,* le revêtant d'un si plaisant et beau plumage, qu'il est im-
« possible de n'en admirer telle ouvrière. Cet oiseau n'excède point la
« grandeur d'un corbeau, et son plumage, depuis le ventre jusqu'au go-
« sier, est jaune comme fin or ; les ailes et la queue, laquelle il a fort
« longue, sont de couleur de fin azur. A cet oiseau se trouve un autre
« semblable en grosseur, mais différent en couleur ; car au lieu que
« l'autre a le plumage jaune, celui-ci l'a rouge comme fine écarlate et le
« reste azuré. » Singularités de la France antarctique, par Thevet. Paris,
1558, page 92.

(2) *Canidé jouve, Canidé jouve, heura oncèbe.* Léry, p. 173.

Ara vexr. 2. l'Amazone à tête blanche.

et par leur seul cri; ils prétendent que ceux-ci ne prononcent pas si distinctement *ara* (1).

L'ARA VERT.*(2)

TROISIÈME ESPÈCE.

Psittacus militaris, Kuhl. (3).

L'ARA vert est bien plus rare que l'ara rouge et

---

(1) Coréal indique les aras sous les noms de *Canidas* et d'*Arar*, qu'ils portent, dit-il, au Brésil. Voyage aux Indes occidentales. Paris, 1722, tome I, page 179. Dampier désigne ceux de la baie de Tous-les-Saints, par les nom de *Macaws* et *Jackons*. Nouveau Voyage autour du monde. Rouen, 1715, tome IV, page 65.

* Voyez les planches enluminées, n° 383, sous la dénomination de l'*Ara vert du Brésil.*

(2) *Maracana Brasiliensibus secunda.* Marcgrave, Hist. Nat. Bras., pag. 207. — *Maracana Brasiliensibus secunda.* Jonston, Avi., pag. 142. — *Maracana Brasiliensibus secunda Marcgravii.* Willughby, Ornithol., pag. 74. — *Maracana ararœ*, id est, *Macai species minor.* Rai, Synops. Avi., pag. 29, n° 5. — *The small macaw. Maracana altera Brasiliensibus.* Sloane, Voyag. of Jamaïc., pag. 297. — *The Brasilian green mackaw.* L'ara vert du Brésil. Edwards, Glan., pag. 41, avec une bonne figure coloriée, pl. 229. — « Psittacus major longicaudus, viridis; « syncipite et tæniâ utrinque secundùm maxillam inferiorem castaneo-« purpurascentibus; vertice cæruleo; marginibus alarum coccineis; cal-« caneis rubro circumdatis; genis nudis, candidis, lineis plumosis nigris

(3) Une autre espèce est confondue avec celle-ci dans cet article : c'est l'Ara Maracana, ou *Psittacus severus*, Linn., Gmel., Kuhl.; *Ara Brasiliensis viridis.* Briss. Desm. 1827.

l'ara bleu ; il est aussi bien plus petit, et l'on n'en
doit compter qu'une espèce, quoique les nomenclateurs en aient encore fait deux, parce qu'ils
l'ont confondu avec une perruche verte qu'on a
appelée *Perruche ara*, parce qu'elle prononce
assez distinctement le mot *ara*, et qu'elle a la
queue beaucoup plus longue que les autres perruches, mais ce n'en est pas moins une vraie
perruche, très-connue à Cayenne et très-commune,
au lieu que l'ara vert y est si rare, que les habitants même ne le connaissent pas, et que lorsqu'on leur en parle, ils croient que c'est cette
perruche. M. Sloane dit que le petit macao, ou
petit ara vert, est fort commun dans les bois de
la Jamaïque ; mais Edwards remarque, avec raison,
qu'il s'est trompé, parce que, quelques recherches
qu'il ait faites, il n'a jamais pu s'en procurer qu'un
seul par ses correspondants, au lieu que s'il était
commun à la Jamaïque, il en viendrait beaucoup
en Angleterre ; cette erreur de Sloane vient pro-

« striatis ; rectricibus supernè in exortu viridibus, apice cæruleis subtus
« obscurè rubris.... Ara Brasiliensis viridis. » Brisson, Ornithol.,
tome IV, page 199. — « Psittacus major longicaudus, saturatè viridis ;
« maculâ in syncipite fuscâ ; vertice viridi-cærulescente ; maculâ in alarum
« exortu miniatâ ; genis nudis, candidis, lineis plumosis nigris striatis ;
« rectricibus supernè primâ medietate viridibus, alterâ cyaneis, subtus
« saturatè rubris... Ara Brasiliensis erythrochlora. » Ibid., pag. 202. —
« Psittacus macrourus viridis, genis nudis, remigibus rectricibusque cæ-
« ruleis, subtus purpurascentibus.... Psittacus severus. » Linnæus, Syst.
Nat., ed. X, Gen. 44, Sp. 5. — Autre *Maracanas*, qui est une petite
espèce d'*Ara* ou de *Macao*. Salerne, Ornithol., pag. 63.

bablement de ce qu'il a, comme nos nomenclateurs, confondu la perruche verte à longue queue
avec l'ara vert. Au reste, nous avons cet ara vert
vivant; il nous a été donné par M. Sonnini de
Manoncour, qui l'a eu à Cayenne des sauvages
de l'Oyapoc, où il avait été pris dans le nid.

Sa longueur, depuis l'extrémité du bec jusqu'à
celle de la queue, est d'environ seize pouces;
son corps, tant en dessus qu'en dessous, est d'un
vert qui, sous les différents aspects, paraît ou
éclatant et doré, ou olive-foncé; les grandes et
petites pennes de l'aile sont d'un bleu d'aigue-
marine sur fond brun, doublé d'un rouge de cuivre; le dessous de la queue est de ce même rouge,
et le dessus est peint de bleu d'aigue-marine
fondu dans du vert d'olive; le vert de la tête est
plus vif et moins chargé d'olivâtre que le vert
du reste du corps; à la base du bec supérieur,
sur le front, est une bordure noire de petites
plumes effilées qui ressemblent à des poils; la
peau blanche et nue qui environne les yeux, est
aussi parsemée de petits pinceaux rangés en lignes des mêmes poils noirs; l'iris de l'œil est
jaunâtre.

Cet oiseau, aussi beau que rare, est encore
aimable par ses mœurs sociales et par la douceur
de son naturel; il est bientôt familiarisé avec les
personnes qu'il voit fréquemment; il aime leur
accueil, leurs caresses, et semble chercher à les
leur rendre, mais il repousse celles des étrangers,

et surtout celles des enfants qu'il poursuit vivement et sur lesquels il se jette; il ne connaît que ses amis. Comme tous les perroquets élevés en domesticité, il se met sur le doigt dès qu'on le lui présente, il se tient aussi sur le bois; mais en hiver, et même en été dans les temps frais et pluvieux, il préfère d'être sur le bras ou sur l'épaule, surtout si les habillements sont de laine; car en général il semble se plaire beaucoup sur le drap ou sur les autres étoffes de cette nature qui garantissent le mieux du froid : il se plaît aussi sur les fourneaux de la cuisine, lorsqu'ils ne sont pas tout-à-fait refroidis, et qu'ils conservent encore une chaleur douce. Par la même raison il semble éviter de se poser sur les corps durs qui communiquent du froid, tels que le fer, le marbre, le verre, etc., et même dans les temps froids et pluvieux de l'été, il frissonne et il tremble si on lui jette de l'eau sur le corps; cependant il se baigne volontiers pendant les grandes chaleurs et trempe souvent sa tête dans l'eau.

Lorsqu'on le gratte légèrement, il étend les ailes en s'accroupissant, et il fait alors entendre un son désagréable, assez semblable au cri du geai, en soulevant les ailes et hérissant ses plumes; et ce cri habituel paraît être l'expression du plaisir comme celle de l'ennui; d'autres fois il fait un cri bref et aigu qui est moins équivoque que le premier, et qui exprime la joie ou la satisfaction, car il le fait ordinairement entendre lorsqu'on lui fait accueil ou lorsqu'il voit venir à lui les personnes qu'il aime ; c'est cependant par ce même dernier cri qu'il manifeste ses petits moments d'impatience et de mauvaise humeur. Au reste, il n'est guère possible de rien statuer de positif sur les différents cris de cet oiseau et de ses semblables, parce qu'on sait que ces animaux, qui sont organisés de manière à pouvoir contrefaire les sifflements, les cris et même la parole, changent de voix presque toutes les fois qu'ils entendent quelques sons qui leur plaisent et qu'ils peuvent imiter.

Celui-ci est jaloux ; il l'est surtout des petits enfants qu'il voit avoir quelque part aux caresses ou aux bienfaits de sa maîtresse ; s'il en voit un sur elle, il cherche aussitôt à s'élancer de son côté en étendant les ailes ; mais comme il n'a qu'un vol court et pesant, et qu'il semble craindre de tomber en chemin, il se borne à lui témoigner son mécontentement par des gestes et des mouvements inquiets et par des cris perçants et redoublés, et il continue ce tapage jusqu'à ce qu'il plaise à sa maîtresse de quitter l'enfant et d'aller le reprendre sur son doigt : alors il lui en témoigne sa joie par un murmure de satisfaction, et quelquefois par une sorte d'éclat qui imite parfaitement le rire grave d'une personne âgée ; il n'aime pas non plus la compagnie des autres perroquets, et si on en met un dans la chambre qu'il habite, il n'a point de bien qu'on ne l'en ait débarrassé. Il semble donc que cet oiseau ne veuille partager, avec qui que ce soit, la moindre caresse ni le plus petit soin de ceux qu'il aime, et que cette espèce de jalousie ne lui est inspirée que par l'attachement; ce qui le fait croire, c'est que si un autre que sa maîtresse caresse le même enfant, contre lequel il se met de si mauvaise humeur, il ne paraît pas s'en soucier et n'en témoigne aucune inquiétude.

Il mange à-peu-près de tout ce que nous mangeons; le pain, la viande de bœuf, le poisson frit, la pâtisserie et le sucre surtout sont fort de son goût; néanmoins il semble leur préférer les pommes cuites qu'il avale avidement, ainsi que les noisettes qu'il casse avec son bec et épluche ensuite fort adroitement entre ses doigts, afin de n'en prendre que ce qui est mangeable; il suce les fruits tendres au lieu de les mâcher, en les pressant avec sa langue contre la mandibule supérieure du bec, et pour les autres nourritures moins tendres, comme le pain, la pâtisserié, etc., il les broie ou les mâche, en appuyant l'extrémité du demi-bec inférieur contre l'endroit le plus concave du supérieur; mais quels que soient ses aliments, ses excréments ont toujours été d'une couleur verte et mêlée d'une espèce de craie blanche, comme ceux de la plupart des autres oiseaux, excepté les temps où il a été malade qu'ils étaient d'une couleur orangée ou jaunâtre foncé.

Au reste, cet ara, comme tous les autres per-

roquets, se sert très-adroitement de ses pates;
il ramène en avant le doigt postérieur pour saisir
et retenir les fruits et les autres morceaux qu'on
lui donne, et pour les porter ensuite à son bec.
On peut donc dire que les perroquets se servent
de leurs doigts, à-peu-près comme les écureuils
ou les singes; ils s'en servent aussi pour se suspendre et s'accrocher; l'ara vert dont il est ici
question, dormait presque toujours ainsi accro-
ché dans les fils.de fer de sa cage. Les perroquets
ont une autre habitude commune que nous avons
remarquée sur plusieurs espèces différentes; ils
ne marchent, ne grimpent ni ne descendent jamais sans commencer par s'accrocher ou s'aider
avec la pointe de leur bec, ensuite ils portent
leurs pates en avant pour servir de second point
d'appui; ainsi ce n'est que quand ils marchent à
plat qu'ils ne font point usage de leur bec pour
changer de lieu.

Les narines, dans cet ara, ne sont point visi-
bles, comme celles de la plupart des autres perroquets; au lieu d'être sur la corne apparente du
bec, elles sont cachées dans les premières petites
plumes qui recouvrent la base de la mandibule
supérieure qui s'élève et forme une cavité à sa
racine, quand l'oiseau fait effort pour imiter quelques sons difficiles; on remarque aussi que sa
langue se replie alors vers l'extrémité, et lorsqu'il
mange il la replie de même; faculté refusée aux
oiseaux qui ont le bec droit et la langue pointue,

et qui ne peuvent la faire mouvoir qu'en la reti-
rant ou en l'avançant dans la direction du bec.
Au reste, ce petit ara vert est aussi peut-être plus
robuste que la plupart des autres perroquets; il
apprend bien plus aisément à parler, et prononce
bien plus distinctement que l'ara rouge et l'ara
bleu; il écoute les autres perroquets et s'instruit
avec eux; son cri est presque semblable à celui
des autres aras, seulement il n'a pas la voix si
forte à beaucoup près, et ne prononce pas si distinctement *ara*.

On prétend que les amandes amères font mourir les perroquets, mais je ne m'en suis pas assuré; je sais seulement que le persil, pris même
en petite quantité, et qu'ils semblent aimer beaucoup, leur fait grand mal; dès qu'ils en ont
mangé, il coule de leur bec une liqueur épaisse
et gluante, et ils meurent ensuite en moins d'une
heure ou deux.

Il paraît qu'il y a dans l'espèce de l'ara vert, la
même variété de races ou d'individus que dans
celle des aras rouges; du moins M. Edwards a
donné l'ara vert (1) sur un individu de la première grandeur, puisqu'il trouve à l'aile pliée
treize pouces de longueur, et quinze à la plume
du milieu de la queue : cet ara vert avait le front
rouge; les pennes de l'aile étaient bleues, ainsi

(1) *The great green maccauw.* Clan., part. III, pl. 313, pag. 224*.

* Celui-ci est le véritable ara vert (*Psittacus militaris*, Kuhl.) Dæm. 1827.

que le bas du dos et le croupion. M. Edwards appelle la couleur du dedans des ailes et du dessous de la queue un *orangé-obscur*; c'est apparemment ce rouge-bronzé sombre que nous avons vu à la doublure des ailes de notre ara vert; les plumes de la queue de celui d'Edwards étaient rouges en dessus et terminées de bleu.

L'ARA NOIR.

QUATRIÈME ESPÈCE.

Psittacus ater, Linn., Gmel., Kuhl.

Cet ara a le plumage noir avec des reflets d'un vert luisant, et ces couleurs mélangées sont assez semblables à celles du plumage de l'ani. Nous ne pouvons qu'indiquer l'espèce de cet ara qui est connue des sauvages de la Guyane, mais que nous n'avons pu nous procurer : nous savons seulement que cet oiseau diffère des autres aras par quelques habitudes naturelles; il ne vient jamais près des habitations, et ne se tient que sur les sommets secs et stériles des montagnes de roches et de pierres. Il paraît que c'est de cet ara noir que de Laët a parlé sous le nom d'*Araruna* ou *Machao*, et dont il dit que le plumage est noir, mais si bien mêlé de vert, qu'aux rayons du soleil, il brille admirablement ; il ajoute que cet oiseau a les pieds jaunes, le bec et les yeux rougeâtres, et qu'il ne se tient que dans l'intérieur des terres (1).

M. Brisson (2) a fait encore un autre ara d'une perruche, et il l'a appelé *Ara varié des Moluques* ; mais, comme nous l'avons dit, il n'y a point d'aras dans les grandes Indes, et nous avons parlé de cette perruche à l'article des perruches de l'ancien continent.

---

(1) De Laët. Description des Indes occidentales, page 490.
(2) Ornithol., tome IV, page 197.

LES AMAZONES

ET

LES CRIKS.

Nous appellerons *Perroquets amazones* tous ceux qui ont du rouge sur le fouet de l'aile; ils sont connus en Amérique sous ce nom, parce qu'ils viennent originairement du pays des Amazones: nous donnerons le nom de *Criks* à ceux qui n'ont pas de rouge sur le fouet de l'aile, mais seulement sur l'aile; c'est aussi le nom que les sauvages de la Guyane ont donné à ces perroquets, qui commencent même à être connus en France sous ce même nom. Ils diffèrent encore des amazones, 1° en ce que le vert du plumage des amazones est brillant et même éblouissant, tandis que le vert des criks est mat et jaunâtre; 2° en ce que les amazones ont la tête couverte d'un beau jaune très-vif, au lieu que dans les criks, ce jaune est obscur et mêlé d'autres couleurs; 3° en ce que les criks sont un peu plus petits que les amazones, lesquels sont eux-mêmes beaucoup plus petits que les aras; 4° les amazones sont très-beaux et très-rares, au lieu que les criks sont les plus communs des perroquets et les moins beaux : ils sont d'ailleurs répandus partout en grand nombre, au lieu que les amazones ne se trouvent guère qu'au Para et dans quelques autres contrées voisines de la rivière des Amazones.

Mais les criks ayant du rouge dans les ailes doivent être ici rapprochés des amazones, dont ce rouge fait le caractère principal ; ils ont aussi les mêmes habitudes naturelles ; ils volent également en troupes nombreuses, se perchent en grand nombre dans les mêmes endroits, et jettent tous ensemble des cris qui se font entendre fort loin. Ils vont aussi dans les bois, soit sur les hauteurs, soit dans les lieux bas et jusque dans les savannes noyées, plantées de palmiers *common* et d'*avouara*, dont ils aiment beaucoup les fruits, ainsi que ceux des *gommiers élastiques*, des *bananiers*, etc. : ils mangent donc de beaucoup plus d'espèces de fruits que les aras, qui ne se nourrissent ordinairement que de ceux du palmier latanier ; et néanmoins ces fruits du latanier sont si durs, qu'on a peine à les couper au couteau ; ils sont ronds et gros comme des pommes de rainette.

Quelques auteurs (1) ont prétendu que la chair de tous les perroquets d'Amérique contracte l'o-

---

(1) Dutertre, Histoire des Antilles, tome II, page 251. Labat, Nouveau Voyage aux îles de l'Amérique, tome II, page 159.

deur et la couleur des fruits et des graines dont ils se nourrissent ; qu'ils ont une odeur d'ail lorsqu'ils ont mangé du fruit d'acajou, une saveur de muscade et de gérofle lorsqu'ils ont mangé des fruits de bois d'Inde, et que leur chair devient noire lorsqu'ils se nourrissent du fruit de *Génipa*, dont le suc, d'abord clair comme de l'eau, devient en quelques heures aussi noir que de l'encre. Ils ajoutent que les perroquets deviennent très-gras dans la saison de la maturité des goyaves, qui sont en effet fort bons à manger ; enfin, que la graine de coton les enivre au point qu'on peut les prendre avec la main.

Les amazones, les criks et tous les autres perroquets d'Amérique font, comme les aras, leurs nids dans des trous de vieux arbres creusés par les pics ou charpentiers, et ne pondent également que deux œufs deux fois par an, que le mâle et la femelle couvent alternativement. On assure qu'ils ne renoncent jamais leurs nids, et que, quoiqu'on ait touché et manié leurs œufs, ils ne se dégoûtent pas de les couver, comme font la plupart des autres oiseaux. Ils s'attroupent dans la saison de leurs amours, pondent ensemble dans le même quartier, et vont de compagnie chercher leur nourriture ; lorsqu'ils sont rassasiés, ils font un caquetage continuel et bruyant, changeant de place sans cesse, allant et revenant d'un arbre à l'autre, jusqu'à ce que l'obscurité de la nuit et la fatigue du mouvement les forcent à se reposer et à dormir : le matin, on les voit sur les branches dénuées de feuilles dès que le soleil commence à paraître ; ils y restent tranquilles jusqu'à ce que la rosée qui a humecté leurs plumes soit dissipée et qu'ils soient réchauffés ; alors ils partent tous ensemble, avec un bruit semblable à celui des corneilles grises, mais plus fort. Le temps de leurs nichées est la saison des pluies (1).

D'ordinaire les sauvages prennent les perroquets dans le nid, parce qu'ils sont plus aisés à élever et qu'ils s'apprivoisent mieux ; cependant les Caraïbes, selon le P. Labat, les prennent aussi lorsqu'ils sont grands ; ils observent, dit-il, les arbres sur lesquels ils se perchent en grand nombre le soir, et quand la nuit est venue, ils portent aux environs de l'arbre des charbons allumés, sur lesquels ils mettent de la gomme avec du piment vert ; cela fait une fumée épaisse qui étourdit ces oiseaux et les fait tomber à terre ; ils les prennent alors, leur lient les pieds, et les font revenir de leur étourdissement en leur jetant de l'eau sur la tête (2). Ils les abattent aussi, sans les blesser beaucoup, à coups de flèches émoussées (3).

---

(1) Note communiquée par M. de la Borde, médecin du roi à Cayenne.

(2) Labat, Nouveau Voyage aux îles de l'Amérique, tome II, page 52.

(3) « Les sauvages du Brésil, qui ont grande industrie à tirer de l'arc, « ont les flèches moult longues, au bout desquelles ils mettent un bourlet « de coton, afin que tirants aux papegauts, ils les abattent sans les navrer ; « car les ayant étonnés du coup, ne laissent de se guérir puis après. » Belon, Nat. des Oiseaux, page 297.

Mais lorsqu'on les prend ainsi vieux, ils sont difficiles à priver; il n'y a qu'un seul moyen de les rendre doux au point de pouvoir les manier, c'est de leur souffler de la fumée de tabac dans le bec; ils en respirent assez pour s'enivrer à demi, et ils sont doux tant qu'ils sont ivres : après quoi on réitère le même camouflet s'ils deviennent méchants, et ordinairement ils cessent de l'être en peu de jours. Au reste, on n'a pas l'idée de la méchanceté des perroquets sauvages; ils mordent cruellement et ne démordent pas, et cela sans être provoqués. Ces perroquets pris vieux n'apprennent jamais que très-imparfaitement à parler. On fait la même opération de la fumée de tabac pour les empêcher de *cancaner,* c'est le mot dont se servent les Français d'Amérique pour exprimer leur vilain cri, et ils cessent en effet de crier lorsqu'on leur a donné un grand nombre de camouflets.

Quelques auteurs (1) ont prétendu que les femelles des perroquets n'apprenaient point à parler, mais c'est en même temps une erreur et une idée contre nature; on les instruit aussi aisément que les mâles, et même elles sont plus dociles et plus douces. Au reste, de tous les perroquets de l'Amérique, les amazones et les criks sont ceux qui sont les plus susceptibles d'éducation et de l'imitation de la parole, surtout quand ils sont pris jeunes.

---

(1) Frisch, etc.

Comme les sauvages font commerce entre eux des plumes de perroquet, ils s'emparent d'un certain nombre d'arbres sur lesquels ces oiseaux viennent faire leurs nids ; c'est une espèce de propriété dont ils tirent le revenu en vendant les perroquets aux étrangers, et commerçant des plumes avec les autres sauvages. Ces arbres aux perroquets passent de père en fils, et c'est souvent le meilleur immeuble de la succession (1).

_____

(1) Fernandez, Hist. nov. Hispan., pag. 38.

LES
PERROQUETS AMAZONES.

Nous en connaissons cinq espèces, indépendamment de plusieurs variétés. La première est l'Amazone à tête jaune ; et la seconde, le Tarabé ou l'Amazone à tête rouge ; la troisième, l'Amazone à tête blanche ; la quatrième, l'Amazone jaune ; et la cinquième, l'Aouroucouraou.

L'AMAZONE[1]

A TÊTE JAUNE.

PREMIÈRE ESPÈCE.

Psittacus Amazonius, Lath., Kuhl.; *P. ochrocephalus*, Linn., Gmel. (2).

C ET oiseau a le sommet de la tête d'un beau jaune vif; la gorge, le cou, le dessus du dos et les couvertures supérieures des ailes d'un vert brillant; la poitrine et le ventre d'un vert un peu

(1) *Psittacus major viridis alarum costâ supernè rubente.* Perroquet amazone. Barrère, France équinox., page 144. — Perroquet de la rivière des Amazones. Labat, Nouveau Voyage aux îles de l'Amérique, tome II, page 217. — « Psittacus macrourus viridis; genis nudis; humeris coc-« cineis. Psittacus nobilis. » Linnæus, Syst. Nat., ed. X, pag. 97. — « Psittacus major brevicaudus, viridis, infernè ad luteum vergens, colli « pennis in apice nigro marginatis; vertice luteo; remigibus quinque « intermediis exteriùs supernè primâ medietate rubris; rectricibus quatuor « utrinque extimis interiùs primâ medietate rubris, dein saturatè .viri-« dibus, apice luteo-viridibus, rubro mixtis.... Psittacus amazonicus « Brasiliensis. » Brisson, Ornithol., tome IV, page 272, planche 26, figure 1.

(2) L'espèce de l'Amazone proprement dite, *Psittacus Amazonius* ou *amazonicus*, présente une foule de variétés qui ont été séparées comme formant des espèces distinctes par Gmelin et quelques auteurs, sous les noms de *Psittacus Amazonius ochrocephalus*, *ochropterus*, *barbadensis*, *poikilorhynchus*, *aurora* et *luteus*. DESM. 1827.

jaunâtre; le fouet des ailes est d'un rouge vif; les pennes des ailes sont variées de vert, de noir, de bleu-violet et de rouge; les deux pennes extérieures de chaque côté de la queue ont leurs barbes intérieures rouges à l'origine de la plume, ensuite d'un vert-foncé jusque vers l'extrémité, qui est d'un vert-jaunâtre; les autres pennes sont d'un vert-foncé, et terminées d'un vert-jaunâtre; le bec est rouge à la base, et cendré sur le reste de son étendue; l'iris des yeux est jaune : les pieds sont gris et les ongles noirs.

Nous devons observer ici que M. Linnæus a fait une erreur, en disant que ces oiseaux ont les joues nues (*Psittacus genis nudis*), ce qui confond mal à-propos les perroquets amazones avec les aras, qui seuls ont ce caractère; les amazones ayant au contraire des plumes sur les joues, c'est-à-dire, entre le bec et les yeux, et n'ayant, comme tous les autres perroquets, qu'un très-petit cercle de peau nue autour des yeux.

VARIÉTÉS

ou

ESPÈCES VOISINES DE L'AMAZONE A TÊTE JAUNE.

Il y a encore deux autres espèces voisines de celle que nous venons de décrire, et qui peut-être n'en sont que des variétés.

I. La première que nous avons fait représenter

dans nos planches enluminées, n° 312, sous la dénomination de *Perroquet vert et rouge de Cayenne*, n'a été indiquée par aucun naturaliste, quoique cet oiseau soit connu à la Guyane sous le nom de *bâtard Amazone* ou de *demi-Amazone* : l'on prétend qu'il vient du mélange d'un perroquet amazone avec un autre perroquet. Il est en effet abâtardi, si on veut le comparer à l'espèce dont nous venons de parler ; car il n'a point le beau jaune sur la tête, mais seulement un peu de jaunâtre sur le front près de la racine du bec ; le vert de son plumage n'est pas aussi brillant, il est d'un vert-jaunâtre, et il n'y a que le rouge des ailes qui soit semblable et placé de même ; il y a aussi une nuance de jaunâtre sous la queue ; son bec est rougeâtre et ses pieds sont gris : sa grandeur est égale ; ainsi l'on ne peut guère douter qu'il ne tienne de très-près à l'espèce de l'Amazone.

II. La seconde variété a été premièrement indiquée par Aldrovande (1), et, suivant sa des-

(1) *Psittacus poikilorinchos.* Aldrovande, Avi., tom. I, pag. 670. — *Psittacus poikilorinchos.* Jonston, Avi, pag. 22. — *Psittacus poikilorinchos.* Charleton, Exercit., pag. 74, n° 5 ; et Onomast., pag. 67, n° 5. — *Psittacus poikilorinchos Aldrovandi.* Willughby, Ornith., pag. 74. — *Psittacus poikilorinchos Aldrovandi.* Rai, Synops. Avi., pag. 30, n° 3. — « Psittacus major brevicaudus viridis, infernè ad luteum « vergens ; vertice luteo ; remigibus quibusdam intermediis exteriùs su- « pernè in medio rubris ; rectricibus quatuor utrinque extimis in exortu « exteriùs viridibus, interiùs luteis, dein rubris, versùs apicem viridibus, « apice luteis... Psittacus amazonicus poikilorinchos. » Brisson, Ornithol., tome IV, page 270. — Perroquet à bec bariolé. Salerne, Ornithol., pag. 64.

cription, elle ne paraît différer de notre premier perroquet amazone que par les couleurs du bec, que cet auteur dit être d'un jaune couleur d'ocre sur les côtés de la mandibule supérieure, dont le sommet est bleuâtre sur sa longueur, avec une petite bande blanche vers l'extrémité; la mandibule inférieure est aussi jaunâtre dans son milieu, et d'une couleur plombée dans le reste de son étendue; mais toutes les couleurs du plumage, la grandeur et la forme du corps étant les mêmes que celles de notre perroquet amazone à tête jaune, il ne nous paraît pas douteux que ce ne soit une variété de cette espèce.

LE TARABÉ[1]

ou

L'AMAZONE A TÊTE ROUGE.

SECONDE ESPÈCE.

Psittacus Taraba, Linn., Gmel.; *P. Tarabe*, Lath., Kuhl. (2).

CE perroquet, décrit par Marcgrave comme na-

---

(1) *Tarabe Brasiliensibus.* Marcgrave, Hist. Nat. Bras., pag. 207. — *Tarabe Brasiliensibus.* Jonston, Avi., pag. 142. — *Tarabe Brasilien-*

(2) Espèce dont l'existence n'est pas encore bien constatée.

DESM. 1827.

turel au Brésil, ne se trouve point à la Guyane :
il a la tête, la poitrine, le fouet et le haut des
ailes rouges ; et c'est par ce caractère qu'il doit
être réuni avec les perroquets amazones ; tout le
reste de son plumage est vert ; le bec et les pieds
sont d'un cendré-obscur.

L'AMAZONE[*][1]

A TÊTE BLANCHE.

TROISIÈME ESPÈCE.

Psittacus leucocephalus, Lath., Linn., Gmel., Kuhl.

IL serait plus exact de nommer ce perroquet à

sibus *Marcgravii*. Willughby.—*Tarabe*. Rai, Synops. Avi., pag. 33, n° 5.
— « Psittacus major brevicaudus, viridis ; capite, gutture, collo inferiore,
« pectore et tectricibus alarum superioribus minimis rubris ; rectricibus
« viridibus.... Psittacus Brasiliensis erythrocephalos. » Brisson, Ornith.,
tome IV, page 240. — *Tarabe*. Salerne, Ornithol., pag. 68, n° 5.

* Voyez les planches enluminées, n° 549, sous la dénomination de
Perroquet de la Martinique; et n° 335, sous celle de *Perroquet à front
blanc du Sénégal. Nota.* Ces deux oiseaux n'en font qu'un ; et s'il est
doublé, c'est parce que nos dessinateurs ont été trompés par l'indication
du climat. Il est sûr que ce perroquet est d'Amérique, et en même temps
très-probable, qu'il ne se trouve point en Afrique.

(1) *Psittacus leucocephalus.* Aldrovande, Avi., tom. I, pag. 670. —
Quiltoton tertium psittaci genus. Fernandez, Hist. nov. Hisp., pag. 37,
cap. 117. — *Papagallo.* Olina, pag. 23. — *Psittacus leucocephalus.*
Jonston, Avi., pag. 22. *Psittacus major.* Ibid., pl. 14. — *Psittacus leu-*

front blanc, parce qu'il n'a guère que cette partie de la tête blanche; quelquefois le blanc engage aussi l'œil et s'étend sur le sommet de la tête,
comme dans l'oiseau de la planche enluminée
n° 549; souvent il ne borde que le front, comme
dans celui du *n°* 335. Ces deux individus, qui
semblent indiquer une variété dans l'espèce, diffèrent encore par le ton de couleur, qui est d'un
vert plus foncé et plus dominant dans celui-ci, et
moins ondé de noir; plus clair, mêlé de jaunâtre
dans le premier, et coupé de festons noirs sur

---

cocephalus. Chârleton, Exercit., pag. 74, n° 7; et Onomast., pag. 67,
n° 7. — *Psittacus leucocephalus Aldrovandi.* Willughby, Ornithol.,
pag. 75. — *Psittacus leucocephalus Aldrovandi.* Rai, Synops. Avi.,
pag. 31, n° 5; et pag. 181, n° 7. — *Psittacus viridis albo capite.* Barrère, Ornithol., clas. 3, Gen. 2, Sp. 9. — *Psittacus viridis fronte albâ,
collo rubro.* Frisch, pl. 46. — *Psittacus viridis fronte albâ, collo rubro.*
Klein, Avi., pag. 25, n° 9. — *Papaguayos verdes que tienen un flueco
de plumas blancas en el nacimiento del pico, de oviedo.* Sloane, Jamaïc.,
pag. 297, n° 8. — *The white headed parrot. Psittacus viridis capite albo.*
Edwards, Hist. of Birds., pag. 166. — « Psittacus brachyurus viridis,
« remigibus cæruleis, fronte albâ..... Psittacus leucocephalus. » Linnæus,
Syst. Nat., ed. X, pag. 100. — « Psittacus major brevicaudus, viridis,
« pennis in apice fusco marginatis; medio ventre rubro mixto; syncipite
« albo; vertice cæruleo, rubris maculis vario; genis, gutture et collo in-
« feriore coccineis; rectricibus lateralibus rubris, apice viridibus, binis
« utrinque extimis, supernè exteriùs cærulescentibus.... Psittacus
« Martinicanus. » Brisson, Ornithol., tome IV, page 242. — « Psittacus
« major brevicaudus, viridis, pennis in apice nigro marginatis; syncipîte
« albo; collo inferiore dilutè rubro, pennarum marginibus albis; ventre
« obscurè purpureo; rectricibus quatuor utrinque extimis interiùs primâ
« medietate rubris, alterâ luteis, viridi-luteo terminatis, extimâ exteriùs
« cæruleâ.... Psittacus Martinicanus gutture rubro. » Ibidem, page 244.
— Perroquet à tête blanche. Salerne, Ornithol., pag. 65, n° 5.

tout le corps; la gorge et le devant du cou sont
d'un beau rouge : cette couleur a moins d'étendue et de brillant dans l'autre; mais il en porte
encore une tache sous le ventre. Tous deux
ont les grandes pennes de l'aile bleues; celles
de la queue sont d'un vert-jaunâtre, teintes de
rouge dans leur première moitié : on remarque
dans le fouet de l'aile la tache rouge qui est,
pour ainsi dire, la livrée des amazones. Sloane dit
qu'on apporte fréquemment de ces perroquets de
Cuba à la Jamaïque, et qu'ils se trouvent aussi à
Saint-Domingue. On en voit de même au Mexique; mais on ne les rencontre pas à la Guyane.
M. Brisson a fait de cet oiseau deux espèces, et
son erreur vient de ce qu'il a cru que le perroquet à tête blanche donné par Edwards était différent du sien; on s'assurera en comparant la
planche d'Edwards avec la nôtre, que c'est le
même oiseau. De plus, le perroquet de la Martinique, indiqué par le P. Labat (1), qui a le dessus de la tête couleur d'ardoise avec quelque peu
de rouge, est, comme l'on voit, différent de notre
perroquet amazone à tête blanche, et c'est sans
fondement que M. Brisson a dit que c'était le
même que celui-ci.

_____

(1) Voyage aux îles de l'Amérique, tome II, page 214.

L'AMAZONE JAUNE. *(1)

QUATRIÈME ESPÈCE.

Psittacus Amazonius, Lath., Kuhl; *P. luteus*, Briss.;
P. aurora, Gmel. (2).

C E perroquet amazone est probablement du Brésil, parce que Salerne dit qu'il en a vu un qui
prononçait des mots portugais. Nous ne savons
cependant pas positivement si celui dont nous
donnons la figure est venu du Brésil, mais il est
sûr qu'il est du nouveau continent, et qu'il appartient à l'ordre des amazones par le rouge qu'il
a sur le fouet des ailes.

Il a tout le corps et la tête d'un très-beau jaune;
du rouge sur le fouet de l'aile, ainsi que sur les
grandes pennes de l'aile et sur les pennes latérales
de la queue; l'iris des yeux est rouge; le bec et
les pieds sont blancs.

---

* Voyez les planches enluminées, n° 13.

(1) « Psittacus major brevicaudus, luteus; marginibus alarum et remi-
« gibus majoribus exteriùs in medio rubris; rectricibus quatuor utrinque
« extimis interiùs primâ medietate rubris; alterâ pallidè luteis.... Psit-
« tacus luteus. » Brisson, Ornithol., tome IV, page 306. — *Perroquet
jaune.* Salerne, Ornithol., pag. 69, n° 9.

(2) C'est une des variétés de l'Amazone proprement dite, ou Amazone
à tête jaune de Buffon. DESM. 1827.

L'AOUROU-COURAOU.*⁽¹⁾

SIXIÈME ESPÈCE.

Psittacus æstivus, Linn., Gmel., Kuhl.; *P. Aourou*, Shaw.;
P. agilis, Gmel. (2).

L'aourou-couraou de Marcgrave est un bel
oiseau, qui se trouve à la Guyane et au Brésil :
il a le front bleuâtre avec une bande de même

---

* Voyez les planches enluminées, n° 547, sous la dénomination de
Perroquet amazone.

(1) *Aiuru-curau prima species.* Marcgrave, Hist. Nat. Brasil., pag. 205.
— *Aiuru-curos.* De Laët, Description des Indes occidentales, page 490.
— *Aiuru-curau.* Jonston, Avi., pag. 140. — *Psittaci majoris seu mediæ
magnitudinis, Marcgravii prima species.* Willughby, Ornithol., pag. 76.
— *Aiuru-curaou.* Rai, Synops. Avi., pag. 32, n° 1. — *Psittacus major
dorso flavescente. Crik.* Barrère, France équinox., pag. 144. — *Psittacus
viridis, capite croceo, fronte cyaneâ.* Klein, Avi., pag. 25. — *Psittacus
viridis, capite luteo, fronte cæruleâ.* Frisch, pl. 47. — « Psittacus bra-
« chyurus viridis fronte cæruleâ, humeris sanguineis.... — Psittacus
« æstivus. » Linnæus, Syst. Nat., ed. X, pag. 101. — « Psittacus major
« brevicaudus, viridis ; syncipite cæruleo, ad violaceum inclinante, ver-
« tice, genisque luteis; remigibus quinque intermediis exteriùs supernè
« primâ medietate rubris, rectricibus tribus utrinque extimis, interiùs
« rubris ; tæniâ transversâ saturatè viridi notatis, apice viridi, luteis
« quatuor utrinque extimis exteriùs rubrâ maculâ insignitis.... Psittacus
« amazonicus. » Brisson, Ornithol., tome IV, page 257. — *Ajuru-curau.*
Salerne, Ornithol., pag. 68.

(2) L'Aourou-couraou ne diffère pas spécifiquement du Crik de
Cayenne, décrit ci-après.   DESM. 1827.

couleur au-dessus des yeux; le reste de la tête
est jaune; les plumes de la gorge sont jaunes et
bordées de vert-bleuâtre; le reste du corps est
d'un vert-clair qui prend une teinte de jaunâtre
sur le dos et sur le ventre; le fouet de l'aile est
rouge; les couvertures supérieures des ailes sont
vertes; les pennes de l'aile sont variées de vert,
de noir, de jaune, de bleu-violet et de rouge; la
queue est verte, mais lorsque les pennes en sont
étendues, elles paraissent frangées de noir, de
rouge et de bleu; l'iris des yeux est de couleur
d'or; le bec est noirâtre et les pieds sont cendrés.

————

VARIÉTÉS

DE L'AOUROU-COURAOU.

Il y a plusieurs variétés qu'on doit rapporter à
cette espèce.

I. L'oiseau indiqué par Aldrovande sous la dénomination de *Psittacus viridis melanorinchos* (1),

———

(1) *Psittacus viridis melanorinchos.* Aldrov., Avi., tom. I, pag. 670.
— *Psittacus viridis melanorinchos.* Jonston, Avi., pag. 22. — *Psittacus
melanorinchos.* Charleton, Exercit., pag. 74, n° 6; et Onomast.,
pag. 67, n° 6. — *Psittacus viridis melanorinchos Aldrovandi.* Willughby,
Ornithol., pag. 75. — *Psittacus viridis melanorinchos Aldrovandi.* Rai,
Synops. Avi., pag. 30, n° 4. — *Psittacus viridis Jonstonii.* Barrère,
Ornithol., clas. 3, Gen. 2, Sp. 8. — « Psittacus medius viridis, oculis
« et rostro nigris, Jamaïca parrot. » Browne, Nat. hist. of Jamaïca,
pag. 473. — « Psittacus major brevicaudus, viridis, infernè ad luteum
« vergens; syncipite et gutture cæruleo-viridibus; capite et pectore luteis,

qui ne diffère presque en rien de celui-ci, comme
on peut le voir en comparant la description d'Aldrovande avec la nôtre.

II. Une seconde variété, est encore un perroquet indiqué par Aldrovande (1), qui a le front
d'un bleu d'aigue-marine, avec une bande de cette
couleur au-dessus des yeux, ce qui, comme l'on
voit, ne s'éloigne que d'une nuance de l'espèce
que nous venons de décrire; le sommet de la

« marginibus alarum et tectricibus caudæ inferioribus coccineis ; rectri-
« cibus viridi-luteis.... Psittacus Jamaïcensis icterocephalos. » Brisson,
Ornithol., tome IV, page 233. — Perroquet vert à bec noir. Salerne,
Ornithol., pag. 65.

(1) *Psittacus viridis alarum costâ supernè rubente.* Aldrovande, Avi.,
pag. 668. — *Toznene primum genus psittaci.* Fernandez, Hist. nov. Hisp.
pag. 38, cap. 117. — *Psittacus viridis alarum costâ supernè rubente.*
Hernandez, Hist. nov. Hisp., pag. 715. — *Psittacus viridis alarum
costâ supernè rubente.* Jonston, Avi., pag. 22. — *The great green parrot
with red pinion feathers. Psittacus viridis cum alarum costâ supernè
rubente.* Charleton, Exercit., pag. 74, n° 4; et Onomast., pag. 66,
n° 4. — *Psittacus viridis alarum costâ supernè rubente. Common parrot.*
Willughby, Ornithol., pag. 74. — *Psittacus viridis alarum costâ supernè rubente.* Rai, Synops. Avi., pag. 30, n° 2; et pag. 181, n° 6.—
Psittacus viridis alarum costâ supernè rubente Jonstonii. Barrère, Ornith.,
clas. 3, Gen. 2, Sp. 5. — *Psittacus viridis alarum costâ supernè rubente.*
Sloane, Voyag. of Jamaïc., pag. 297, n° 7. — « Psittacus medius viridis
« luteo quandoque varius, angulis alarum rubris. Main parrot. » Browne,
Nat. hist. of Jamaïc., pag. 472. — « Psittacus major brevicaudus,
« viridis, infernè ad luteum vergens, supernè pennis in apice nigro mar-
« ginatis; syncipite cæruleo-beryllino; vertice pallidè flavo; genis et
« gutture luteis; remigibus quinque intermediis exteriùs supernè primâ
« medietate rubris, luteo marginatis, alterâ viridibus, luteo terminatis.
« Psittacus amazonicus Jamaïcensis. » Brisson, Ornithol., tome IV,
page 276. — Perroquet vert, à ailes rougeâtres. Salerne, Ornithol.,
pag. 64.

tête est aussi d'un jaune plus pâle ; la mandibule
supérieure du bec est rouge à sa base, bleuâtre
dans son milieu, et noire à son extrémité ; la mandibule inferieure est blanchâtre ; tout le reste de
la description d'Aldrovande donne des couleurs
absolument semblables à celles de notre cinquième
espèce, dont cet oiseau par conséquent n'est
qu'une variété. On le trouve non seulement à la
Guyane, au Brésil, au Mexique, mais encore à
la Jamaïque ; et il faut qu'il soit bien commun au
Mexique, puisque les Espagnols lui ont donné
un nom particulier, *Catherina* (1). Il se trouve
aussi à la Guyane, d'où on l'a probablement
transporté à la Jamaïque ; car les perroquets ne
volent pas assez pour faire un grand trajet de
mer. Labat dit même qu'ils ne vont pas d'une île
à l'autre, et que l'on connaît les perroquets des
différentes îles ; ainsi les perroquets du Brésil, de
Cayenne et du reste de la terre ferme d'Amérique
que l'on voit dans les îles du Vent et sous le Vent,
y ont été transportés, et l'on n'en voit point, ou
très-peu, de ceux des îles dans la terre ferme,
par la difficulté que les courants de la mer opposent à cette traversée, qui peut se faire en six ou

---

(1) « On distingue à la Nouvelle-Espagne plusieurs belles espèces de
« perroquets ; les *Caterinillas* ont le plumage entièrement vert ; les *Loros*
« l'ont vert aussi, à l'exception de la tête et de l'extrémité des ailes qui
« sont d'un beau jaune ; les *Pericos* sont de la même couleur, et n'ont
« que la grosseur d'une grive. » Hist. générale des Voyages, tome XII,
page 626.

sept jours, depuis la terre ferme aux îles, et qui
demande six semaines ou deux mois des îles à la
terre ferme.

III. Une troisième variété, est celle que Marcgrave a indiquée sous le nom de *Aiuru-curuca* (1).
Cet oiseau a sur la tête une espèce de bonnet
bleu mêlé d'un peu de noir, au milieu duquel il
y a une tache jaune : cette indication, comme l'on
voit, ne diffère en rien de notre description ; le
bec est cendré à sa base et noir à son extrémité ;
voilà la seule petite différence qu'il y ait entre
ces deux perroquets ; ainsi l'on peut croire que
celui de Marcgrave est une variété de notre cinquième espèce.

IV. Une quatrième variété indiquée de même
par Marcgrave (2), et qu'il dit être semblable à

---

(1) *Aiuru-curuca*. Marcgrave, Hist. Nat. Bras., pag. 205. — *Ajuru-
curuca*, *psittaci tertia species Marcgravii*. Jonston, Avi., pag. 141. —
*Psittaci majoris, seu mediæ magnitudinis Marcgravii tertia species, ajuru-
curuca*. Willughby, Ornithol., pag. 76. — *Ajuru-curuca*. Rai, Synops.
Avi., pag. 33, n° 8. — « Psittacus major brevicaudus, viridis ; capite
« superiùs cæruleo, nigro mixto ; vertice et maculis infra oculos luteis ;
« gutture cæruleo ; rectricibus supernè dilutè viridibus, infernè viridi-
« luteis.... Psittacus Brasiliensis cyanocephalos. » Brisson, Ornithol.,
tome IV, page 234. — *Ajuru-curuca*. Salerne, Ornithol., pag. 68.

(2) *Psittaci secunda species*. Marcgrave, Hist. Nat. Bras., pag. 205.
— *Psittaci secunda species*. Jonston, Avi., pag. 140. — *Psittaci majoris
seu mediæ magnitudinis Marcgravii secunda species*. Willughby, Ornith.,
pag. 76. — *Psittaci secunda species Marcgravii*. Rai, Synops. Avi.,
pag. 33, n° 3. — *Psittacus viridis et luteus, capite cinereo, Barbadensis*.
Klein, Avi., pag. 25, n° 4. — *Green-and yellow parrot from Barbadoes*.
Perroquet des Barbades. Albin, tom. III, pag. 6, avec une figure peu
exacte, pl. 11. — *Green parrot from the west-indies. Psittacus viridis*

la précédente, a néanmoins été prise, ainsi que
les oiseaux que nous venons de citer et beaucoup
d'autres, par nos nomenclateurs, comme des espèces différentes, qu'ils ont même doublées sans
aucune raison; mais en comparant les descriptions de Marcgrave, on n'y voit d'autres différences, sinon que le jaune s'étend un peu plus
sur le cou, ce qui n'est pas à beaucoup près suffisant pour en faire une espèce diverse, et encore
moins pour la doubler, comme l'a fait M. Brisson, en donnant le perroquet d'Albin comme
différent de celui d'Edwards, tandis que ce dernier auteur dit que son perroquet est le même
que celui, d'Albin.

V. Enfin, une cinquième variété est le perroquet donné par M. Brisson (1) sous le nom de

---

major occidentalis. Edwards, Hist. of Birds, pag. 162. — « Psittacus
« major brevicaudus, viridis; syncipite dilutè cinereo; vertice, genis,
« gutture, collo inferiore, tectricibus alarum superioribus minimis et
« cruribus luteis; remigibus intermediis exteriùs primâ medietate rubris;
« rectricibus viridibus.... Psittacus Barbadensis. » Brisson, Ornithol.,
tome IV, page 236. — « Psittacus major brevicaudus, viridis, in-
« fernè ad luteum vergens, pennis in apice nigro marginatis; collo su-
« periore et dorso supremo luteo et rubro variis; syncipite cæruleo-
« beryllino; vertice pallidè flavo; genis et gutture luteis; remigibus
« quinque intermediis exteriùs supernè primâ medietate rubris; rectri-
« cibus quatuor utrinque extimis interiùs primâ medietate rubris, luteo
« marginatis, alterâ luteo viridibus, tæniâ transversâ saturatè viridi no-
« tatis, extimâ exteriùs cæruleo marginatâ.... Psittacus amazonicus
« varius. » Brisson, Ornithol., tome IV, page 281. — Le second, *ajuru-
curau.* Salerne, Ornithol., pag. 68.

(1) « Psittacus major brevicaudus, viridis; colli pennis in apice nigro
« marginatis, cæruleo admixto; syncipite pallidè flavo; vertice genisque

Perroquet amazone à front jaune, qui ne diffère
de celui-ci que parce qu'il a le front blanchâtre
ou d'un jaune-pâle, tandis que l'autre l'a bleuâtre, ce qui est bien loin d'être suffisant pour en
faire une espèce distincte et séparée.

« luteis ; tæniâ supra oculos cæruleâ ; remigibus quatuor intermediis
« exteriùs supernè primâ medietate rubris ; rectricibus tribus utrinque
« extimis interiùs rubris, tæniâ transversâ saturatè viridi notatis, apice
« viridi-luteis, tribus utrinque extimæ proximis exteriùs rubrâ maculâ
« insignitis, extimâ interiùs cæruleo-violaceâ...., Psittacus amazonicus
« fronte luteâ. » Brisson, Ornithol., tome IV, page 261.

LES CRIKS.

Quoiqu'il y ait un très-grand nombre d'oiseaux auxquels on doit donner ce nom, on peut néanmoins les réduire à sept espèces, dont toutes les autres ne sont que des variétés. Ces sept espèces sont : 1° le Crik à gorge jaune ; 2° le Meunier ou le Crik poudré ; 3° le Crik rouge et bleu ; 4° le Crik à face bleue ; 5° le Crik proprement dit ; 6° le Crik à tête bleue ; 7° le Crik à tête violette.

LE CRIK[1]

A TETE ET A GORGE JAUNES.

PREMIÈRE ESPÈCE.

Psittacus Amazonius, Kuhl. ; *P. ochropterus*, Linn., Gmel. (2).

Ce Crik a la tête entière, la gorge et le bas du

---

(1) *Psittacus viridis alius, capite luteo.* Frisch, pl. 48. — *Psittacus viridis, capite, humeris et femoribus luteis.* Klein, Avi., pag 25, n° 11. — « Psittacus major brevicaudus, viridis, supernè pennis in apice nigro

(2) Cet oiseau se rapporte à l'espèce de l'Amazone proprement dite, ou à tête jaune, décrite ci-avant, page 234. DESM. 1827.

cou d'un très-beau jaune; le dessous du corps
d'un vert brillant, et le dessus d'un vert un peu
jaunâtre; le fouet de l'aile est jaune, au lieu que
dans les amazones le fouet de l'aile est rouge; le
premier rang des couvertures de l'aile est rouge
et jaune; les autres rangs sont d'un beau vert; les
pennes des ailes et de la queue sont variées de
vert, de noir, de bleu-violet, de jaunâtre et de
rouge; l'iris des yeux est jaune; le bec et les pieds
sont blanchâtres.

Ce crik à gorge jaune est actuellement vivant
chez le R. P. Bougot, qui nous a donné le détail
suivant sur son naturel et ses mœurs. « Il se
« montre, dit-il, très-capable d'attachement pour
« son maître; il l'aime, mais à condition d'en être
« souvent caressé; il semble être fâché si on le
« néglige, et vindicatif si on le chagrine; il a des
« accès de désobéissance; il mord dans ses capri-
« ces, et rit avec éclat après avoir mordu, comme
« pour s'applaudir de sa méchanceté; les châti-
« ments ou la rigueur des traitements ne font que
« le révolter, l'endurcir et le rendre plus opiniâ-
« tre; on ne le ramène que par la douceur.

« L'envie de dépecer, le besoin de ronger, en

« marginatis; syncipite cinereo-albo; vertice, genis, gutture et collo
« inferiore luteis; remigibus quatuor intermediis exteriùs supernè primâ
« medietate rubris; rectricibus quatuor utrinque extimis primâ medietate
« rubris, exteriùs viridi-luteo marginatis, alterâ viridi-luteis, interiùs ma-
« culâ saturatè viridi notatis, extimâ exteriùs dilutè cœruleâ.... Psittacus
« amazonicus gutture luteo. » Brisson, Ornithol., tome IV, page 287.

« font un oiseau destructeur de tout ce qui l'en-
« vironne ; il coupe les étoffes des meubles, en-
« tame les bois des chaises, et déchire le papier
« et les plumes, etc. Si on l'ôte d'un endroit, l'in-
« stinct de contradiction l'instant d'après l'y ra-
« mène. Il rachète ses mauvaises qualités par des
« agréments ; il retient aisément tout ce qu'on veut
« lui faire dire ; avant d'articuler, il bat des ailes,
« s'agite et se joue sur sa perche ; la cage l'attriste
« et le rend muet ; il ne parle bien qu'en liberté :
« du reste, il cause moins en hiver que dans la
« belle saison, où du matin au soir il ne cesse de
« jaser, tellement qu'il en oublie la nourriture.

« Dans ces jours de gaieté il est affectueux, il
« reçoit et rend les caresses, obéit et écoute, mais
« un caprice interrompt souvent et fait cesser cette
« belle humeur ; il semble être affecté des change-
« ments de temps : il devient alors silencieux ; le
« moyen de le ranimer est de chanter près de lui ;
« il s'éveille alors, et s'efforce de surpasser par ses
« éclats et par ses cris la voix qui l'excite. Il aime les
« enfants, et en cela il diffère du naturel des autres
« perroquets ; il en affectionne quelques-uns de
« préférence, ceux-là ont droit de le prendre et
« de le transporter impunément ; il les caresse, et
« si quelque grande personne le touche dans ce
« moment, il la mord très-serré ; lorsque ses amis
« enfants le quittent, il s'afflige, les suit, et les
« rappelle à haute voix. Dans le temps de la mue

« il paraît souffrant et abattu, et cet état de forte
« mue dure environ trois mois.

« On lui donne pour nourriture ordinaire du
« chenevi, des noix, des fruits de toute espèce et
« du pain trempé dans du vin : il préférerait la
« viande, si on voulait lui en donner; mais on a
« éprouvé que cet aliment le rend lourd et triste,
« et lui fait tomber les plumes au bout de quel-
« que temps ; on a aussi remarqué qu'il conserve
« son manger dans ses poches ou abajoues, d'où
« il le fait sortir ensuite par une espèce de rumi-
« nation (1). »

LE MEUNIER*

OU

LE CRIK POUDRÉ.

SECONDE ESPÈCE.

Psittacus pulverulentus, Linn., Gmel., Kuhl.

Aucun naturaliste n'a indiqué ni décrit cette
espèce d'une manière distincte; il semble seule-

---

(1) Note communiquée par le R. P. Bougot, gardien des Capucins de
Semur, qui a fait pendant long-temps son plaisir de l'éducation des
perroquets.

* Voyez les planches enluminées, n° 861.

1.

2.

le Crick poudré ou Père meunier, 2. le Père Javoua.

.ment que ce soit le grand perroquet vert poudré de gris, que Barrère a désigné sous le nom de *Perroquet blanchâtre* (1). C'est le plus grand de tous les perroquets du Nouveau-Monde, à l'exception des aras : il a été appelé *Meunier* par les habitants de Cayenne, parce que son plumage, dont le fond est vert, paraît saupoudré de farine; il a une tache jaune sur la tête : les plumes de la face supérieure du cou sont légèrement bordées de brun; le dessous du corps est d'un vert moins foncé que le dessus, et il n'est pas saupoudré de blanc; les pennes extérieures des ailes sont noires, à l'exception d'une partie des barbes extérieures qui sont bleues : il a une grande tache rouge sur les ailes; les pennes de la queue sont de la même couleur que le dessus du corps, depuis leur origine jusqu'aux trois quarts de leur longueur, et le reste est d'un vert-jaunâtre.

Ce perroquet est un des plus estimés, tant par sa grandeur et la singularité de ses couleurs, que par la facilité qu'il a d'apprendre à parler, et par la douceur de son naturel; il n'a qu'un petit trait déplaisant, c'est son bec qui est de couleur de corne blanchâtre.

---

(1) *Psittacus major albicans, capite luteo.* Barrère, France équinox., pag. 144.

LE CRIK[*]
ROUGE ET BLEU.

TROISIÈME ESPÈCE.

Psittacus cæruleocephalus, Lath., Linn., Gmel. (2).

Ce perroquet a été indiqué par Aldrovande, et tous les autres naturalistes ont copié ce qu'il en a dit; cependant ils ne s'accordent pas dans la description qu'ils en donnent. Selon Linnæus il a la queue verte, et selon M. Brisson il l'a couleur de rose; ni l'un ni l'autre ne l'ont vu, et voici tout ce qu'en dit Aldrovande :

« Le nom de *Varié* (Ποικίλον) lui conviendrait « fort, eu égard à la diversité et à la richesse de

---

(1) *Psittacus versicolor seu erythrocyanos*. Aldrovande, Avi., tom. I, page 675. — *Psittacus erythrocyanus*. Jonston, Avi., pag. 22. — *Psittacus versicolor seu erythrocyanus Aldrovandi*. Willughby, Ornithol., pag. 75. — *Psittacus versicolor seu erythrocyanus Aldrovandi*. Rai, Synops. Avi., pag. 31, n° 6. — « Psittacus brachyurus, capite, pectore « dorsoque cæruleis ; ventre, uropygio caudàque viridibus ; vertice « flavo.... Psittacus cæruleocephalus. » Linnæus, Syst. Nat., ed. X, pag. 100. — « Psittacus major brevicaudus, cæruleus, vertice viridi ; « lateribus luteis ; remigibus rectricibusque roseis.... Psittacus Guianensis « cæruleus. » Brisson, Ornithol., tome IV, page 304. — Perroquet rouge et bleu. Salerne, Ornithol., pag. 65, n° 6.

(2) Espèce dont l'existence n'est pas constatée.   Desm. 1827.

« ses couleurs; le bleu et le rouge tendre (*roseus*) y
« dominent; le bleu colore le cou, la poitrine et la
« tête, dont le sommet porte une tache jaune; le
« croupion est de même couleur; le ventre est
« vert; le haut du dos bleu-clair; les pennes de
« l'aile et de la queue sont toutes couleur de rose :
« les couvertures des premières sont mélangées
« de vert, de jaune et de couleur de rose; celles
« de la queue sont vertes; le bec est noirâtre; les
« pieds sont gris-rougeâtres. » Aldrovande ne dit
pas de quel pays est venu cet oiseau; mais comme
il a du rouge dans les ailes, et d'ailleurs une tache
jaune sur la tête, nous avons cru devoir le mettre
au nombre des criks d'Amérique.

Il faut remarquer que M. Brisson l'a confondu
avec le perroquet violet, indiqué par Barrère (1),
qui est néanmoins fort différent, et qui n'est pas
de l'ordre des amazones ni des criks, n'ayant point
de rouge sur les ailes : dans la suite, nous parlerons de ce perroquet violet.

---

(1) France équinoxiale, page 144.

LE CRIK*[1]

A FACE BLEUE.

QUATRIÈME ESPÈCE.

Psittacus havanensis, Linn., Gmel., Kuhl.

Ce perroquet nous a été envoyé de la Havane, et probablement il est commun au Mexique et aux terres de l'Isthme, mais il ne se trouve pas à la Guyane; il est beaucoup moins grand que le meunier ou crik poudré, sa longueur n'étant que de douze pouces : entre les pennes de l'aile, qui sont bleu d'indigo, il en perce quelques-unes de rouges; il a la face bleue; la poitrine et l'estomac d'un petit rouge tendre ou lilas, ondé de vert : tout le reste du plumage est vert, à l'exception d'une tache jaune au bas du ventre.

---

* Voyez les planches enluminées, n° 360.

(1) « Psittacus major brevicaudus, viridis ; pennis in apice supernè
« nigro, infernè cærulescente marginatis; capite anteriùs et collo infe-
« riore cinereo cæruleis, ad violaceum vergentibus ; maculâ in summo
« pectore rubrâ; remigibus quatuor intermediis exteriùs supernè primâ
« medietate rubris; rectricibus tribus utrinque extimis interiùs in exortu
« rubris, dein viridibus, apice viridi-luteis, extimâ supernè in utroque
« latere cæruleo mixtâ.... Psittacus amazonicus gutture cæruleo. »
Brisson, Ornithol., tome IV, page 266.

LE CRIK.*(1)

CINQUIÈME ESPÈCE.

Psittacus æstivus, Kuhl.; *P. agilis*, Linn., Gmel.;
P. cayennensis, Briss. (2).

C'EST ainsi qu'on appelle cet oiseau à Cayenne, où il est si commun, qu'on a donné son nom à tous les autres criks : il est plus petit que les amazones, mais néanmoins il ne faut pas, comme l'ont fait nos nomenclateurs, le mettre au nombre des perruches (3); ils ont pris ce crik pour la

---

* Voyez les planches enluminées, n° 839.

(1) *Aiuru catinga Brasiliensibus*. Marcgrave, Hist. Nat. Bras., pag. 207. — *Psittacus major vulgaris prasinus*. Barrère, France équinoxiale, page 144. — *Psittacus flavescens, supernè ex viridi cæruleus*. Idem, Ornithol., clas. 3, Gen. 2, Sp. 1. — *Little green parrot. Psittacus minor viridis*. Edwards, Hist. of Birds, pag. 168. — « Psittacus sub- « macrourus viridis, tectricibus remigum primorum cærulescentium fulvis, « caudâ subtus rubrâ.... Psittacus agilis. » Linnæus, Syst. Nat., ed. X, pag. 99. — « Psittacus major brevicaudus, viridis, infernè ad luteum « vergens; rectricibus lateralibus interiùs rubris, apice viridibus, binis « utrinque extimis exteriùs supernè cærulescentibus.... Psittacus Caya- « nensis. » Brisson, Ornithol., tome IV, page 237. — *Aiuru catinga*. Salerne, Ornithol., pag. 68.

(2) M. Kuhl considère cette espèce comme ne différant pas de celle qui a été décrite sous le nom d'Aourou-couraou. Voyez page 242. Desm. 1827.

(3) Willughby, Rai, Linnæus et Brisson.

perruche de la Guadeloupe, parce qu'il est entièrement vert comme elle : cependant il leur était
aisé d'éviter de tomber dans cette erreur, s'ils eussent consulté Marcgrave, qui dit expressément
que ce perroquet est gros comme un poulet; ce
seul caractère aurait suffi pour leur faire connaître
que ce n'était pas la perruche de la Guadeloupe,
qui est aussi petite que les autres perruches.

On a aussi confondu (1) ce perroquet crik avec
le perroquet *Tahua* qu'on prononce *Tavoua*, et
qui cependant en diffère par un grand nombre de
caractères, car le tavoua n'a point de rouge dans
les ailes, et n'est par conséquent ni de l'ordre des
amazones ni de celui des criks, mais plutôt de
celui des papegais, dont nous parlerons dans l'article suivant.

Le crik que nous décrivons ici a près d'un pied
de longueur, depuis la pointe du bec jusqu'à
l'extrémité de la queue, et ses ailes pliées s'étendent un peu au-delà de la moitié de la longueur
de la queue; il est, tant en dessus qu'en dessous,
d'un joli vert assez clair, et particulièrement sur
le ventre et le cou, où le vert est très-brillant; le
front et le sommet de la tête sont aussi d'un assez
beau vert; les joues sont d'un jaune-verdâtre; il y
a sur les ailes une tache rouge; les pennes en
sont noires terminées de bleu; les deux pennes

---

(1) Barrère, France équinox., pag. 144; et Brisson, tome IV,
page 238.

du milieu de la queue sont du même vert que le dos, et les pennes extérieures, au nombre de cinq de chaque côté, ont chacune une grande tache oblongue rouge sur les barbes intérieures, laquelle s'élargit de plus en plus de la penne intérieure à la penne extérieure; l'iris des yeux est rouge; le bec et les pieds sont blanchâtres.

Marcgrave a indiqué (1) une variété dans cette espèce qui n'a de différence que la grandeur, ce perroquet étant seulement un peu plus petit que le précédent; il appelle le premier *Aiuru-catinga*, et le second *Aiuru-apara*.

LE CRIK

A TÊTE BLEUE.

SIXIÈME ESPÈCE.

Psittacus Bouqueti, Levaillant, Kuhl.; *P. autumnalis*, var. β, Gmel.; *P. cærulifrons*, Shaw.

La sixième espèce de ces perroquets est celle du *Crik à tête bleue* (2), donnée par Edwards; il se trouve à la Guyane, ainsi que les précédents.

---

(1) *Aiuru-apara Brasiliensibus.* Marcgrave, Hist. Nat. Bras., pag. 238. — Salerne, Ornithol., pag. 238.

(2) *Blue faced green parrot.* Perroquet vert facé de bleu. Edwards, Glan., pag. 43, avec une bonne figure coloriée, pl. 230.

Il a tout le devant de la tête et la gorge bleue, et cette couleur est terminée sur la poitrine par une tache rouge; le reste du corps est d'un vert plus foncé sur le dos qu'en dessous; les couvertures supérieures des ailes sont vertes; leurs grandes pennes sont bleues, celles qui suivent sont rouges, et leur partie supérieure est bleue à l'extrémité; les pennes qui sont près du corps sont vertes; les pennes de la queue sont en dessus vertes jusqu'à la moitié de leur longueur, et d'un vert-jaunâtre en dessous; les pennes latérales ont du rouge sur leurs barbes extérieures; l'iris des yeux est de couleur orangée; le bec est d'un cendré-noirâtre, avec une tache rougeâtre sur les côtés de la mandibule supérieure; les pieds sont de couleur de chair et les ongles noirâtres.

VARIÉTÉS

DU CRIK A TÊTE BLEUE.

Nous devons rapporter à cette sixième espèce les variétés suivantes :

I. Le perroquet *Cocho* (1), indiqué par Fernandez (2), qui ne paraît différer de celui-ci qu'en ce qu'il a la tête variée de rouge et de blanchâtre, au lieu de rouge et de bleuâtre; mais, du reste,

---

(1) C'est la variété γ du *Psittacus autumnalis* de Gmelin. Dssm. 1827.

(2) Fernandez, Hist. nov. Hisp., pag. 38.

il est absolument semblable et de la même grandeur que le crik à tête bleue, qui est un peu plus petit que les criks de la première et de la seconde espèce. Les Espagnols l'appellent *Catherina*, nom qu'ils donnent aussi au perroquet de la seconde variété de l'espèce de l'aouarou-couraou, et Fernandez dit qu'il parle très-bien.

II. Le perroquet (1) indiqué par Edwards (2), qui ne diffère du crik à tête bleue qu'en ce qu'il a le front rouge et les joues orangées ; mais comme il lui ressemble par tout le reste des couleurs, ainsi que par la grandeur, on peut le regarder comme une variété dans cette espèce.

III. Encore une variété donnée par Edwards (3),

_____

(1) Cet oiseau est le type de l'espèce du *Psittacus autumnalis* de Gmelin. Desm. 1827.

(2) *Lesser green parrot. Psittacus viridis minor occidentalis.* Edwards, Hist. of Birds, pag. 164. — « Psittacus brachyurus viridis ; fronte remigumque maculâ coccineâ ; vertice, remigibusque primoribus cæruleis.... « Psittacus autumnalis. » Linnæus, Syst. Nat., ed. X, pag. 102. — « Psittacus major brevicaudus, viridis, supernè saturatiùs, infernè dilu- « tiùs ; syncipite coccineo ; vertice cæruleo ; genis aurantiis ; marginibus « alarum luteis ; remigibus intermediis exteriùs primâ medietate rubris ; « rectricibus supernè obscurè viridibus, infernè viridi-flavicantibus.... « Psittacus Americanus. » Brisson, Ornithol., tome IV, page 293.

(3) *Brasilian green parrot. Psittacus viridis Brasiliensis.* Edwards, Hist. of Birds, pag. 161.— « Psittacus brachyurus viridis ; facie rubrâ ; « temporibus cæruleis.... Psittacus Brasiliensis. » Linnæus, Syst. Nat., ed. X, pag. 102. — « Psittacus major brevicaudus, viridis, infernè ad « luteum vergens, supernè pennis obscurè purpureo marginatis ; capite « anteriùs rubro ; vertice viridi-flavicante ; genis cæruleis ; rectricibus « lateralibus interiùs rubris, apice luteis, extimâ exteriùs cæruleâ, binis « utrinque proximis exteriùs rubris.... Psittacus Brasiliensis fronte « rubrâ. » Brisson, Ornithol., tome IV, page 254.

qui ne diffère pas par la grandeur du crik à tête
bleue, mais seulement par la couleur du front et
le haut de la gorge qui est d'un assez beau rouge,
tandis que l'autre a le front et le haut de la gorge
bleuâtres; mais, comme il est semblable par tout
le reste, nous avons jugé que ce n'était qu'une
variété. Nous ne voyons pas la raison qui a pu
déterminer M. Brisson à joindre à ce crik le perroquet de la Dominique, indiqué par le P. Labat;
car cet auteur dit seulement qu'il a quelques plumes rouges aux ailes, à la queue et sous la gorge,
et que tout le reste de son plumage est vert : or
cette indication n'est pas suffisante pour le placer
avec celui-ci, puisque ces caractères peuvent convenir également à plusieurs autres perroquets
amazones ou criks.

LE CRIK[1]
A TÊTE VIOLETTE.

SEPTIÈME ESPÈCE.

Psittacus violaceus, Lath., Linn., Gmel., Kuhl.

C'EST le P. Dutertre qui, le premier, a indiqué

---

[1] Perroquet de la Guadeloupe. Dutertre, Histoire des Antilles,
tome II, page 250. — Perroquet de la Guadeloupe. Labat, Nouveau
Voyage aux îles de l'Amérique, tome II, page 214. — « Psittacus major

et décrit ce perroquet qui se trouve à la Guadeloupe : « Il est si beau, dit-il, et si singulier dans
« les couleurs de ses plumes, qu'il mérite d'être
« choisi entre tous les autres pour le décrire. Il est
« presque gros comme une poule : il a le bec et les
« yeux bordés d'incarnat; toutes les plumes de la
« tête, du cou et du ventre sont de couleur violette,
« un peu mêlée de vert et de noir, et changeantes
« comme la gorge d'un pigeon; tout le dessus du
« dos est d'un vert fort brun; les grandes pennes
« des ailes sont noires, toutes les autres sont
« jaunes, vertes et rouges; et il a sur les couver-
« tures des ailes deux taches en forme de roses
« des mêmes couleurs : quand il hérisse les plumes
« de son cou, il s'en fait une belle fraise autour
« de la tête, dans laquelle il semble se mirer
« comme le paon fait dans sa queue; il a la voix
« forte, parle très-distinctement, et apprend
« promptement pourvu qu'on le prenne jeune. »

Nous n'avons pas vu ce perroquet, et il ne se
trouve pas à Cayenne, il faut même qu'il soit bien
rare à la Guadeloupe aujourd'hui, car aucun des
habitants de cette île ne nous en ont donné connaissance; mais cela n'est pas extraordinaire, car
depuis que les îles sont fort habitées, le nombre
des perroquets y est fort diminué; et le P. Du-

« brevicaudus, supernè viridis, infernè cinereo-cærulescens; capite et
« collo cærulescentibus; viridi et nigro variegatis, rectricibus viridibus....
« Psittacus aquarum-lupiarum insulæ. » Brisson, Ornithol., tome IV,
page 302.

tertre remarque en particulier de celui-ci, que
les colons français lui faisaient une terrible guerre
dans la saison où les goyaves, les cachimans, etc.,
lui donnent une graisse extraordinaire et succu-
lente. Il dit aussi qu'il est d'un naturel très-doux
et facile à priver : « Nous en avions deux, ajoute-
« t-il, qui firent leur nid à cent pas de notre case,
« dans un grand arbre ; le mâle et la femelle cou-
« vaient alternativement, et venaient l'un après
« l'autre chercher à manger à la case, où ils ame-
« nèrent leurs petits dès qu'ils furent en état de
« sortir du nid (1). »

Nous devons observer que comme les cricks
sont les perroquets les plus communs, et en même
temps ceux qui parlent le mieux, les Sauvages se
sont amusés à les nourrir et à faire des expériences pour varier leur plumage ; ils se servent
pour cette opération du sang d'une petite grenouille, dont l'espèce est bien différente de celle
de nos grenouilles d'Europe ; elle est de moitié
plus petite et d'un beau bleu d'azur, avec des
bandes longitudinales de couleur d'or ; c'est la
plus jolie grenouille du monde : elle se tient rarement dans les marécages, mais toujours dans
les forêts éloignées des habitations. Les Sauvages
commencent par prendre un jeune crik au nid
et lui arrachent quelques-unes des plumes scapulaires et quelques autres plumes du dos : ensuite

---

(1) Histoire générale des Antilles, tome II, page 251.

1. Le Perroquet Tapiré. 2. Le Perroquet Maillé.

ils frottent du sang de cette grenouille le perroquet à demi plumé; les plumes qui renaissent après cette opération, au lieu de vertes qu'elles étaient, deviennent d'un beau jaune ou d'un très-beau rouge; c'est ce qu'on appelle en France *Perroquets tapirés.* C'est un usage ancien chez les Sauvages, car Marcgrave en parle; ceux de la Guyane comme ceux de l'Amazone, pratiquent cet art de tapirer le plumage des perroquets (1). Au reste, l'opération d'arracher les plumes fait beaucoup de mal à ces oiseaux, et même ils en meurent si souvent, que ces perroquets tapirés sont fort rares, quoique les Sauvages les vendent beaucoup plus cher que les autres.

Nous avons fait représenter dans les planches enluminées, n° 120, un de ces perroquets tapirés (2), et on doit lui rapporter le perroquet indiqué par Klein et par Frisch, que ces deux auteurs ont pris pour un perroquet naturel, duquel ils ont en conséquence fait une description qu'il est inutile de citer ici (3).

---

(1) Voyage de M. de Gennes au détroit de Magellan, Paris, 1698, page 163.

(2) Il y est nommé *Perroquet amazone varié du Brésil.*

(3) « Psittacus viridis major, maculis rubris luteisque; fronte cæ-« ruleâ. » Klein, Avi., pag. 25, n° 12. — « Psittacus major viridis, « maculis luteis et rubris. » Frisch, pl. 49.

LES PAPEGAIS.

Les Papegais sont en général plus petits que les Amazones, et ils en diffèrent, ainsi que des Criks, en ce qu'ils n'ont point de rouge dans les ailes; mais tous les papegais aussi-bien que les amazones, les criks et les aras, appartiennent au nouveau continent et ne se trouvent point dans l'ancien. Nous connaissons onze espèces de papegais, auxquelles nous ajouterons ceux qui ne sont qu'indiqués par les auteurs, sans qu'ils aient désigné les couleurs des ailes, ce qui nous met hors d'état de pouvoir prononcer si ces perroquets, dont ils ont fait mention, sont ou non du genre des amazones, des criks ou des papegais.

LE PAPEGAI DE PARADIS. *(1)

PREMIÈRE ESPÈCE.

Psittacus Amazonius, Lath., Kuhl.; *P. paradisi*, Linn.,
Gmel. (2).

CATESBY a appelé cet oiseau *Perroquet de Paradis*; il est très-joli, ayant le corps jaune, et toutes les plumes bordées de rouge mordoré; les grandes pennes des ailes sont blanches et toutes les autres jaunes comme les plumes du corps; les deux pennes du milieu de la queue sont jaunes aussi, et toutes les latérales sont rouges de-

---

* Voyez les planches enluminées, n° 336, sous la dénomination de *Perroquet de Cuba.*

(1) *Parrot of Paradise of Cuba.* Catesby, tom. I, pag. 10 : la figure qu'il en donne est défectueuse, il le remarque lui-même. — *Psittacus Paradisi ex Cuba.* Klein, Avi., pag. 25, n° 18. — « Psittacus medio « minor, pectore et ventre rubello miscellis vertice albo. Cubat. parrot. » Browne, Hist. Nat. of Jamaïc., pag. 473. — « Psittacus brachyurus « luteus; angulo abdominis rectricibusque basi rubris... Psittacus Pa- « radisi. » Linnæus, Syst. Nat., ed. X, pag. 101. — « Psittacus major « brevicaudus, luteus, supernè pennis in apice rubro marginatis; gutture, « collo inferiore et ventre coccineis; remigibus majoribus albis; rectricibus « lateralibus primâ medietate rubris.... Psittacus luteus insulæ Cubæ. » Brisson, Ornithol., tome IV, page 308.

(2) C'est encore une des variétés de l'Amazone à tête jaune, ou amazone proprement dite, selon M. Kuhl. Dess. 1827.

puis leur origine jusque vers les deux tiers de leur longueur, le reste est jaune; l'iris des yeux est rouge; le bec et les pieds sont blancs.

Il semble qu'il y ait quelques variétés dans cette espèce de papegai, car celui de Catesby a la gorge et le ventre entièrement rouges, tandis qu'il y en a d'autres qui ne l'ont que jaune, et dont les plumes sont seulement bordées de rouge, ce qui peut provenir de ce que les bordures rouges sont plus ou moins larges, suivant l'âge ou le sexe.

On le trouve dans l'île de Cuba, et c'est par cette raison qu'on l'a étiqueté *Perroquet de Cuba* dans la planche enluminée.

LE PAPEGAI MAILLÉ.*

SECONDE ESPÈCE.

Psittacus accipitrinus, Linn., Gmel., Kuhl.; *P. coronatus*, Linn., Gmel.; *P. Clusii*, Shaw.

Ce perroquet d'Amérique paraît être le même que le perroquet varié de l'ancien continent, et nous présumons que quelques individus qui sont venus d'Amérique en France, y avaient auparavant été transportés des grandes Indes, et que si l'on en trouve dans l'intérieur des terres de la Guyane, c'est qu'ils s'y sont naturalisés comme

---

* Voyez les planches enluminées, n° 526.

les serins, et quelques autres oiseaux et animaux des contrées méridionales de l'ancien continent qui ont été transportés dans le nouveau par les navigateurs; et ce qui semble prouver que cette espèce n'est point naturelle à l'Amérique, c'est qu'aucun naturaliste, ni aucun des voyageurs au nouveau continent n'en ont fait mention, quoiqu'il soit connu de nos oiseleurs sous le nom de *Perroquet maillé*, épithète qui indique la variété de son plumage; d'ailleurs il a la voix différente de tous les autres perroquets de l'Amérique, son cri est aigu et perçant; tout cela semble prouver que cette espèce n'appartient point à ce continent, mais vient originairement de l'ancien.

Il a le haut de la tête et la face entourés de plumes étroites et longues, blanches et rayées de noirâtre, qu'il relève quand il est irrité, et qui lui forment alors une belle fraise comme une crinière; celles de la nuque et des côtés du cou sont d'un beau rouge-brun, et bordées de bleu vif: les plumes de la poitrine et de l'estomac sont nuées, mais plus faiblement des mêmes couleurs, dans lesquelles on voit un mélange de vert; un plus beau vert soyeux et luisant couvre le dessus du corps et la queue, excepté que quelques-unes de ses pennes latérales de chaque côté, paraissent en dehors d'un bleu-violet, et que les grandes de l'aile sont brunes, ainsi que le dessous de celles de la queue.

LE TAVOUA.*

TROISIÈME ESPÈCE.

Psittacus festivus, Linn., Gmel., Kuhl.

C'EST encore une espèce nouvelle dont M. Duval a envoyé deux individus pour le Cabinet. Ce perroquet est assez rare à la Guyane, cependant il approche quelquefois des habitations. Nous lui conservons le nom de *Tavoua* qu'il porte dans la langue galibi, et nos oiseleurs ont aussi adopté ce nom. Ils le recherchent beaucoup, parce que c'est peut-être de tous les perroquets celui qui parle le mieux, même mieux que le perroquet gris de Guinée à queue rouge; et il est singulier qu'il ne soit connu que depuis si peu de temps : mais cette bonne qualité, ou plutôt ce talent est accompagné d'un défaut bien essentiel; ce tavoua est traître et méchant au point de mordre cruellement lorsqu'il fait semblant de caresser; il a même l'air de méditer ses méchancetés; sa physionomie, quoique vive, est équivoque : du reste, c'est un très-bel oiseau, plus agile et plus ingambe qu'aucun autre perroquet.

---

* Voyez les planches enluminées, n° 840.

Il a le dos et le croupion d'un très-beau rouge ; il porte aussi du rouge au front, et le dessus de la tête est d'un bleu-clair ; le reste du dessous du corps est d'un beau vert-plein, et le dessous d'un vert plus clair ; les pennes des ailes sont d'un beau noir avec des reflets d'un bleu-foncé, en sorte qu'à de certains aspects, elles paraissent en entier d'un très-beau bleu-foncé ; les couvertures des ailes sont variées de bleu-foncé et de vert.

Nous avons remarqué que MM. Brisson et Browne ont confondu ce papegai tavoua avec le crik, cinquième espèce.

LE PAPEGAI*

A BANDEAU ROUGE.

QUATRIÈME ESPÈCE.

Psittacus leucocephalus fæm., Kuhl.; *P. dominicensis*, Linn. Gmel. (1).

Ce perroquet se trouve à Saint-Domingue, et c'est par cette raison que, dans les planches en-

---

* Voyez les planches enluminées, n° 792.

(1) Suivant Levaillant et Kuhl, ce papegai ne constitue pas une espèce différente de celle de l'amazone à tête blanche, décrite ci-dessus, page 238. C'est la femelle de cet oiseau. Desm. 1827.

luminées, on l'a nommé *Perroquet de Saint-Domingue*. Il porte sur le front, d'un œil à l'autre, un petit bandeau rouge; c'est presque le seul trait, avec le bleu des grandes pennes de l'aile, qui tranche dans son plumage tout vert, assez sombre, et comme écaillé de noirâtre sur le cou et le dos, et de rougeâtre sur l'estomac. Ce papegai a neuf pouces et demi de longueur.

LE PAPEGAI*(1)

A VENTRE POURPRE.

CINQUIÈME ESPÈCE.

Psittacus leucocephalus, Kuhl.; *P. leucocephalus* var. ♂, Linn., Gmel. (2).

On trouve ce perroquet à la Martinique, mais il n'est pas si beau que les précédents. Il a le

---

* Voyez les planches enluminées, n° 548.

(1) « Psittacus major brevicaudus, viridis, pennis in apice nigro mar-
« ginatis; syncipite albo; vertice cinereo-cæruleo; ventre rubris maculis
« vario; rectrice extimâ exteriùs cæruleâ, interiùs rubrâ, luteo margi-
« natâ, tribus proximis rubris, exteriùs viridi, interiùs luteo marginatis
« et luteo-viridi terminatis.... Psittacus Martiniacus cyanocephalos. »
Brisson, Ornithol., tome IV, page 251.

(2) Levaillant regarde cet oiseau comme le jeune mâle de l'amazone à tête blanche, dont le papegai à bandeau rouge est la femelle. DESM. 1827.

front blanc; le sommet et les côtés de la tête d'un cendré-bleu; le ventre varié de pourpre et de vert, mais où le pourpre domine, tout le reste du corps, tant en dessus qu'en dessous, est vert; le fouet de l'aile est blanc; les pennes sont variées de vert, de bleu et de noir; les deux pennes du milieu de la queue sont vertes, les autres sont variées de vert, de rouge et de jaune; le bec est blanc; les pieds sont gris et les ongles bruns.

LE PAPEGAI [*](1)

A TÊTE ET GORGE BLEUE.

SIXIÈME ESPÈCE.

Psittacus menstruus, Linn., Gmel., Kuhl.

CE papegai se trouve à la Guyane, où cependant il est assez rare; d'ailleurs on le recherche

---

* Voyez les planches enluminées, n° 384, sous la dénomination de *Perroquet à tête bleue de Cayenne.*

(1) « Psittacus major brevicaudus, viridis; pennis in collo superiore « et dorso supremo nigricante, in pectore cæruleo-violaceo marginatis; « capite, gutture et collo inferiore cæruleo-violaceis; rectricibus quatuor « utrinque extimis interiùs primâ medietate rubris, alterâ viridibus, cæ- « ruleo supernè terminatis, tribus extimis supernè exteriùs cæruleo- « violaceis.... Psittacus Guyanensis cyanocephalos. » Brisson, Ornithol., tome IV, page 247. — *Blue headed parrot.* Perroquet à tête bleue. Edwards, Glan., pag. 226, avec une bonne figure coloriée, planche 314.

peu, parce qu'il n'apprend point à parler; il a la tête, le cou, la gorge et la poitrine d'un beau bleu, qui seulement prend une teinte de pourpre sur la poitrine; les yeux sont entourés d'une membrane couleur de chair, au lieu que dans tous les autres perroquets, cette membrane est blanche; de chaque côté de la tête, on voit une tache noire; le dos, le ventre et les pennes de l'aile sont d'un assez beau vert; les couvertures supérieures des ailes sont d'un vert-jaunâtre; les couvertures inférieures de la queue sont d'un beau rouge; les pennes du milieu de la queue sont entièrement vertes; les latérales sont de la même couleur verte, mais elles ont une tache bleue qui s'étend d'autant plus que les pennes deviennent plus extérieures; le bec est noir avec une tache rouge des deux côtés de la mandibule supérieure; les pieds sont gris.

Nous avons remarqué que M. Brisson a confondu ce perroquet avec celui qu'Edwards a nommé le *Perroquet vert facé de bleu*; tandis que ce perroquet facé de bleu d'Edwards est notre crik à tête bleue.

LE PAPEGAI VIOLET.*⁽¹⁾

SEPTIÈME ESPÈCE.

Psittacus purpureus, Lath., Linn., Gmel., Kuhl.

On le connaît, tant en Amérique qu'en France, sous la dénomination de *Perroquet violet;* il est assez commun à la Guyane, et, quoiqu'il soit joli, il n'est pas trop recherché, parce qu'il n'apprend point à parler.

Nous avons déja remarqué que M. Brisson l'avait confondu avec le perroquet rouge et bleu d'Aldrovande, qui est une variété de notre crik. Il a les ailes et la queue d'un beau violet-bleu; la tête et le tour de la face de la même couleur, ondée sur la gorge, et comme fondue par nuances dans du blanc et du lilas; un petit trait rouge borde le front; tout le dessus du corps est d'un brun obscurément teint de violet. Toutes ces

---

* Voyez les planches enluminées, n° 408, sous la dénomination de *Perroquet varié de Cayenne.*

(1) *Psittacus major violaceus, kiankia.* Perroquet violet. Barrère, France équinox., pag. 144. — *Psittacus violaceus.* Idem, Ornithol., clas. 3, Gen. 2, Sp. 10. — *Little dusky parrot.* Petit perroquet noirâtre. Edwards, Glan., pag. 227, avec une bonne figure coloriée, pl. 315.

teintes sont trop brunes et trop peu senties dans la planche enluminée : le dessous du corps est richement nué de violet-bleu et de violet-pourpre ; les couvertures inférieures de la queue sont couleur de rose, et cette couleur teint en dedans les bords des pennes extérieures de la queue dans leur première moitié.

LE SASSEBÉ. [1]

HUITIÈME ESPÈCE.

Psittacus collarius, Lath., Linn., Gmel., Kuhl.

Oviedo est le premier qui ait indiqué ce papegai sous le nom de *Xaxbès* ou *Sassebé*. Sloane dit qu'il est naturel à la Jamaïque. Il a la tête, le dessus et le dessous du corps verts ; la gorge et la partie inférieure du cou d'un beau rouge ; les pennes des ailes sont les unes vertes et les autres noirâtres. Il serait à désirer qu'Oviedo et Sloane, qui paraissent avoir vu cet oiseau, en eussent donné une description plus détaillée.

---

(1) *Xaxbès.* Oviedo, liv. IV, chap. 4.—*Psittacus minor collo miniaceo.* Rai, Synops. Avi., pag. 181. — *Psittacus minor collo seu torque miniaceo.* Sloane, Voyag. of Jamaïc, pag. 297, n° 9. — « Psittacus bra- « chyurus viridis, collo rubente.... Psittacus collarius. » Linnæus Syst. Nat., ed. X, pag. 102. — « Psittacus major brevicaudus, viridis; « gutture et collo inferiore miniaceo ; rectricibus viridibus.... Psittacus « Jamaicensis gutture rubro. » Brisson, Ornithol., tome IV, page 241.

LE PAPEGAI BRUN.[1]

NEUVIÈME ESPÈCE.

Psittacus sordidus, Linn., Gmel., Kuhl.

CET oiseau a été décrit, dessiné et colorié par Edwards; c'est un des plus rares et des moins beaux de tout le genre des perroquets : il se trouve à la Nouvelle-Espagne. Il est à-peu-près de la grosseur d'un pigeon commun; les joues et le dessus du cou sont verdâtres; le dos est d'un brun-obscur; le croupion est verdâtre; la queue est verte en dessus et bleue en dessous; la gorge est d'un très-beau bleu sur une largeur d'environ un pouce; la poitrine, le ventre et les jambes sont d'un brun un peu cendré; les ailes sont vertes, mais les pennes les plus proches du corps sont bordées de jaune; les couvertures du dessous de la queue sont d'un beau rouge; le bec est noir

---

(1) *Dusky parrot. Psittacus fuscus Mexicanus.* Edwards, Hist. of Birds, pag. 167. — « Psittacus brachyurus subfuscus, gulâ cæruleâ, alis « caudâque viridibus, rostro anoque rubris. Psittacus sordidus. » Linnæus, Syst. Nat., ed. X, pag. 99. — « Psittacus major brevicaudus, supernè « viridi fuscescens, infernè cinereo fuscescens; gutture cæruleo; collo su- « periore et uropygio viridescentibus; tectricibus caudæ inferioribus rubris; « rectricibus subtus viridi-fuscescentibus, supernè viridibus, binis utrinque « extimis exteriùs supernè cæruleis.... Psittacus novæ Hispaniæ. » Brisson, Ornithol., tome IV, page 303.

en dessus; sa base est jaune, et les côtés des deux mandibules sont d'un beau rouge; l'iris des yeux est d'un brun couleur de noisette.

LE PAPEGAI
A TÊTE AURORE.

DIXIÈME ESPÈCE.

Psittacus ludovicianus, Linn., Gmel., Kuhl. (1).

M. LE PAGE DUPRATZ est le seul qui ait parlé de cet oiseau. « Il n'est pas, dit-il, aussi gros que les « perroquets qu'on apporte ordinairement en « France; son plumage est d'un beau vert-céla- « don; mais sa tête est coiffée de couleur aurore « qui rougit vers le bec, et se fond par nuance « avec le vert du côté du corps; il apprend diffi- « cilement à parler, et quand il le sait, il en fait « rarement usage. Ces perroquets vont toujours « en compagnie, et s'ils ne font pas grand bruit « étant privés, en revanche ils en font beaucoup « en l'air, qui retentit au loin de leurs cris aigres. « Ils vivent de pacanes, de pignons, de graines du « laurier-tulipier et d'autres petits fruits (2). »

(1) Cet oiseau, dont la description est incomplète, appartient évidemment à l'espèce de la perriche à tête jaune. DESM. 1827.

(2) Voyage à la Louisiane, par le Page Dupratz, tome II, page 128.

LE PARAGUA.[1]

ONZIÈME ESPÈCE.

Psittacus paraguanus, Linn., Gmel., Kuhl. (2).

Cet oiseau, décrit par Marcgrave, paraît se trouver au Brésil. Il est en partie noir et plus grand que l'amazone; il a la poitrine et la partie supérieure du ventre, ainsi que le dos d'un très-beau rouge; l'iris des yeux est aussi d'un beau rouge; le bec, les jambes et les pieds sont d'un cendré-foncé.

Par ses belles couleurs rouges, ce perroquet a du rapport avec le lori; mais comme celui-ci ne se trouve qu'aux grandes Indes, et que le paragua est probablement du Brésil, nous nous abstiendrons de prononcer sur l'identité ou la diversité de leurs espèces, d'autant qu'il n'y a que Marcgrave qui ait vu ce perroquet, et que peut-être

---

(1) *Paragua.* Marcgrave, Hist. Nat. Bras., pag. 207. — *Paragua.* Jonston, Avi., pag. 142. — *Paragua Marcgravii.* Willughby, Ornith., pag. 76. — *Paragua Marcgravii.* Rai, Synops. Avi., pag. 33, n° 4. — « Psittacus major brevicaudus, coccineus; capite, collo superiore, imo « ventre, alis et cauda nigris.... Lorius Brasiliensis. » Brisson, Ornith., tome IV, page 229. — *Paragua.* Salerne, Ornithol., pag. 68, n° 4.

(2) Cette espèce est du nombre de celles dont l'existence n'est pas bien certaine. Desm. 1827.

il l'aura vu en Afrique, ou qu'on l'aura transporté
au Brésil, parce qu'il ne lui donne que le nom
simple de *Paragua*, sans dire qu'il est du Brésil;
en sorte qu'il est possible que ce soit en effet un
lori, comme l'a dit M. Brisson. Et ce qui pourrait
fonder cette présomption, c'est que Marcgrave a
aussi donné un perroquet gris (1), comme étant
du Brésil, et que nous soupçonnons être de Guinée, parce qu'il ne s'est point trouvé de ces perroquets gris en Amérique, et qu'au contraire ils
sont très-communs en Guinée, d'où on les transporte souvent avec les Nègres. La manière même
dont Marcgrave s'exprime prouve qu'il ne le re-
gardait pas comme un perroquet d'Amérique :
Avis Psittaco planè similis.

---

(1) *Maracana prima Brasiliensibus.* Marcgrave, Hist. Nat. Bras.,
pag. 206. — *Maracana prima Brasiliensibus.* Jonston, Avi., pag. 142.
— *Maracana prima Brasiliensibus Marcgravii.* Willughby, Ornithol.,
pag. 73. — *Maracana prima Brasiliensibus Marcgravii.* Rai, Synops.
Avi., pag. 29, n° 4. — « Psittacus major brevicaudus, in toto corpore
« cinereo subcærulescens.... Psittacus Brasiliensis cinereus. » Brisson,
Ornithologie, tome IV, page 313. — *Maracana* des Brasiliens de Marcgrave. Salerne, Ornithol., pag. 62, n° 4.

2

1

Oudart del.   Litho de C. Motte.   Meunier direx.

1. Le Maï-poun. 2, La Perriche Pavouane.

LES PERRICHES.

Avant de passer à la grande tribu des perriches, nous commencerons par en séparer une petite famille qui n'est ni de cette tribu, ni de celle des papegais, et qui paraît faire la nuance pour la grandeur entre les deux. Ce petit genre n'est composé que de deux espèces ; savoir, le *Maïpouri* et le *Caïca*, et cette dernière n'est que très-nouvellement connue.

LE MAÏPOURI.*(1)

PREMIÈRE ESPÈCE.

Psittacus melanocephalus, Linn., Gmel., Kuhl.

Ce nom convient très-bien à cet oiseau, parce

---

* Voyez les planches enluminées, n° 527, sous la dénomination de *petite perruche Maïpouri de Cayenne*.

(1) *White breasted parrot. Psittacus viridis minor, Mexicanus, pectore albo.* Edwards, Hist. of Birds, pag. 169. — « Psittacus brachyurus « viridis subtus luteus, pileo nigro, pectore albo.... Psittacus melano- « cephalus. » Linnæus, Syst. Nat., ed. X, pag. 102. — « Psittacus major « brevicaudus, supernè viridis, infernè albus ; capite superiore nigro ; « maculâ infra oculos viridi ; genis et collo inferiore luteis ; collo supe- « riore et imo ventre aurantiis.... Psittacus Mexicanus pectore albo. » Brisson, Ornithologie, tome IV, page 298.

qu'il siffle comme le tapir, qu'on appelle à Cayenne *Maïpouri*; et, quoiqu'il y ait une énorme diffé-rence entre ce gros quadrupède et ce petit oiseau, le coup de sifflet est si semblable qu'on s'y mé-prendrait. Il se trouve à la Guyane, au Mexique et jusqu'aux Caraques; il n'approche pas des ha-bitations et se tient ordinairement dans les bois entourés d'eau, et même sur les arbres des sa-vanes noyées; il n'a pas d'autre voix que son sif-flet aigu qu'il répète souvent en volant, et il n'ap-prend point à parler.

Ces oiseaux vont ordinairement en petites troupes, mais souvent sans affection les uns pour les autres, car ils se battent fréquemment et cruel-lement : lorsqu'on en prend quelques-uns à la chasse, il n'y a pas moyen de les conserver; ils refusent la nourriture si constamment, qu'ils se laissent mourir; ils sont de si mauvaise humeur, qu'on ne peut les adoucir même avec les camou-flets de fumée de tabac, dont on se sert pour rendre doux les perroquets les plus revêches. Il faut, pour élever ceux-ci, les prendre jeunes, et ils ne vaudraient pas la peine de leur éducation, si leur plumage n'était pas beau et leur figure singulière, car ils sont d'une forme fort différente de celle des perroquets et même de celle des perriches; ils ont le corps plus épais et plus court; la tête aussi beaucoup plus grosse; le cou et la queue extrêmement courts, en sorte qu'ils ont l'air massif et lourd : tous leurs mouvements répondent à

leur figure ; leurs plumes même sont toutes différentes de celles des autres perroquets ou perruches, elles sont courtes, très-serrées et collées
contre le corps; en sorte qu'il semble qu'on les
ait en effet comprimées et collées artificiellement
sur la poitrine et sur toutes les parties inférieures
du corps. Au reste, le maïpouri est grand comme
un petit papegai, et c'est peut-être par cette raison que MM. Edwards, Brisson et Linnæus l'ont
mis avec les perroquets; mais il en est si différent, qu'il mérite un genre à part, dans lequel
l'espèce ci-après est aussi comprise.

Le maïpouri a le dessus de la tête noir; une
tache verte au-dessous des yeux ; les côtés de la
tête, la gorge et la partie inférieure du cou sont
d'un assez beau jaune; le dessus du cou, le bas-
ventre et les jambes de couleur orangée; le dos,
le croupion, les couvertures supérieures des ailes
et les pennes de la queue d'un beau vert; la poitrine et le ventre blanchâtres quand l'oiseau est
jeune, et jaunâtres quand il est adulte; les grandes pennes des ailes sont bleues à l'extérieur en
dessus, et noires à l'intérieur, et par dessous elles
sont noirâtres; les suivantes sont vertes et bordées extérieurement de jaunâtre; l'iris des yeux
est d'une couleur de noisette foncée; le bec est
de couleur de chair; les pieds sont d'un brun-
cendré et les ongles noirâtres.

LE CAÏCA.*

SECONDE ESPÈCE.

Psittacus pileatus, Linn., Gmel., Kuhl. (1).

Nous avons adopté pour cet oiseau le mot *Caïca*
de la langue Galibi, qui est le nom des plus
grosses perriches, parce qu'il est en effet aussi
gros que le précédent; il est aussi du même genre,
car il lui ressemble par toutes les singularités de la
forme, et par la calotte noire de sa tête : cette espèce
est non seulement nouvelle en Europe, mais elle
l'est même à Cayenne. M. Sonnini de Manoncour
nous a dit qu'il était le premier qui l'eût vue en
1773; avant ce temps, il n'était jamais venu de
ces oiseaux à Cayenne, et l'on ne sait pas encore
de quel pays ils viennent; mais depuis ce temps
on en voit tous les ans arriver par petites troupes
dans la belle saison des mois de septembre et
d'octobre, et ne faire qu'un petit séjour; en sorte
que pour le climat de la Guyane, ce ne sont que
des oiseaux de passage.

La coiffe noire qui enveloppe la tête du caïca

---

* Voyez les planches enluminées, n° 744, sous la dénomination de
Perruche à tête noire de Cayenne.

(1) Cette espèce n'est pas le *psittacus pileatus* de Scopoli. Desm. 1827.

est comme percée d'une ouverture dans laquelle l'œil est placé : cette coiffe noire s'étend fort bas et s'élargit en deux mentonnières de même couleur, le tour du cou est fauve et jaunâtre ; dans le beau vert qui couvre le reste du corps, tranche le bleu d'azur qui marque le bord de l'aile presque depuis l'épaule, borde ses grandes pennes sur un fond plus sombre, et peint les pointes de celles de la queue, excepté les deux intermédiaires qui sont toutes vertes et paraissent un peu plus courtes que les latérales.

PERRICHES

DU NOUVEAU CONTINENT.

Il y a dans le nouveau continent, comme dans l'ancien, des perruches à longue et à courte queue; dans les premières, les unes ont la queue également étagée, et les autres l'ont inégale : nous suivrons donc le même ordre dans leur distribution, en commençant par les perriches à queue longue et égale, que nous ferons suivre des perriches à queue longue et inégale, et nous finirons par les perriches à queue courte.

PERRICHES

A LONGUE QUEUE ET ÉGALEMENT ÉTAGÉE.

LA PERRICHE PAVOUANE.*(1)

PREMIÈRE ESPÈCE A QUEUE LONGUE ET ÉGALE.

Psittacus guyanensis, Linn., Gmel., Kuhl.

CETTE perriche est une des plus jolies; elle est représentée jeune dans la *planche* 407, et tout-à-fait adulte, c'est-à-dire dans sa beauté, *planche* 167. Nous observerons seulement que son bec n'est pas rouge, et que le vert de son plumage n'est pas aussi foncé qu'on le voit dans cette dernière planche. La pavouane est assez commune à Cayenne; on la trouve également aux Antilles, comme nous l'assure M. de La Borde, et c'est de

---

* Voyez les planches enluminées, n° 407, sous la dénomination de *Perruche de Cayenne;* et n° 167, sous celle de *Perruche de la Guyane.*

(1) « Psittacus minor longicaudus, viridis, supernè saturatiùs, infernè « dilutiùs, genis rubro maculatis : calcaneis rubro circumdatis, tectri- « cibus alarum inferioribus minoribus coccineis, majoribus luteis; rec- « tricibus supernè saturatè viridibus, infernè obscurè luteis.... Psittaca « Guianensis. » Brisson, Ornithol., tome IV, page 331.

toutes les perriches du nouveau continent celle qui apprend le plus facilement à parler; néanmoins elle n'est docile qu'à cet égard, car, quoique privée depuis long-temps, elle conserve toujours un naturel sauvage et farouche; elle a même l'air mutin et de mauvaise humeur, mais comme elle a l'œil très-vif et qu'elle est leste et bien faite, elle plaît par sa figure. Nos oiseleurs ont adopté le nom de *Pavouane* qu'elle porte à la Guyane. Ces perriches volent en troupes, toujours criant et piaillant (1); elles parcourent les savanes et les bois, et se nourrissent de préférence du petit fruit d'un grand arbre qu'on nomme dans le pays l'*Immortel*, et que Tournefort a désigné sous la dénomination de *Corallo-dendron* (2).

Elle a un pied de longueur; la queue a près de six pouces et elle est régulièrement étagée; la tête, le corps entier, le dessus des ailes et de la queue sont d'un très-beau vert. A mesure que ces oiseaux prennent de l'âge, les côtés de la tête et du cou se couvrent de petites taches d'un rouge vif, lesquelles deviennent de plus en plus nombreuses; en sorte que, dans ceux qui sont âgés, ces parties sont presque entièrement garnies de belles taches rouges; on ne voit aucune de ces taches dans l'oiseau jeune, et elles ne commen-

---

(1) On a remarqué que les perruches ne font aucune société avec les perroquets, mais vont toujours ensemble par grandes troupes. Waffer, dans les voyages de Dampier, tome IV, page 130.

(2) Institut. Rei herb. app.

cent à paraître qu'à deux ou trois ans d'âge ; les
petites couvertures inférieures des ailes sont du
même rouge vif, tant dans l'oiseau adulte que
dans le jeune ; seulement ce rouge est un peu
moins éclatant dans le dernier ; les grandes couvertures inférieures des ailes sont d'un beau jaune ;
les pennes des ailes et de la queue sont, en dessous, d'un jaune obscur ; le bec est blanchâtre et
les pieds sont gris.

LA PERRICHE[1]

A GORGE BRUNE.

SECONDE ESPÈCE A QUEUE LONGUE ET ÉGALE.

Psittacus æruginosus, Linn., Gmel., Kuhl.

M. Edwards a donné le premier cette perruche
qui se trouve dans le nouveau continent. M. Brisson dit qu'elle lui a été envoyée de la Martinique.

---

(1) *Brown-throated parraket. Psittacus minor gutture fusco , occiden-*
talis. Edwards, Hist. of Birds, page 177. — « Psittacus minor longi-
« caudus, supernè viridis, infernè viridi-lutescens ; vertice viridi-cæru-
« lescente ; syncipite, genis et collo inferiore griseo-fuscis , ad fulvum
« inclinantibus ; rectricibus supernè viridibus, subtus lutescentibus.....
« Psittaca Martinicana. » Brisson, Ornithol., tome IV, page 356. —
« Psittacus macrourus viridis, vertice remigibusque primoribus cæruleis ,
« orbitis cinereis.... Psittacus æruginosus. » Linnæus, Syst. Nat. ,
ed. XII, pag. 142.

Elle a le front, les côtés de la tête, la gorge et la partie inférieure du cou d'un gris-brun; le sommet de la tête d'un vert-bleuâtre; tout le dessus du corps d'un vert-jaunâtre; les grandes couvertures supérieures des ailes bleues; toutes les pennes des ailes sont noirâtres en dessous, mais en dessus les grandes pennes sont bleues, avec une large bordure noirâtre sur leur côté inférieur; les moyennes sont d'un même vert que le dessus du corps; la queue est verte en dessus, et jaunâtre en dessous; l'iris des yeux est de couleur de noisette; le bec et les pieds sont cendrés.

LA PERRICHE *(1)

A GORGE VARIÉE.

TROISIÈME ESPÈCE A QUEUE LONGUE ET ÉGALE.

Psittacus versicolor, Lath., Linn., Gmel., Kuhl.; *P. lepidus*, Illig.; *P. Anaca*, Lath. (2).

Cette perriche est fort rare et fort jolie; on ne la voit pas fréquemment à Cayenne, et l'on ne

---

* Voyez les planches enluminées, n° 144, sous la dénomination de *Perruche à gorge tachetée de Cayenne.*

(1) Jolie perruche de Cayenne. Salerne, Ornithol., page 72.

(2) Cette espèce ne diffère pas de l'Anaca, dont on trouvera la description page 293. Desm. 1827.

sait pas si on peut l'instruire à parler; elle n'est pas si grosse qu'un merle; la plus grande partie de son plumage est d'un beau vert; mais la gorge et le devant du cou sont d'un brun écaillé et maillé de gris-roussâtre; les grandes pennes de l'aile sont teintes de bleu; le front est vert-d'eau; on voit derrière le cou, au bas et près du dos, une petite zone de cette même couleur; au pli de l'aile sont quelques plumes d'un rouge clair et vif; la queue, partie verte en dessus et partie rouge-brun, avec reflets couleur de cuivre, est en dessous toute de cette dernière couleur; la même teinte se marque sous le ventre.

LA PERRICHE [*](1)

A AILES VARIÉES.

QUATRIÈME ESPÈCE A QUEUE LONGUE ET ÉGALE.

Psittacus virescens, Linn., Gmel., Kuhl. (2).

Cette espèce est celle que l'on nomme la *Per-*

---

* Voyez les planches enluminées, n° 359, sous la dénomination de *petite Perruche verte de Cayenne.*

(1) *Psittacus minor vulgaris.* Perriche commune. Barrère, France équinox., page 146. — « Psittacus minor longicaudus, viridis, supernè

(2) Cette espèce doit être réunie avec celle de la perruche aux ailes d'or, décrite ci-avant, page 191, et indiquée à tort d'après Edwards, comme propre aux Indes orientales. DESM. 1827.

19.*

ruche commune à Cayenne; elle n'est pas si grande
qu'un merle, n'ayant que huit pouces quatre
lignes, y compris la queue qui a trois pouces et
demi. Ces perriches vont en grandes troupes, fréquentent volontiers les lieux découverts et viennent même jusqu'au milieu des lieux habités:
elles aiment beaucoup les boutons des fruits de
l'arbre immortel, et arrivent en nombre pour s'y
percher dès que cet arbre est en fleurs : comme
il y a un de ces grands arbres planté dans la nouvelle ville de Cayenne, plusieurs personnes y ont
vu arriver ces perriches qui se rassemblaient sur
cet arbre tout voisin des maisons; on les fait fuir
en les tirant, mais elles reviennent peu de temps
après; au reste, elles ont assez de facilité pour
apprendre à parler.

Cette perriche a la tête, le corps entier, la queue
et les couvertures supérieures des ailes d'un beau
vert; les pennes des ailes sont variées de jaune,
de vert-bleuâtre, de blanc et de vert; les pennes
de la queue sont bordées de jaunâtre sur leur
côté intérieur, le bec, les pieds et les ongles sont
gris.

La femelle ne diffère du mâle qu'en ce qu'elle
a les couleurs moins vives.

« saturatiùs, infernè dilutiùs; remigibus intermediis candidis, supernè
« exteriùs, et apice luteo adumbratis; sequentibus interiùs candidis, luteo
« adumbratis; sequentibus interiùs candidis, luteo adumbratis, exteriùs
« et apice luteis; rectricibus viridibus, interiùs flavicante marginatis....
« Psittaca Cayanensis. » Brisson, Ornithol., tome IV, page 334.

Barrère a confondu cette perruche avec l'*Anaca*
de Marcgrave, mais ce sont deux oiseaux d'espèces différentes, quoique tous deux du genre
des perriches.

L'ANACA.[1]

CINQUIÈME ESPÈCE A QUEUE LONGUE ET ÉGALE.

Psittacus versicolor, Lath., Linn., Gmel., Kuhl.; *P. Anaca*,
Lath.; *P. lepidus*, Illig. (2).

L'ANACA est une très-jolie perriche qui se trouve
au Brésil; elle n'est que de la grandeur d'une
alouette; elle a le sommet de la tête couleur de
marron; les côtés de la tête bruns; la gorge cendrée; le dessus du cou et les flancs verts; le ventre d'un brun-roussâtre; le dos vert avec une
tache brune; la queue d'un brun clair; les pennes

---

(1) *Anaca Brasiliensibus.* Marcgrave, Hist. Nat. Bras., pag. 207. —
Anaca Brasiliensibus. Jonston, Avi., pag. 142. — *Anaca Brasiliensibus Marcgravii.* Willughby, Ornithol., pag. 78. — *Anaca Brasiliensibus.* Rai, Synops. Avi., pag. 35, n° 8. — « Psittacus minor brevicaudus,
« supernè viridis, infernè fusco rufescens, vertice saturatè castaneo;
« oculorum ambitu fusco; gutture cinereo; marginibus alarum sanguineis;
« maculâ in dorso, et rectricibus dilutè fuscis.... Psittacula Brasiliensis
« fusca. » Brisson, Ornithol., tome IV, page 403. — Anaca du Brésil.
Salerne, Ornithol., pag. 71, n° 8.

(2) L'Anaca appartient à la même espèce que la perriche à gorge
variée, décrite ci-avant. DESM. 1827.

des ailes vertes, terminées de bleu, et une tache ou plutôt une frange d'un rouge de sang sur le haut des ailes; le bec est brun; les pieds sont cendrés.

M. Brisson a placé cette perruche avec celles qui ont la queue courte, cependant Marcgrave ne le dit pas; et comme il ne manque pas d'avertir dans ses descriptions qu'elles ont la queue courte, et qu'il a mis celle-ci entre deux autres qui ont la queue longue, nous présumons, avec fondement, qu'elle est en effet de l'ordre des perriches à queue longue. Il en est de même de l'espèce suivante, donnée par Marcgrave sous le nom de *Jendaya*, et dont il ne dit pas que la queue soit courte.

LE JENDAYA.[1]

SIXIÈME ESPÈCE A QUEUE LONGUE ET ÉGALE.

Psittacus Jandaya, Lath., Linn., Gmel., Kulh. [2].

CET oiseau est de la grandeur d'un merle; il a

---

(1) *Jendaya*. Marcgrave, Hist. Nat. Bras., pag. 206. — *Jendaya, quinta species*. Jonston, Avi., pag. 141. — *Psittaci minoris Marcgravii quinta species. Jendaya*. Willughby, Ornithol., pag. 78. — *Jendaya*. Rai, Synops. Avi., pag. 34, n° 5. — « Psittacus minor brevicaudus,

(2) Espèce dont l'existence n'est pas suffisamment constatée.

DESM. 1827.

le dos, les ailes, la queue et le croupion, d'un vert-bleuâtre tirant sur l'aigue-marine; la tête, le cou et la poitrine, d'un jaune orangé; l'extrémité des ailes noirâtres; l'iris des yeux d'une belle couleur d'or; le bec et les pieds noirs. On le trouve au Brésil, mais personne ne l'a vu que Marcgrave, et tous les autres auteurs l'ont copié.

LA PERRICHE ÉMERAUDE.[*]

SEPTIÈME ESPÈCE A QUEUE LONGUE ET ÉGALE.

Psittacus smaragdinus, Linn., Gmel., Kuhl.

Le vert plein et brillant qui couvre tout le corps de cette perruche, excepté la queue, qui est d'un brun marron, avec la pointe verte, nous semble lui rendre propre la dénomination de *Perriche émeraude* : celle de *Perruche des terres Magellaniques*, qu'elle porte dans les planches enluminées, doit être rejetée, par la raison qu'aucun perroquet ni aucune perruche n'habitent à de si hautes latitudes; il y a peu d'apparence que ces oiseaux franchissent le tropique du Capricorne

---

« supernè viridis, infernè luteus; imo ventre viridi, capite et collo luteis;
« remigibus majoribus apice ad nigricantem colorem vergentibus; rectri
« cibus viridibus.... Psittacula Brasiliensis lutea. » Brisson, Ornithol.,
tome IV, page 399. *Jendaya.* Salerne, Ornithol., pag. 71, n° 5.

   [*] Voyez les planches enluminées, n° 85, sous la dénomination de
Perruche des Terres Magellaniques.

pour aller trouver des régions qui, comme l'on sait, sont plus froides à latitudes égales, dans l'hémisphère austral que dans le nôtre; est-il probable d'ailleurs que des oiseaux, qui ne vivent que de fruits tendres et succulents, se transportent dans des terres glacées qui produisent à peine quelques chétives baies? telles sont les terres voisines du détroit, où l'on suppose pourtant que quelques navigateurs ont vu des perroquets. Ce fait, consigné dans l'ouvrage d'un auteur respectable (1), nous eût paru étonnant si, en remontant à la source, nous ne l'eussions trouvé fondé sur un témoignage qui se détruit de lui-même : c'est le navigateur Spilberg qui place des perroquets au détroit de Magellan, près du même lieu où, un peu auparavant, il se figure avoir vu des autruches (2); or, pour un homme qui voit des autruches à la pointe des terres Magellaniques, il n'est point trop étrange d'y voir aussi des perroquets. Il en est peut-être de même des perroquets trouvés dans la nouvelle Zélande (3), et à la terre de Diemen, vers le quarante-troisième degré de latitude australe (4).

Nous allons maintenant faire l'énumération et donner la description des perriches du nouveau continent à queue longue et inégalement étagée.

---

(1) Histoire des navigations aux Terres-Australes, tome I, page 347.

(2) Histoire générale des Voyages, tome XI, pages 18 et 19.

(3) Second Voyage du capitaine Cook, tome I, page 210.

(4) Ibid., page 229.

2.

1

udart del.t   Litho. de C. Motte.   Meunier dires

1. Le Sinvialo. 2. La Perriche apu é-tubu.—

PERRICHES

A QUÈUE LONGUE ET INÉGALEMENT ÉTAGÉE.

LE SINCIALO.*(1)

PREMIÈRE ESPÈCE A QUEUE LONGUE ET INÉGALE.

Psittacus rufirostris, Linn., Gmel., Kuhl.

C'EST le nom que cet oiseau porte à Saint-Domingue; il n'est pas plus gros qu'un merle, mais

---

* Voyez les planches enluminées, n° 550, sous la dénomination de *Perruche.*

(1) *Psittacus minor macrourus totus viridis Hispanis scincialo, Italis parochino.* Aldrovande, Avi., tom. I, pag. 678. — *Psittacus viridis minor Germanis greuner papegey.* Schwenckfeld, Avi. Siles., pag. 343. — *Tui prima species.* Marcgrave, Hist. Nat. Bras., pag. 206. — Perroquet vert ou à longue queue. Belon, Portr. d'ois., pag. 73, fig. 6. Petit perroquet vert à longue queue. Idem, Hist. Nat. des ois., pag. 298. — *Psittacus minor macrourus totus viridis.* Jonston, Avi., pag. 23. — *Tui prima species.* Ibid., pag. 141. — Perrique. Dutertre, Hist. des Antilles, tom. II, pag. 251. — Perrique du Brésil. Labat, Nouveau Voyage aux îles de l'Amérique, tome II, page 161. — *Psittaci minoris Marcgravii prima species tui Brasiliensibus.* Willughby, Ornithol., pag. 78. — *Psittacus minor macrourus totus viridis Aldrovandi.* Ibidem, pag. 77. — *Tui Brasiliensibus prima species.* Rai, Synops. Avi., pag. 34, n° 1. *Psittacus minor macrouros totus viridis Aldrovandi.* Ibid., pag. 33, n° 2, et pag. 181, n° 6. — *Psittacus pumilio viridis longicaudus.* Perriche. Barrère, Ornithol., pag. 26. — *Psittacus minor macrouros totus viridis*

il paraît une fois plus long, ayant une queue de
sept pouces de longueur, et le corps n'étant que
de cinq; il est fort causeur; il apprend aisément
à parler, à siffler, et à contrefaire la voix ou le
cri de tous les animaux qu'il entend. Ces perriches volent en troupes et se perchent sur les arbres les plus touffus et les plus verts, et comme
elles sont vertes elles-mêmes, on a beaucoup de
peine à les apercevoir; elles font grand bruit sur
les arbres, en criant, piaillant et jabotant plusieurs ensemble, et si elles entendent des voix
d'hommes ou d'animaux, elles n'en crient que
plus fort (1). Au reste, cette habitude ne leur est
pas particulière, car presque tous les perroquets
que l'on garde dans les maisons, crient d'autant
plus fort que l'on parle plus haut; elles se nourrissent comme les autres perroquets, mais elles

---

Aldrovandi parakitos totos verdes de Oviedo. Sloane, Voyag. of Jamaïc.,
pag. 297, n° 11. — *Long tailed green parraket. Psittacus minor viridis,
caudâ longiore, occidentalis.* Edwards, Hist. of Birds, pag. 175. — *Smal
green long - tailed parrot. Psittacus minor viridis, caudâ productâ.*
Browne, Hist. Nat. of Jamaïc., pag. 472. — « Psittacus minor longi-
« caudus, dilutè viridis, ad flavum inclinans; oris remigum flavicantibus;
« rectricibus binis intermediis viridi-cæraleis, duabus utrinque proximis
« exteriùs et apice viridi-cæruleis, interiùs viridi-luteis, tribus utrinque
« extimis viridi-luteis.... Psittaca. » Brisson, Ornithol., tome IV,
page 319. — Le premier tui de Marcgrave. Salerne, Ornithol., pag. 71,
n° 1. — Le petit perroquet à longue queue tout vert. Ibid., pag. 70, n° 2.
— « Psittacus macrourus viridis, rostro pedibusque rubris, rectricibus
« apice cærulescentibus, orbitis incarnatis. Psittacus rufi - rostris. »
Linnæus, Syst. Nat., ed. XII, pag. 143.

(1) Dutertre, tome II, page 252.

sont plus vives et plus gaies; on les apprivoise aisément; elles paraissent aimer qu'on s'occupe d'elles, et il est rare qu'elles gardent le silence, car dès qu'on parle elles ne manquent pas de crier et de jaser aussi; elles deviennent grasses et bonnes à manger dans la saison des graines de bois d'Inde, dont elles font alors leur principale nourriture.

Tout le plumage de cette perriche est d'un vert-jaunâtre; les couvertures inférieures des ailes et de la queue sont presque jaunes; les deux pennes du milieu de la queue sont plus longues d'un pouce neuf lignes que celles qui les suivent immédiatement de chaque côté, et les autres pennes latérales vont également en diminuant de longueur par degrés, jusqu'à la plus extérieure, qui est plus courte de cinq pouces que les deux du milieu; les yeux sont entourés d'une peau couleur de chair; l'iris de l'œil est d'un bel orangé; le bec est noir avec un peu de rouge à la base de la mandibule supérieure; les pieds et les ongles sont couleur de chair. Cette espèce est répandue dans presque tous les climats chauds de l'Amérique.

La perriche indiquée par le P. Labat en est une variété (1), qui ne diffère que parce qu'elle a quelques petites plumes rouges sur la tête, et le bec

----

(1) Perrique de la Guadeloupe. Labat, Nouveau Voyage aux îles de l'Amérique, tome II, page 218. — « Psittacus minor longicaudus in « toto corpore viridis; rostro pedibusque candidis.... Psittaca aquarum « lupiarum. » Brisson, Ornithol., tome IV, page 330.

blanc : différences qui ne sont pas assez grandes pour en faire deux espèces séparées : nous sommes obligés de remarquer que M. Brisson a confondu ce dernier oiseau avec l'*Aiuru catinga* de Marcgrave, qui est un de nos criks.

LA PERRICHE *(1)

A FRONT ROUGE.

SECONDE ESPÈCE A QUEUE LONGUE ET INÉGALE.

Psittacus canicularis, Linn., Gmel., Kuhl.; *Psittacus brasiliensis*, Briss.

Cet oiseau se trouve, comme le précédent, dans presque tous les climats chauds de l'Amérique, et c'est M. Edwards qui l'a décrit le premier. Le front est d'un rouge vif; le sommet de la tête d'un beau bleu; le derrière de la tête, le dessus du cou,

---

* Voyez les planches enluminées, n° 767.

(1) *Red and-blue-headed parraket. Psittacus minor capite à coccineo cæruleo, occidentalis.* Edwards, Hist. of Birds, pag. 176. — « Psittacus « minor longicaudus, viridis, supernè saturatiùs, infernè dilutiùs et ad « flavum inclinans; syncipite coccineo; vertice cæruleo; rectricibus su- « pernè saturatè viridibus, subtus viridi-fuscescentibus.... Psittaca «'Brasiliensibus fronte rubrâ. » Brisson, Ornithol., tome IV, page 339. — « Psittacus macrourus viridis fronte rubrâ, occipite remigibusque « extimis cæruleis, orbitis fulvis.... Psittacus canicularis. » Linnæus, Syst. Nat., ed. XII, page 142.

les couvertures supérieures des ailes et celles de la queue sont d'un vert-foncé; la gorge et tout le dessous du corps d'un vert un peu jaunâtre; quelques-unes des grandes couvertures des ailes sont bleues; les grandes pennes sont d'un cendré obscur sur leur côté intérieur, et bleues sur leur côté extérieur et à l'extrémité; l'iris des yeux est de couleur orangée; le bec est cendré; les pieds sont rougeâtres.

Nous devons observer qu'Edwards, et Linnæus qui l'a copié, ont confondu cette perriche avec le *Tui-apute-juba* de Marcgrave, qui néanmoins fait une autre espèce, de laquelle nous allons donner la description.

L'APUTÉ-JUBA. *(1)

TROISIÈME ESPÈCE A QUEUE LONGUE ET INÉGALE.

Psittacus pertinax, Linn., Gmel., Kuhl.; *Psittacara illiniaca*, Briss.

Cette perriche a le front, les côtés de la tête et

---

* Voyez les planches enluminées, n° 528, sous la dénomination de *Perruche Illinoise.*

(1) *Tui-apute-juba.* Marcgrave, Hist. Nat. Bras., pag. 206. — *Tui-apute-juba, secunda species.* Jonston, Avi., pag. 141.— *Psittaci minoris Marcgravii secunda species, tui-apute-juba.* Willughby, Ornithol., pag. 78. — *Tui-apute-juba.* Rai, Synops. Avi., pag. 34, n° 2. — *Tui*

le haut de la gorge d'un beau jaune; le sommet
et le derrière de la tête, le dessus du cou et du
corps, les ailes et la queue sont d'un beau vert;
quelques-unes des grandes couvertures supérieures des ailes et les grandes pennes sont bordées
extérieurement de bleu; les deux pennes du milieu de la queue sont plus longues que les latérales, qui vont toutes en diminuant de longueur
jusqu'à la plus extérieure, qui est plus courte d'un
pouce neuf lignes que les deux du milieu; le bas-
ventre est jaune; l'iris des yeux est orangé foncé;
le bec et les pieds sont cendrés.

Par la seule description, on voit déja que cette
espèce n'est pas la même que la précédente, elle
en est même fort différente; mais d'ailleurs celle-
ci est très-commune à la Guyane, tandis que la

species secunda, tui-aputé-juba Marcgravii. Ibid., pag. 181, n° 6. —
Psittacus viridis caudâ longâ, malis croceis. Klein, Avi., pag. 25, n° 20.
— Psittacus minor viridis, caudâ longâ, malis croceis. Frisch, pl. 54.
— Yellow faced parraket. Perruche facée de jaune. Edwards, Glanures,
page 49, avec une bonne figure coloriée, planche 234. — « Psittacus
« minor longicaudus, supernè viridis, infernè viridi-luteus; syncipite,
« genis et gutture aurantiis; collo inferiore cinereo-viridi; ventre maculis
« aurantiis vario; rectricibus subtus obscurè luteis, supernè viridibus,
« lateralibus interiùs dilutè luteo marginatis.... Psittaca Illiniaca.»
Brisson, Ornithol., tome IV, page 353. — Tui-apute-juba. Salerne,
Ornithol., pag. 71, n° 2. — « Psittacus macrourus viridis, genis fulvis,
« remigibus rectricibusque canescentibus.... Psittacus pertinax. » Linnæus, Syst. Nat., ed. XII, pag. 142.
    On observera que dans la planche de Frisch, cette perruche a la queue
beaucoup plus courte que dans la planche d'Edwards, parce qu'apparemment Frisch l'a fait dessiner peu de temps après la mue et avant que
les pennes de la queue n'eussent pris toute leur longueur.

précédente ne s'y trouve pas; on l'appelle vulgairement à Cayenne, *Perruche poux-de-bois*, parce qu'elle fait ordinairement son nid dans les ruches de ces insectes. Comme elle reste pendant toute l'année dans les terres de la Guyane, où elle fréquente les savanes et autres lieux découverts, il n'y a guère d'apparence que l'espèce s'étende ou voyage jusqu'au pays des Illinois, comme l'a dit M. Brisson, d'après lequel on a donné à cet oiseau le nom de *Perruche illinoise* dans les planches enluminées : ce que nous disons ici est d'autant mieux fondé, qu'on ne trouve aucune espèce de perroquet ni de perruche au-delà de la Caroline, et qu'il n'y en a qu'une seule espèce à la Louisiane, que nous avons donnée ci-devant.

LA PERRICHE[1]

COURONNÉE D'OR.

QUATRIÈME ESPÈCE A QUEUE LONGUE ET INÉGALE.

Psittacus aureus, Linn., Gmel., Kuhl.; *P. brasiliensis*, Lath.; *P. Regulus*, Shaw.

C'est ainsi qu'Edwards a nommé cette perriche,

[1] *Golden crowned parraket.* Perruche couronnée d'or. Edwards, Glan., pag. 50, avec une bonne figure coloriée, pl. 235. — « Psittacus

et il l'a prise pour la femelle dans l'espéce précédente; c'était en effet une femelle qu'il a décrite, puisqu'il dit qu'elle a pondu cinq ou six
œufs en Angleterre, assez petits et blancs, et
qu'elle a vécu quatorze ans dans ce climat. Néanmoins on peut être assuré que l'espèce est différente de la précédente, car toutes deux sont communes à Cayenne, et elles ne vont jamais ensemble, mais chacune en grandes troupes de leur
espèce, et les mâles ne paraissent pas différer
des femelles, ni dans l'une ni dans l'autre de ces
deux espèces. Celle-ci s'appelle, à la Guyane, *Perruche des savanes;* elle parle supérieurement bien;
elle est très-caressante et très-intelligente, au lieu
que la précédente n'est nullement recherchée et
ne parle que difficilement.

Cette jolie perriche a une grande tache orangée
sur le devant de la tête; le reste de la tête, tout
le dessus du corps, les ailes et la queue sont d'un
vert-foncé; la gorge et la partie inférieure du cou
sont d'un vert-jaunâtre, avec une légère teinte de
rouge-terne; le reste du dessous du corps est
d'un vert-pâle : quelques-unes des grandes couvertures supérieures des ailes sont bordées exté-

---

« minor longicaudus, viridis, supernè saturatiùs, infernè dilutiùs et ad
« flavum inclinans; vertice viridi aurantio; collo inferiore viridi-flavi-
« cante, rubro obscuro mixta, remigibus intermediis supernè exteriùs
« cæruleis; rectricibus supernè saturatè viridibus, infernè obscurè viridi-
« luteis.... Psittaca Brasiliensis. » Brisson, Ornithol., tome IV,
page 337.

rieurement de bleu; le côté extérieur des pennes du milieu des ailes est aussi d'un beau bleu, ce qui forme sur chaque aile une large bande longitudinale de cette belle couleur; l'iris des yeux est orangé-vif; le bec et les pieds sont noirâtres.

LE GUAROUBA [*](1)

ou

PERRICHE JAUNE.

CINQUIÈME ESPÈCE A QUEUE LONGUE ET INÉGALE.

Psittacus Guarouba, Marcg., Linn., Gmel., Kuhl.; *P. luteus*, Lath.

Marcgrave et de Laët sont les premiers qui aient parlé de cet oiseau qui se trouve au Brésil,

* Voyez les planches enluminées, n° 525, sous la dénomination de *Perruche jaune de Cayenne.*

(1) *Qui juba tui.* Marcgrave, Hist. Nat. Bras., pag. 207. — *Guiaruba.* De Laët, Description des Indes occidentales, page 490. — *Qui juba tui.* Jonston, Avi., pag. 142. — *Qui juba tui.* Willughby, Ornith., pag. 78. — *Qui juba tui.* Rai, Synops. Avi., pag. 35, n° 9. — *Psittacus major luteus, caudâ vir escente.* Barrère, France équinox., pag. 144. — Perroquet jaune. La Condamine, Voyage aux Amazones, page 172. — « Psit- « tacus minor longicaudus luteus; remigibus majoribus obscurè viri- « dibus; rectricibus luteis.... Psittaca Brasiliensis lutea.» Brisson, Ornith., tome IV, page 369. — *Qui juba tui.* Salerne, Ornith., pag. 73, n° 9.

et quelquefois au pays des Amazones, où néanmoins il est rare(1), et on ne le voit jamais aux
environs de Cayenne. Cette perriche, que les
Brasiliens appellent *Guiaruba*, c'est-à-dire oiseau
jaune, n'apprend point à parler; elle est triste et
solitaire; cependant les Sauvages en font grand
cas, mais il paraît que ce n'est qu'à cause de sa
rareté, et parce que son plumage est très-différent
de celui des autres perroquets, et qu'elle s'apprivoise aisément; elle est presque toute jaune; il y
a seulement quelques taches vertes sur l'aile, dont
les petites pennes sont vertes, frangées de jaune;
les grandes sont violettes frangées de bleu; et l'on
voit le même mélange de couleurs dans celles de
la queue, dont la pointe est d'un violet-bleu; le
milieu ainsi que le croupion sont d'un vert bordé
de jaune; tout le reste du corps est d'un jaune
pur et vif de safran ou d'orangé; la queue est
aussi longue que le corps, et a cinq pouces; elle
est fortement étagée, en sorte que les dernières
pennes latérales sont de moitié plus courtes que
les deux du milieu. La perruche jaune du Mexique (2), donnée par M. Brisson, d'après Séba,

---

(1) « Les plus rares parmi les perroquets, sont ceux qui sont entière-
« ment jaunes, avec un peu de vert à l'extrémité des ailes; je n'en ai vu
« qu'au Para de cette sorte. » La Condamine, Voyage à la rivière des
Amazones, page 173.

(2) *Avis Cocho*, Psittaci Mexicani species. Séba, tome I, pag. 101;
et pl. 64, fig. 4. — « Psittacus minor longicaudus, dilutè luteus; capite
« dilutè rubro; collo rubro-aurantio; remigibus viridibus; rectricibus di-
« lutè luteis.... Psittaca Mexicana lutea. » Brisson, Ornithol., tome IV,
page 370.

paraît être une variété de celle-ci, et un peu de rouge-pâle que Séba met à la tête de son oiseau *Cocho*, et qui n'était peut-être qu'une teinte orangée, ne fait pas un caractère suffisant pour indiquer une espèce particulière.

LA PERRICHE[*(1)].

A TÊTE JAUNE.

SIXIÈME ESPÈCE A QUEUE LONGUE ET INÉGALE.

Psittacus ludovicianus, Linn., Gmel., Kuhl.; *P. carolinensis*, Wilson (2).

CETTE perriche paraît être du nombre de celles

---

* Voyez les planches enluminées, n° 499, sous la dénomination de *Perruche de la Caroline.*

(1) *Parrot of Carolina.* Perroquet de la Caroline. Catesby, tom. I, pag. 11. — *Psittacus minor vertice maculato.* Perriche des Amazones. Barrère, France équinox., pag. 145. — *Psittacus pumilio, viridis, fulvo capite maculoso.* Perriche de l'Amazone. Idem, Ornithol., pag. 26. — *Psittacus Carolinensis.* Klein, Avi., pag. 25, n° 19. — *Psittacus capite luteo, fronte rubrá; caudá longá.* Ibidem, pag. 25, n° 14. — *Psittacus viridis, capite luteo, et fronte rubrá.* Frisch, pl. 52. — « Psittacus « minor longicaudus, viridis; capite anteriùs, marginibus alarum, et « calcaneorum ambitu aurantiis; occipitio, gutture et collo supremo lu- « teis, remigibus majoribus supernè exteriùs in exortu luteis, dein viri- « dibus, apice ad cæruleum vergentibus; rectricibus viridibus.... Psittaca « Carolinensis, » Brisson, Ornithol., tome IV, page 350. — « Psittacus

(2) Le papegai à tête aurore, décrit plus haut, d'après le Page Dupratz, appartient à cette espèce. DESM. 1827.

qui voyagent de la Guyane à la Caroline, à la
Louisiane (1), et jusqu'en Virginie. Elle a le front
d'un bel orangé; tout le reste de la tête, la gorge,
la moitié du cou et le fouet de l'aile d'un beau
jaune; le reste du corps et les couvertures supérieures des ailes d'un vert-clair; les grandes pennes des ailes sont brunes sur leur côté intérieur;
le côté extérieur est jaune sur le tiers de sa longueur; il est ensuite vert et bleu à l'extrémité;
les pennes moyennes des ailes et celles de la queue
sont vertes; les deux pennes du milieu de la queue
sont plus longues d'un pouce et demi que celles
qui les suivent immédiatement de chaque côté;
l'iris des yeux est jaune; le bec est d'un blanc-
jaunâtre, et les pieds sont gris.

Ces oiseaux, dit Catesby, se nourrissent de
graines et de pepins de fruits, et surtout de graines de cyprès et de pepins de pommes. Il en vient
en automne, à la Caroline, de grandes volées
dans les vergers, où ils font beaucoup de dégât,
déchirant les fruits pour trouver les pepins, la
seule partie qu'ils mangent : ils s'avancent jusque

« macrourus viridis, capite, collo genibusque luteis.... Psittacus Caro-
« linensis. » Linnæus, Syst. Nat., ed. X, pag. 97.

(1) « Je vis aussi ce jour-là, pour la première fois, des perroquets
« (à la Louisiane); il y en a le long du Teakiki, mais en été seulement;
« ceux-ci étaient des traîneurs qui se rendaient sur le Mississipi, où l'on
« en trouve dans toutes les saisons; ils ne sont guère plus gros que des
« merles; ils ont la tête jaune avec une tache rouge au milieu; dans le
« reste de leur plumage c'est le vert qui domine. » Histoire de la Nouvelle-
France, par Charlevoix. Paris, 1744, tome III, page 384.

dans la Virginie, qui est l'endroit le plus éloigné
au nord, ajoute Catesby, où j'aie ouï dire qu'on
ait vu de ces oiseaux. C'est, du reste, la seule
espèce de perroquet que l'on voie à la Caroline;
quelques-uns y font leurs petits, mais la plupart
se retirent plus au sud dans la saison des nichées,
et reviennent dans celle des récoltes : ce sont les
arbres fruitiers et les cultures qui les attirent dans
ces contrées. Les colonies du sud éprouvent de
plus grandes invasions de perroquets dans leurs
plantations. Aux mois d'août et de septembre des
années 1750 et 1751, dans le temps de la récolte
du café, on vit arriver à Surinam une prodigieuse
quantité de perroquets de toutes sortes, qui fon-
daient en troupes sur le café, dont ils mangaient
l'enveloppe rouge sans toucher aux fèves qu'ils
laissaient tomber à terre. En 1760, vers la même
saison, on vit de nouveaux essaims de ces oiseaux
qui se répandirent tout le long de la côte et y
firent beaucoup de dégât, sans qu'on ait pu savoir d'où ils venaient en si grand nombre (1). En
général, la maturité des fruits, l'abondance ou la
pénurie des graines dans les différents cantons,
sont les motifs des excursions de certaines espèces
de perroquets, qui ne sont pas proprement des
oiseaux voyageurs, mais de ceux qu'on peut nommer *Erratiques* (2).

---

(1) *Pistorius. Beschriving van colonie van Surinaamen.* Amst., 1768,
page 68.

(2) « On trouve dans les Antis des perroquets de toutes grosseurs et

LA PERRICHE-ARA.*(1)

SEPTIÈME ESPÈCE A QUEUE LONGUE ET INÉGALE.

Psittacus Macawuanna, Linn., Gmel., Kuhl. (2).

M. BARRÈRE est le premier qui ait parlé de cet oiseau ; on le voit néanmoins fréquemment à Cayenne, où il dit qu'il est de passage. Il se tient dans les savanes noyées comme les aras, et vit aussi comme eux des fruits du palmier-latanier : on l'appelle *Perruche-ara*, parce que d'abord elle est plus grosse que les autres perriches ; qu'ensuite elle a la queue très-longue, ayant neuf pouces de longueur, et le corps autant ; elle a aussi de commun avec les aras, la peau nue depuis les angles du bec jusqu'aux yeux, et elle prononce aussi distinctement le mot ara, mais d'une voix

---

« de toutes couleurs.... Ces oiseaux sortent du pays des Antis lorsqu'on
« a semé le cara ou le mayz, dont ils aiment beaucoup le grain ; aussi en
« font-ils un grand dégât.... Il n'y a que les *Guacamayas* qui, à cause
« de leur pesanteur, ne sortent pás du pays des Antis ; tous volent par
« troupes, mais sans qu'une espèce soit mêlée avec l'autre. » Garcilasso.
Histoire des Incas. Paris, 1744, tome II, page 283.

* Voyez les planches enluminées, n° 864.

(1) *Psittacus minor prolixâ caudâ maculis flammeis conspersus.* Perriche-Ara. Barrère, France équinox., page 145.

(2) Cet oiseau appartient à la division des Aras. DESM. 1827.

moins rauque, plus légère et plus aiguë. Les naturels de la Guyane l'appellent *Makavouanne*.

Elle a les pennes de la queue inégalement étagées ; tout le dessus du corps, des ailes et de la queue est d'un vert-foncé un peu rembruni, à l'exception des grandes pennes des ailes qui sont bleues, bordées de vert et terminées de brun du côté extérieur ; le dessus et les côtés de la tête ont leur couleur verte, mêlée de bleu foncé, de façon qu'à certains aspects, ces parties paraissent entièrement bleues ; la gorge, la partie inférieure du cou et le haut de la poitrine, ont une forte teinte de roussâtre ; le reste de la poitrine, le ventre et les côtés du corps, sont d'un vert plus pâle que celui du dos ; enfin, il y a sur le bas-ventre du rouge-brun qui s'étend sur quelques-unes des couvertures inférieures de la queue ; les pennes des ailes et de la queue sont, en dessous, d'un vert-jaunâtre.

Il ne nous reste plus qu'à donner la description des perriches à queue courte du nouveau continent, auxquelles on a donné le nom générique de *Toui*, et c'est en effet celui qu'elles portent au Brésil.

LES TOUS

ou

PERRICHES A QUEUE COURTE.

Les Touis sont les plus petits de tous les perroquets et même des perriches du nouveau continent; ils ont tous la queue courte, et ne sont pas plus gros que le moineau; la plupart semblent aussi différer des perroquets et des perriches, en ce qu'ils n'apprennent point à parler: de cinq espèces que nous connaissons, il n'y en a que deux auxquelles on ait pu donner ce talent. Il paraît qu'il se trouve des touis actuellement dans les deux continents, non pas absolument de la même espèce, mais en espèces analogues et voisines probablement, parce qu'elles ont été transportées d'un continent dans l'autre, par les raisons que j'ai exposées au commencement de cet article; néanmoins je pencherais à les regarder toutes comme originaires du Brésil et des autres parties méridionales de l'Amérique, d'où elles auront été transportées en Guinée et aux Philippines.

LE TOUI A GORGE JAUNE.[*][(1)]

PREMIÈRE ESPÈCE DE PERRICHE A QUEUE COURTE.

Psittacus Sosove, Kuhl.; *P. Tovi* et *P. Tuipara*, Linn.,
Gmel. (2).

Cᴇ petit oiseau a la tête et tout le dessus du corps d'un beau vert; la gorge d'une belle couleur orangée; tout le dessous du corps d'un vert-jaunâtre; les couvertures supérieures des ailes sont variées de vert, de brun et de jaunâtre; les couvertures inférieures sont d'un beau jaune; les pennes des ailes sont variées de vert, de jaunâtre et de cendré-foncé; celles de la queue sont vertes et bordées à l'intérieur de jaunâtre; le bec, les pieds, les ongles sont gris.

---

* Voyez les planches enluminées, n° 190, fig. 1, sous la dénomination de *petite Perruche à gorge jaune d'Amérique*.

(1) « Psittacus minor brevicaudus, viridis, infernè dilutiùs et ad luteum inclinans; maculâ sub gutture aurantiâ; tæniâ in alis transversâ « castaneo-aureâ ad viride vergente; tectricibus alarum inferioribus luteis; « rectricibus viridibus, oris interioribus ad luteum inclinantibus.... « Psittacula gutture luteo. » Brisson, Ornithol., tome IV, page 396.

(2) Cet oiseau est considéré comme une simple variété de l'espèce suivante. Dᴇꜱᴍ. 1827.

LE SOSOVÉ.*

SECONDE ESPÈCE DE TOUI OU PERRICHE A QUEUE COURTE.

Psittacus Sosove, Linn., Gmel., Kuhl.; *P. Tovi* et *P. Tuipara*,
Linn., Gmel.

Sosové est le nom Galibi de ce charmant petit
oiseau, dont la description est bien aisée, car il
est partout d'un vert brillant, à l'exception d'une
tache d'un jaune léger sur les pennes des ailes
et sur les couvertures supérieures de la queue;
il a le bec blanc et les pieds gris.

L'espèce en est commune à la Guyane, surtout
vers l'Oyapoc et vers l'Amazone; on peut les élever aisément, et ils apprennent très-bien à parler;
ils ont une voix fort semblable à celle du poli-
chinelle des marionnettes, et lorsqu'ils sont ins-
truits, ils ne cessent de jaser.

---

* Voyez les planches enluminées, n° 456, fig. 2, sous la dénomination de *petite Perruche de Cayenne.*

LE TIRICA.[1]

TROISIÈME ESPÈCE DE TOUI OU PERRICHE A QUEUE COURTE.

Psittacus Tirica, Linn., Gmel., Kuhl. (2).

Marcgrave est le premier qui ait indiqué cet oiseau : son plumage est entièrement vert; il a les yeux noirs; le bec incarnat et les pieds bleuâtres; il se prive très-aisément et apprend de même à parler; il est aussi très-doux et se laisse manier facilement.

Nous croyons qu'on doit rapporter au tirica la perruche représentée *n°* 837 des planches enluminées, sous le nom de *petite Jaseuse;* elle est, comme le tirica, entièrement verte; elle a le bec couleur de chair, et toute la taille d'un toui.

Nous remarquerons que le *Tuin* de Jean de

---

(1) *Tui-tirica*. Marcgrave, Hist. Nat. Bras., pag. 206. — *Tui-tirica*. Jonston, Avi., pag. 141 — *Psittaci minoris Marcgravii tertia species*. *Tui-tirica*. Willughby, Ornithol., pag. 78. — *Tui-tirica*. Rai, Synops. Avi., pag. 34, n° 3. — *Psittacus minimus totus viridis. Green parroquet.* Browne, Nat. Hist. of Jamaic., pag. 473. — « Psittacus minor brevi- « caudus, in toto corpore viridis, supernè saturatiùs, infernè dilutiùs.... « Psittacula Brasiliensis. » Brisson, Ornithol., tome IV, page 382. *Tui-tirica*. Salerne, Ornithol., pag. 71, n° 3.

(2) Kuhl pense que cet oiseau pourrait bien n'être que le jeune âge du Sosové. Desm. 1827.

Laët (1) ne désigne pas une espèce particulière, mais toutes les perriches en général; ainsi on ne doit pas rapporter, comme l'a fait M. Brisson, le tuin de Laët au *Tui-tirica* de Marcgrave.

M. Sonnerat fait mention d'un oiseau qu'il a vu à l'île de Luçon (2), et qui ressemble beaucoup au *Tui-tirica* de Marcgrave; il est de la même grosseur et porte les mêmes couleurs étant entièrement vert, plus foncé en dessus et plus clair en dessous : mais il en diffère par la couleur du bec qui est gris, au lieu qu'il est incarnat.dans l'autre, et par les pieds qui sont gris, tandis qu'ils sont bleuâtres dans le premier : ces différences ne seraient pas assez grandes pour en faire une espèce, si les climats n'étaient pas autant éloignés; mais il est possible et même probable que cet oiseau ait été transporté de l'Amérique aux Philippines, où il pourrait avoir subi ces petits changements.

---

(1) Description des Indes occidentales, page 490.
(2) Voyage à la Nouvelle-Guinée, page 76.

P. Oudart del. Litho de C. Motte. Meunier direx.

1. Le Toui-été sosové. 2. La petite Perruche à tête bleue.

L'ÉTÉ ou TOUI-ÉTÉ.(1)

QUATRIÈME ESPÈCE DE TOUI OU PERRICHE A QUEUE COURTE.

Psittacus passerinus, Linn., Gmel., Kuhl.; *P. capensis*,
Shaw. (2).

C'EST encore à Marcgrave qu'on doit la connaissance de cet oiseau qui se trouve au Brésil; son
plumage est en général d'un vert-clair, mais le
croupion et le haut des ailes sont d'un beau bleu;
toutes les pennes des ailes sont bordées de bleu
sur leur côté extérieur, ce qui forme une longue
bande bleue lorsque les ailes sont pliées; le bec
est incarnat et les pieds sont cendrés.

On peut rapporter à cette espèce l'oiseau donné
par Edwards, sous la dénomination de *la plus
petite des Perruches* (3), qui n'en diffère que parce

---

(1) *Tui-ete.* Marcgrave, Hist. Nat. Bras., pag. 206.—*Tui-ete.* Joñston,
Avi., pag. 141. — *Psittaci minoris Marcgravii sexta species tui-ete.*
Willughby, Ornithol., pag. 78. — *Tui-ete.* Rai, Synops. Avi., pag. 34,
n° 6. — *Tui ete.* Salerne, Ornithol., pag. 71, n° 6.

(2) Il faut rapporter à cette espèce la perruche aux ailes bleues décrite ci-avant. DESM. 1827.

(3) *Least green and blue parraket.* La plus petite des perruches verte
et bleue. Edwards, Glan., pag. 50, avec une figure coloriée, pl. 235.
— « Psittacus minor brevicaudus, viridis; uropygio cyaneo; tectricibus
« alarum superioribus majoribus saturatè cæruleis; rectricibus viridibus...
« Psittacula Brasiliensis uropygio cyaneo. » Brisson, Ornithol., tome IV,
page 384.

qu'elle n'a pas les pennes des ailes bordées de
bleu, mais de vert-jaunâtre, et qu'elle a le bec et
les pieds d'un beau jaune, ce qui ne fait pas des
différences assez grandes pour en faire une espèce
séparée.

LE TOUI A TÊTE D'OR.[1]

CINQUIÈME ESPÈCE DE PERRICHE A QUEUE COURTE.

Psittacus Tui, Linn., Gmel., Kuhl.

Cet oiseau se trouve encore au Brésil; il a tout
le plumage vert, à l'exception de la tête qui est
d'une belle couleur jaune; et, comme il a la queue
très-courte, il ne faut pas le confondre avec une
autre perriche à longue queue, qui a aussi la tête
d'un très-beau jaune.

Une variété ou du moins une espèce très-voisine de celle-ci, est l'oiseau qu'on a représenté

(1) *Tui quarta species.* Marcgrave, Hist. Nat. Bras., pag. 206. —
Tui quarta species. Jonston, Avi., pag. 141. — *Psittaci minoris Marcgravii quarta species.* Willughby, Ornithol., pag. 78. — *Tui quarta
species.* Rai, Synops. Avi., pag. 34, n° 4. — « Psittacus minor brevi-
« caudus, supernè viridis, infernè viridi-luteus; syncipite aurantio,
« oculorum ambitu luteo; rectricibus supernè viridibus, subtus obscurè
« luteis.... Psittacula Brasiliensis icterocephalos. » Brisson, Ornithol.,
tome IV, page 398. — La quatrième espèce de tui. Salerne, Ornithol.,
page 71, n° 4.

dans la planche enluminée, n° 456, *fig.* 1, sous la dénomination de *petite Perruche de l'île Saint-Thomas*, parce que M. l'abbé Aubry, curé de Saint-Louis, dans le cabinet duquel on en a fait le dessin, a dit l'avoir reçu de cette île; mais il ne diffère du toui à tête d'or, qu'en ce que le jaune de la tête est beaucoup plus pâle; ce qui nous fait présumer, avec beaucoup de fondement, qu'il est de la même espèce.

Nous ne connaissons que ces cinq espèces de touis dans le nouveau continent, et nous ne savons pas si les deux petits perroquets à queue courte, le premier donné par Aldrovande (1), et le second par Séba (2), doivent s'y rapporter, parce que leurs descriptions sont trop imparfaites; celui d'Aldrovande serait plutôt un petit

---

(1) *Psittacus erythrochloros cristatus.* Aldrovande, Avi., tom. I, pag. 682. — *Psittacus erythrochloros cristatus.* Jonston, Avi., pag. 25. — *Psittacus erythrochlorus torquatus cristatus.* Charleton, Exercit., pag. 74, n° 13; et Onomast., pag. 67, n° 18. — *Psittacus erythrochlorus cristatus Aldrovandi.* Willughby, Ornithol., pag. 78. — *Psittacus erythrochlorus cristatus Aldrovandi.* Rai, Synops. Avi., pag. 34, n° 4. — « Psittacus minor brevicaudus, cristatus, viridis; cristâ, alis et caudâ « rubris.... Psittacula cristata. » Brisson, Ornithol., tome IV, page 404. — Petit perroquet crêté. Salerne, Ornithol., pag. 70, n° 4.

(2) Oiseau de Cocho, espèce de perroquet du Mexique, orné de diverses couleurs. Séba, tome I, page 94; et planche 59, figure 2. — *Psittacus collo rubro, plumis in capite, purpureis.* Klein, Avi., pag. 25, n° 22. — «'Psittacus minor brevicaudus cristatus, saturatè coccineus; « cristâ purpureâ; oculorum ambitu cæruleo; gutture luteo; cruribus « dilutè cæruleis; remigibus viridibus albo marginatis; rectricibus satu- « ratè coccineis.... Psittacula Mexicana cristata. » Brisson, Ornithol., tome IV, page 405.

Kakatoës, parce qu'il a une huppe sur la tête, et celui de Séba paraît être un *Lory*, parce qu'il est presque tout rouge; cependant nous ne connaissons aucun kakatoës ni aucun lory qui leur ressemble assez pour pouvoir assurer qu'ils sont de ces genres.

LES COUROUCOUS

ou

COUROUCOAIS.

Cᴇs oiseaux dans leur pays natal, au Brésil, sont nommés *Curucuis*, qu'on doit prononcer *couroucouis* ou *couroucoais*; et ce mot représente leur voix d'une manière si sensible, que les naturels de la Guyane n'en ont supprimé que la première lettre, et les appellent *Ouroucoais*. Leurs caractères sont d'avoir le bec court, crochu, dentelé, plus large en travers qu'épais en hauteur et assez semblable à celui des perroquets; ce bec est entouré à sa base de plumes effilées, couchées en avant, mais moins longues que celles des oiseaux barbus dont nous parlerons dans la suite; ils ont de plus les pieds fort courts et couverts de plumes à peu de distance de la naissance des doigts qui sont disposés deux en arrière et deux en devant. Nous ne connaissons que trois espèces de ces oiseaux, qu'on pourrait peut-être même réduire à deux, quoique les nomenclateurs en aient indiqué six, dont les unes ne sont que des variétés de celui-ci, et les autres des oiseaux d'un genre différent (1).

LE COUROUCOU *(2)

A VENTRE ROUGE.

PREMIÈRE ESPÈCE.

Trogon Curucui, Linn., Gmel., Cuv.; *T. roseigaster*, Vieill.

Cet oiseau a dix pouces et demi de longueur;

(1) M. Cuvier ajoute à ces espèces, 1° le Couroucou de la Guyane, pl. enlum. n° 765, sous le nom de *Trogon strigillatus;* 2° le Couroucou à queue rousse de Cayenne (pl. enlum., n° 736), sous celui de *Trogon rufus;* 3° le *Trogon fasciatus*, Lath. de l'Inde; 4° le *Trogon narina*, Levaill. d'Afrique. Il doute que le *Trogon maculatus* de Browne, Ill. XIII, soit un vrai couroucou. Desm. 1827.

* Voyez les planches enluminées, n° 452, sous la dénomination de *Couroucou à ventre rouge de Cayenne.*

(2) *Curucui Brasiliensibus.* Marcgrave, Hist. Nat. Bras., pag. 211. —*Avis anonyma species Curucui.* Ibid., pag. 219.—*Tzinitzcan.* Fernand., Hist. Nov. Hispan., pag. 23. — *Tzinitzcan.* Nieremberg, page 210. — *Tzinitzcan.* Jonston, Avi., pag. 122. — *Tzinitcan.* Willughby, Ornith., pag. 303. — *Tzinitzcan.* Rai, Synops. Avi., pag. 163. — *Psittacus flammeus, viridis et cinereus rostro serrato.* Feuillée, Journ. des observat. physiq., pag. 20. — *Picis congener.* Aldrovande, Avi., tom. I. — *Curucui Brasiliensibus.* Jonston, Avi., pag. 144. — *Trogon.* Moehring, Avi., Gen. 114. — *Picis congener, Curucui Brasiliensibus dictus Marcgravii.* Willughby, Ornithol., pag. 96. — *Curucui Brasiliensibus Marcgravii.* Rai, Synops. Avi., pag. 45, n° 4. — *Picis congener, Curucui Marc-*

la tête, le cou en entier et le commencement de la poitrine, le dos, le croupion et les couvertures du dessus de la queue sont d'un beau vert brillant, mais changeant, et qui paraît bleu à un certain aspect; les couvertures des ailes sont d'un gris-bleu, varié de petites lignes noires en zig-zags; et les grandes pennes des ailes sont noires, à l'exception de leur tige qui est en partie blanche; les pennes de la queue sont d'un beau vert comme le dos, à l'exception des deux extérieures qui sont noirâtres et qui ont de petites lignes transversales grises; une partie de la poitrine, le ventre et les couvertures du dessous de la queue sont d'un beau rouge; le bec est jaunâtre et les pieds sont bruns.

Un autre individu, qui paraît être la femelle de celui-ci, n'en différait qu'en ce que toutes les parties qui sont d'un beau vert brillant dans le premier, ne sont dans celui-ci que d'un gris-noirâtre et sans aucuns reflets; les petites lignes en zig-zags sont aussi beaucoup moins apparentes, parce que le brun-noirâtre y domine, et les trois pennes extérieures de la queue ont sur leurs barbes extérieures des bandes alternatives blanches et noirâtres; la mandibule supérieure du

---

gravii; *Willughbeii.* Klein, Avi., pag. 28. — « Trogon supernè viridi « aureus, cæruleo et cupri puri colore varians, infernè coccineus; gut- « ture nigro; rectricibus sex intermediis dorso concoloribus, apice nigris, « tribus utrinque extimis albis, nigro transversim striatis.... Trogon « Brasiliensis viridis. » Brisson, Ornithol., tome IV, page 173.

bec est entièrement brune et l'inférieure est jaunâtre; enfin la couleur rouge s'étend beaucoup
moins que dans le premier, et n'occupe que le
bas-ventre et les couvertures du dessous de la
queue.

Il y a un troisième individu (1) au Cabinet du
Roi, qui diffère principalement des deux précédents, en ce qu'il a la queue plus longue, et que
les trois pennes extérieures de chaque côté ont
leurs barbes extérieures blanches, ainsi que leur
extrémité; les trois pennes extérieures de l'aile
sont marquées de taches transversales alternativement blanches et noires sur le bord extérieur;
on aperçoit de plus une nuance de vert-doré,
changeant sur le dos et sur les pennes du milieu
de la queue, ce qui ne se trouve pas sur le précédent; mais la couleur rouge se trouve située de
même et ne commence que sur le bas-ventre, et
le bec est aussi semblable par la forme et par la
couleur.

M. le chevalier Lefebvre Deshayes, correspondant du Cabinet, que nous avons déjà eu occasion de citer plusieurs fois comme un excellent
observateur, nous a envoyé un dessin colorié de
cet oiseau avec de bonnes observations : il dit
qu'on l'appelle à Saint-Domingue le *Caleçon rouge*,

---

(1) Voyez les planches enluminées, n° 737, sous le nom de *Conroucou
gris à longue queue de Cayenne* *.

* Cet oiseau est le Couroucou Rosalba, *Trogon collaris*, de M. Vieillot, DESM. 1827.

et que dans plusieurs autres îles on le nomme
Demoiselle ou *Dame anglaise*. « C'est dans l'épais-
« seur des forêts, ajoute-t-il, que cet oiseau se re-
« tire au temps des amours; son accent mélan-
« colique et même triste, semble être l'expression
« de la sensibilité profonde qui l'entraîne dans le
« désert, pour y jouir de sa seule tendresse et de
« cette langueur de l'amour, plus douce peut-
« être que ses transports : cette voix seule décèle
« sa retraite, souvent inaccessible et qu'il est dif-
« ficile de reconnaître ou remarquer.

« Les amours commencent en avril; ces oiseaux
« cherchent un trou d'arbre et le garnissent de
« poussière ou de bois vermoulu; ce lit n'est pas
« moins doux que le coton ou le duvet : s'ils ne
« trouvent pas du bois vermoulu, ils brisent du
« bois sain avec leur bec et le réduisent en pou-
« dre; le bec dentelé vers la pointe est assez fort
« pour cela; ils s'en servent aussi pour élargir
« l'ouverture du trou qu'ils choisissent lorsqu'elle
« n'est pas assez grande; ils pondent trois ou
« quatre œufs blancs et un peu moins gros que
« ceux de pigeon.

« Pendant que la femelle couve, l'occupation
« du mâle est de lui porter à manger, de faire la
« garde sur un rameau voisin et de chanter; il
« est silencieux et même taciturne en tout autre
« temps, mais tant que dure celui de l'incubation
« de sa femelle, il fait retentir les échos de sons
« languissants qui, tout insipides qu'ils nous pa-

« raissent, charment sans doute les ennuis de sa
« compagne chérie.

« Les petits, au moment de leur exclusion, sont
« entièrement nus, sans aucun vestige de plumes,
« qui néanmoins paraissent pointer deux ou trois
« jours après; la tête et le bec des petits nouvelle-
« ment éclos, semblent être d'une prodigieuse
« grosseur, relativement au reste du corps; les
« jambes paraissent aussi excessivement longues,
« quoiqu'elles soient fort courtes quand l'oiseau
« est adulte; le mâle cesse de chanter au moment
« que les petits sont éclos, mais il reprend son
« chant en renouvelant ses amours au mois d'août
« et de septembre.

« Ils nourrissent leurs petits de vermisseaux,
« de chenilles, d'insectes; ils ont pour ennemis
« les rats, les couleuvres et les oiseaux de proie
« de jour et de nuit, aussi l'espèce des ouroucoais
« n'est pas nombreuse, car la plupart sont dévo-
« rés par tous ces ennemis.

« Lorsque les petits ont pris leur essor, ils ne
« restent pas long-temps ensemble, ils s'abandon-
« nent à leur instinct pour la solitude et se dis-
« persent.

« Dans quelques individus les pates sont de cou-
« leur rougeâtre, dans d'autres d'un bleu ardoisé;
« on n'a point observé si cette diversité tient à
« l'âge ou appartient à la différence du sexe. »

M. le chevalier Deshayes a essayé de nourrir
quelques-uns de ces oiseaux de l'année précé-

dente, mais ses soins ont été inutiles; soit langueur ou fierté, ils ont obstinément refusé de
manger, « peut-être, dit-il, eussé-je mieux réussi
« en prenant des petits nouveaux-nés; mais un
« oiseau qui fuit si loin de nous, et pour qui la
« nature a mis le bonheur dans la liberté et le
« silence du désert, paraît n'être pas né pour l'es-
« clavage, et devoir rester étranger à toutes les
« habitudes de la domesticité. »

LE COUROUCOU,*[1]

A VENTRE JAUNE.

SECONDE ESPÈCE.

Trogon viridis, Lath., Linn., Gmel., Cuv., Vieill. (2).

Cet oiseau a environ onze pouces de longueur;

* Voyez les planches enluminées, n° 195, sous la dénomination de
Couroucou de Cayenne.

(1) « Trogon supernè viridi-aureus, inferiùs flavo aurantius; capite
« superiore et collo cæruleo-violaceis, viridi-aureo colore variantibus;
« genis et gutture nigris; tæniâ transversâ in pectore viridi aureâ; rec-
« tricibus nigricantibus, quatuor intermediis viridi aureo mixtis utrinque
« sequenti exteriùs viridi-aureâ, tribus utrinque extimis apice obliquè et
« dentatim albis.... Trogon Cayanensis viridis. » Brisson, Ornithol.,
tome IV, page 168. — *Yellow-bellied green*, *Cuckow*. Le coucou vert
au ventre jaune. Edwards, Glan., pag. 256, pl. 331.

(2) M. Vieillot pense que l'oiseau décrit dans cet article est un jeune
individu de l'espèce qu'il nomme Ourroucouai, *Trogon viridis.*

DESM. 1827.

les ailes pliées ne s'étendent pas tout-à-fait jusqu'à
moitié de la longueur de la queue; la tête et le
dessus du cou sont noirâtres avec quelques reflets
d'un assez beau vert en quelques endroits; le
dos, le croupion et les couvertures du dessus de
la queue sont d'un vert brillant ainsi que les
cuisses; les grandes couvertures des ailes sont
noirâtres avec de petites taches blanches; les
grandes pennes des ailes sont noirâtres, et les
quatre ou cinq plus extérieures ont la tige blanche; les pennes de la queue sont de même couleur
que celles des ailes, excepté qu'elles ont quelques reflets de vert brillant; les trois extérieures
de chaque côté sont rayées transversalement de
noir et de blanc; la gorge et le dessous du cou
sont d'un brun-noirâtre; la poitrine, le ventre et
les couvertures du dessous de la queue sont d'un
beau jaune; le bec est dentelé et paraît d'un
brun-noirâtre ainsi que les pieds; les ongles sont
noirs; la queue est étagée; la plume de chaque
côté ayant deux pouces de moins que les deux
du milieu qui sont les plus longues.

Il se trouve entre le couroucou à ventre rouge
et le couroucou à ventre jaune, quelques variétés que nos nomenclateurs ont prises pour des
espèces différentes; par exemple, celui que l'on
a représenté dans les planches enluminées n° 765,
sous la dénomination de *Couroucou de la
Guyane* (1), n'est qu'une variété d'âge du cou-

_____

(1) « Trogon saturatè cinereus, ventre flavo-aurantio ; tectricibus

roucou à ventre jaune, duquel il ne diffère que
par la couleur du dessus du dos, qui dans l'oiseau adulte est d'un beau bleu d'azur, et dans
l'oiseau jeune d'une couleur cendrée (1).

De même, l'oiseau représenté dans les planches
enluminées *n°* 736, sous la dénomination de *Couroucou à queue rousse de Cayenne*, est encore
une variété provenant de la mue de ce même
couroucou à ventre jaune, puisqu'il n'en diffère
que par la couleur des plumes du dos et de la
queue qui sont rousses au lieu d'être bleues (2).

On doit rapporter encore comme variété à ce
même couroucou à ventre jaune, l'oiseau indiqué par M. Brisson, sous la dénomination de
Couroucou vert à ventre blanc de Cayenne (3),
parce qu'il n'en diffère que par la couleur du
ventre qui paraît provenir de l'âge de l'oiseau, car
les plumes de cet oiseau, décrit par M. Brisson,

« alarum superioribus nigricantibus, lineolis albidis transversim striatis;
« rectricibus nigricantibus tribus utrinque extimis exteriùs albo trans-
« versim striatis, apice albis.... Trogon Cayanensis cinereus. » Brisson,
Ornithol., tome IV, page 165.

(1) Cet oiseau est le *Trogon strigillatus* de Latham et de M. Cuvier.
Desm. 1827.

(2) Celui-ci est le *Trogon rufus*, Cuv. Desm. 1827.

(3) « Trogon supernè viridi-aureus, infernè albus; capite superiore et
« collo cæruleo-violaceis, viridi-aureo colore variantibus, genis et gut-
« ture nigris; tæniâ transversâ in pectore viridi-aureâ, rectricibus nigris,
« binis intermediis viridi-aureo mixtis, duabus utrinque sequentibus
« exteriùs viridi aureis, tribus utrinque extimis apice obliquè albis....
« Trogon Cayanensis viridis ventre candido. » Brisson, Ornithol.,
tome IV, pag. 170.

n'étaient pas entiérement formées; ce pourrait être aussi une variété accidentelle qui ne se trouve que dans quelques individus; mais il paraît certain que ni l'une ni l'autre de ces trois variétés ne doivent être regardées comme des espèces distinctes et séparées.

Nous avons vu un autre individu de cette même espèce, dont la poitrine et le ventre étaient blanchâtres avec une teinte de jaune-citron en plusieurs endroits; ce qui nous a fait soupçonner que le couroucou à ventre blanc, dont nous venons de parler, n'était qu'une variété du couroucou à ventre jaune.

LE COUROUCOU[1]

A CHAPERON VIOLET.

TROISIÈME ESPÈCE.

Trogon violaceus, Lath., Vieill., Cuv.

Ce Couroucou a la gorge, le cou, la poitrine d'un violet très-rembruni; la tête de même cou-

---

(1) « Lanius capite, collo, pectore è violaceo-nigricantibus, dorso et « uropygio saturatè viridibus cum splendore aureo, remigibus fuscis, « primariis immaculatis, secundariis punctis minimis albescentibus con- « spersis. » — Koelreuter. Aves Indicæ rarissimæ, nov. Comment. Petropol. an. 1765, pag. 436.

leur, à l'exception de celle du front, du tour des
yeux et des oreilles qui est noirâtre; les paupières
sont jaunes; le dos et le croupion d'un vert-foncé
avec des reflets dorés; les couvertures supérieures
de la queue sont d'un vert-bleuâtre avec les
mêmes reflets dorés : les ailes sont brunes et
leurs couvertures ainsi que les pennes moyennes
sont pointillées de blanc; les deux pennes intermédiaires de la queue sont d'un vert tirant au
bleuâtre et terminées de noir; les deux paires
suivantes sont de la même couleur dans ce qui
paraît, et noirâtres dans le reste; les trois paires
latérales sont noires, rayées et terminées de
blanc; le bec est de couleur plombée à sa base,
et blanchâtre vers la pointe; la queue dépasse
les ailes pliées de deux pouces neuf lignes, et la
longueur totale de l'oiseau est d'environ neuf
pouces et demi.

M. Koelreuter a appelé cet oiseau *Lanius,* mais
il est bien différent, même pour le genre de celui
de la piegrièche, du lanier et de tout autre oiseau
de proie. Un bec large et court, des barbes autour du bec inférieur, voilà ce qui marque la
place de cet oiseau parmi les couroucous, et tous
les attributs qui lui sont communs avec les coucous, tels que les pieds très-courts et couverts
de plumes jusqu'aux doigts qui sont faibles et
disposés par paires, l'une en avant et l'autre en
arrière; les ongles courts et peu crochus; enfin
le manque de membrane autour de la base du

bec, sont tous des caractères qui l'éloignent entièrement de la classe des oiseaux de proie.

Les couroucous sont des oiseaux solitaires qui
vivent dans l'épaisseur des forêts humides, où ils
se nourrissent d'insectes; on ne les voit jamais
aller en troupes; ils se tiennent ordinairement
sur les branches à une moyenne hauteur, le mâle
séparé de la femelle qui est posée sur un arbre
voisin; on les entend se rappeler alternativement
en répétant leur sifflement grave et monotone
ouroucoais. Ils ne volent point au loin, mais seulement d'un arbre à un autre et encore rarement,
car ils demeurent tranquilles au même lieu pendant la plus grande partie de la journée, et sont
cachés dans les rameaux les plus touffus, où l'on
a beaucoup de peine à les découvrir, quoiqu'ils
fassent entendre leur voix à tous moments; mais
comme ils ne remuent pas, on ne les aperçoit pas
aisément. Ces oiseaux sont si garnis de plumes
qu'on les juge beaucoup plus gros qu'ils ne le
sont réellement; ils paraissent de la grosseur d'un
pigeon et n'ont pas plus de chair qu'une grive;
mais ces plumes, si nombreuses et si serrées, sont
en même temps si légèrement implantées qu'elles
tombent au moindre frottement; en sorte qu'il
est difficile de préparer la peau de ces oiseaux
pour les conserver dans les cabinets; ce sont, au
reste, les plus beaux oiseaux de l'Amérique méridionale, et ils sont assez communs dans l'intérieur
des terres. Fernandès dit que c'est avec les belles

plumes du couroucou à ventre rouge, que les Mexicains faisaient des portraits et des tableaux très-agréables, et d'autres ornements qu'ils portaient les jours de fêtes ou de combats.

Il y a deux autres oiseaux indiqués par Fernandès, dont M. Brisson a cru devoir faire des espèces de couroucous; mais il est certain que ni l'un ni l'autre n'appartiennent à ce genre.

Le premier est celui que Fernandès a dit être semblable à l'étourneau (1), et duquel nous avons fait mention à la suite des étourneaux, *tome IV*, *page* 99. Je suis étonné que M. Brisson ait voulu en faire un couroucou, puisque Fernandès dit lui-même qu'il est du genre de l'étourneau, et qu'ils sont semblables par la figure : or, les étourneaux ne ressemblent en rien aux couroucous; le bec, la disposition des doigts, la forme du corps, tout est si éloigné, si différent dans ces deux oiseaux, qu'il n'y a nulle raison de les réunir dans un même genre (2).

Le second oiseau que M. Brisson a pris pour un couroucou, est celui que Fernandès (3) dit

---

(1) *Tzanatltototl*. Fernandès, Hist. nov. Hispan., pag. 22, cap. 37. — « Trogon supernè albo, nigro et fulvo variegatus, infernè rubescens ; « capite nigro ; rectricibus nigris, tribusque apice albis.... Trogon « Mexicanus. » Brisson, Ornithol., tome IV, pag. 175.

(2) Selon M. Vieillot, cet oiseau appartiendrait plutôt aux genres des Troupiales ou des Carouges, qu'à celui des Étourneaux, qui n'est représenté par aucune espèce en Amérique. Desm. 1827.

(3) *Quaxoxoctototl*. Fernandès, Hist. Nov. Hisp., pag. 49, cap. 177. — « Trogon cyaneo, luteo, viridi et nigro variegatus; vertice cyaneo.... « Trogon Mexicanus varius. » Brisson, Ornithol., tome IV, page 176.

être d'une grande beauté, gros comme un pigeon, se trouvant sur le bord de la mer, et qui a le bec long, large, noir, un peu crochu; cette forme du bec est, comme l'on voit, bien différente de celle du bec des couroucous, et cela seul devait suffire pour le faire exclure de ce genre. Fernandès ajoute qu'il ne chante pas, et que sa chair n'est pas bonne à manger, qu'il a la tête bleue et le reste du plumage d'un bleu varié de vert, de noir et de blanchâtre : mais ces indications ne nous paraissent pas encore suffisantes pour pouvoir rapporter cet oiseau du Mexique à quelque genre connu.

LE COUROUCOUCOU.[1]

Cuculus? brasiliensis, Lath., Linn., Gmel.[2].

Entre la grande famille du Coucou et celle

[1] *Cuculus Brasiliensis venustissimè pictus.* Séba, vol. I, page 102, avec une figure, pl. 66, n° 2. — « Cuculus cristatus ruber, supernè « saturatiùs, infernè dilutiùs, flavo varius; cristâ saturatè rubrâ, nigro « variegatâ; remigibus, rectricibusque flavis : nigricante adumbratis.... » Coucou rouge huppé du Brésil. Brisson, Ornithol., tome IV, page 154. — *Columbæ adfinis.* Moehring, Av. gener., Gen. 103. — « Cuculus « caudâ sub-æquali, corpore rubro, remigibus flavescentibus. » Linnæus, Syst. Nat., ed. XIII, pag. 171, Sp. 18. — Ornithol. Ital., tom. I, pag. 84, Sp. 31.

[2] Oiseau dont l'existence est douteuse et qui n'est connu que par la description et la figure très-imparfaites qu'en a données Séba. Desm. 1827.

du Couroucou, il paraît que l'on peut placer un oiseau qui semble participer des deux, en supposant que son indication, donnée par Séba, soit moins fautive et plus exacte que la plupart de celles qu'on trouve dans son gros ouvrage : voici ce qu'il en dit.

« Il a la tête d'un rouge tendre et surmontée « d'une belle huppe d'un rouge plus vif et varié « de noir. Le bec est d'un rouge-pâle ; le dessus « du corps d'un rouge-vif ; les couvertures des « ailes et le dessous du corps sont d'un rouge « tendre ; les pennes des ailes et celles de la « queue sont d'un jaune ombré d'une teinte noi- « râtre. »

Cet oiseau est moins gros que la pie ; sa longueur totale est d'environ dix pouces.

Il faut remarquer que Séba ne parle point de la disposition des doigts, et que dans la figure ils paraissent disposés trois et un, et non pas deux et deux ; mais, ayant donné à cet oiseau le nom de *Coucou*, c'était dire assez qu'il avait les doigts disposés de cette dernière manière.

LE TOURACO.*(1)

Corythaix Persa, Illig., Cuv.; *Cuculus Persa*, Linn., Gmel.;
Opœthus Persa, Vieill. (2).

Cet oiseau est un des plus beaux de l'Afrique,
parce qu'indépendamment de son plumage brillant par les couleurs, et de ses beaux yeux couleur de feu, il porte sur la tête une espèce de
huppe, ou plutôt une couronne qui lui donne un
air de distinction. Je ne vois donc pas pourquoi
nos nomenclateurs l'ont mis dans le genre des

---

* Voyez les planches enluminées, n° 601.

(1) *Cuculo adfinis.* Moehring, Avi., Gen. 106, — *Crown bird from
Mexico*, oiseau huppé ou couronné du Mexique. Albin, tome II,
page 12, avec une figure mal coloriée, planche 19. — *Touraco.*
Edwards, Hist. of Birds, pag. 7. — *Touraco, regia avis.* Klein, Avi.,
pag. 36. — « Cuculus caudâ æquali, capite cristâ erectâ, remigibus
« primoribus rubris. Cuculus Persa. » Linnæus, Syst. Nat., ed. X,
pag. 111. — « Cuculus cristatus saturatè viridis; dorso infimo et uro-
« pygio purpureo-cærulescentibus; imo ventre nigricante; latâ fasciâ
« per oculos nigrâ; tæniis supra et infra oculos candidis; remigibus
« quatuor primoribus coccineis, exteriùs et apice nigro marginatis;
« rectricibus purpureo-cærulescentibus.... Cuculus Guineensis cristatus
« viridis. » Brisson, Ornithol, tome IV, page 152.

(2) Cet oiseau, autrefois placé avec les coucous, forme maintenant le
type d'un petit genre, auquel il faut encore rapporter le Touraco géant de
Levaillant (Promer. et Guep. pl. 19), et probablement, ainsi que le
remarque M. Cuvier, le *Phasianus Africanus* de Latham. DESM. 1827.

1. Le Courcou 2. Le Touraco.

coucous, qui, comme tout le monde sait, sont des oiseaux très-laids, d'autant que le Touraco en diffère non seulement par la couronne de la tête, mais encore par la forme du bec, dont la partie supérieure est plus arquée que dans les coucous, avec lesquels il n'a de commun que d'avoir deux doigts en avant et deux en arrière; et, comme ce caractère appartient à beaucoup d'oiseaux, c'est sans aucun fondement qu'on a confondu avec les coucous le touraco qui nous paraît être d'un genre isolé.

Cet oiseau est de la grosseur du geai; mais sa queue large et longue semble agrandir sa taille, quoiqu'il ait les ailes très-courtes; car elles n'atteignent qu'à l'origine de sa longue queue. Il a la mandibule supérieure convexe, recouverte de plumes rabattues du front, et dans lesquelles les narines sont cachées : son œil vif et plein de feu est entouré d'une paupière écarlate, surmontée d'un grand nombre de papilles éminentes de la même couleur. La belle huppe ou plutôt la *mitre* qui lui couronne la tête, est un faisceau de plumes relevées, fines et soyeuses, et composées de brins si déliés que toute la touffe en est transparente : le beau camail vert qui lui couvre tout le cou, la poitrine et les épaules, est composé de brins de la même nature aussi déliés et soyeux.

Nous connaissons deux espèces, ou plutôt deux variétés dans ce genre, dont l'une nous est venue sous le nom de *Touraco d'Abyssinie*, et la seconde sous celui de *Touraco du cap de Bonne-Espérance*.

Elles ne diffèrent guère que par des teintes, la masse et le fond des couleurs étant les mêmes. Le touraco d'Abyssinie porte une huppe noirâtre, ramassée et rabattue en arrière et en flocon : les plumes du front, de la gorge et du tour du cou, sont d'un vert de pré; la poitrine et le haut du dos sont de cette même couleur, mais avec une teinte olive qui vient se fondre dans un brun pourpré, rehaussé d'un beau reflet vert; tout le dos, les couvertures des ailes et leurs pennes les plus près du corps, ainsi que toutes celles de la queue sont colorées de même : toutes les grandes pennes de l'aile sont d'un beau rouge cramoisi avec une échancrure de noir aux petites barbes vers la pointe; nous ne concevons pas comment M. Brisson (1) n'a vu que quatre de ces plumes rouges : le dessous du corps est gris-brun faible-ment nuancé de gris-clair.

Le touraco du cap de Bonne-Espérance ne dif-fère de celui d'Abyssinie, que par la huppe relevée en panache, tel que nous venons de le décrire, et qui est d'un beau vert-clair, quelquefois frangé de blanc : le cou est du même vert qui va se fondre et s'éteindre sur les épaules dans la teinte sombre, à reflet vert-lustré.

Nous avons eu vivant le touraco du Cap, on nous avait assuré qu'il se nourrissait de riz, et

---

(1) *Ornithologie*, tome IV, page 153.

on ne lui offrit d'abord que cette nourriture ; il n'y toucha pas, s'affama, et dans cette extrémité il avalait sa fiente : il ne subsista, pendant deux ou trois jours, que d'eau et de sucre dont on avait mis un morceau dans sa cage ; mais, voyant apporter des raisins sur la table, il marqua l'appétit le plus vif : on lui en donna des grains, il les avala avidement ; il s'empressa de même pour des pommes, puis pour des oranges ; depuis ce temps on l'a nourri de fruits pendant plusieurs mois. Il paraît que c'est sa nourriture naturelle, son bec courbé n'étant point du tout fait pour ramasser des graines : ce bec présente une large ouverture, fendue jusqu'au-dessous des yeux ; cet oiseau saute et ne marche pas : il a les ongles aigus et forts, et la serre bonne, les doigts robustes et recouverts de fortes écailles. Il est vif et s'agite beaucoup ; il fait entendre à tout moment un petit cri bas et rauque, *creû*, *creû*, du fond du gosier et sans ouvrir le bec ; mais de temps en temps il jette un autre cri éclatant et très-fort, cō, cō, cŏ, cŏ, cŏ, cŏ, cŏ ; les premiers accents graves, les autres plus hauts, précipités et très-bruyants, d'une voix perçante et rude : il fait entendre de lui-même ce cri quand il a faim ; mais il le répète à volonté quand on l'excite et qu'on l'anime en l'imitant.

Ce bel oiseau m'a été donné par madame la princesse de Tingri, et je dois lui en témoigner ma respectueuse reconnaissance ; il est même devenu plus beau qu'il n'était d'abord, car il était dans un état de mue lorsque j'en ait fait la description qu'on vient de lire; aujourd'hui, c'est-à-dire quatre mois après, il a refait son plumage et repris de nouvelles beautés; il porte deux traits blancs de petites plumes ou poils ras et soyeux, l'un assez court à l'angle intérieur de l'œil, l'autre devant l'œil et prolongé en arrière à l'angle extérieur; entre deux est un autre trait de ce même duvet, mais d'un violet-foncé; son manteau et sa queue brillent d'un riche bleu-pourpré, et sa huppe est verte et sans franges : ces nouveaux caractères me font croire qu'il ne ressemble pas exactement au touraco du cap de Bonne-Espérance comme je l'avais cru d'abord; il me paraît différer aussi par ces mêmes caractères de celui d'Abyssinie. Voilà donc trois variétés dans le genre du touraco; mais nous ne pouvons encore décider si elles sont spécifiques ou individuelles, périodiques ou constantes, ou seulement sexuelles.

Il ne paraît pas que cet oiseau se trouve en Amérique, quoique Albin l'ait donné comme venant du Mexique. Edwards assure qu'il est indigène en Guinée, d'où il est possible que l'individu dont parle Albin ait été transporté en Amérique. Nous ne savons rien sur les habitudes naturelles de cet oiseau dans son état de liberté; mais comme il est d'une grande beauté, il faut espérer que les voyageurs le remarqueront et nous feront part de leurs observations.

2.

1

1. Le Coucou. 2. Le Coua.

LE COUCOU. *(1)

Cuculus canorus, Linn., Lath., Gmel., Cuv., Vieill. (2).

Dès le temps d'Aristote, on disait communé-

---

(1) Κόκκυξ, que Gaza traduit, *Cuculus.* Aristote, Hist. animal., lib. VI, cap. 7; lib. IX, cap. 29 et 49, et de Generatione animal., lib. III, cap. 1. — Élien, lib. III, cap. 30. — *Cuculus*, Pline, Nat. Hist., lib. X, cap. 9. — Belon, Nat. des Ois., liv. II, chap. 28; en français, coqu; en grec moderne, *decocto*, d'après son cri, dit-on. (Il faut donc que les Grecs modernes prononcent ce mot autrement que la plupart des nations de l'Europe; c'est le vanneau qu'on a appelé *Dix-huit*, d'après son cri). Voyez aussi les observations du même auteur, fol. 11. — Olina, Uccelleria, fol. 38; en italien, *cucco, cuculo*. Je placerai ici un passage de cet auteur, qui jettera quelque lumière sur l'abus que l'on a fait du nom de cet oiseau. « Fa le sue ova nel nido della curruca, donde « è venuto il motto contrà mariti balordi che non s'accorgon del vituperio « delle mogli, e della mesticanza de' figli, corruca; da che poi corrom- « pendosi per l'ignoranza di chi proferiva detta parola, s'è detto cornuto; « e anticamente, e anco hoggidi s'è usata questa parola, com'anco la del « cuculo, in senso di significar un balordo, e che non s'accorga. » Re- marquez que c'est au mari infidèle que les Latins attribuaient, avec raison, le nom de *Cuculus. Audiuntur apud nos cuculi*, dit Gesner, *plerumque usque ad diem sancti Joannis*, pag. 364. Cela éclaircit une autre étymologie. Autrefois on accueillait de ce nom ceux que l'on sur- prenait faisant une action malhonnête, et même les vignerons paresseux qui étaient en retard pour tailler les vignes; et l'on donnait en général le nom de coucou à tous les paresseux, aux gens d'un esprit borné. Voyez Aristophane; cela a encore lieu chez quelques nations de l'Europe. — *Cuculus, cucullus, cuccus*; en hébreu, selon différents auteurs, *kaath, kik, hakik, kakata, schalac, schaschaph, kore, banchem*; eu-

(2) Cet oiseau est, pour M. Cuvier, le type du sous-genre des coucous. DESM. 1827.

ment que jamais personne n'avait vu la couvée du

---

chem; en grec, Κόκκυξ, et par corruption, *karkolix, kakakos;* en italien, *Cucculo, cucco, cuco, cucho; en* espagnol, *Cuclillo;* en français, *Cocou, coquu;* en allemand, *Gucker, guggauch, kukkuk, gugcka-ser;* en flamand, *Kockok* ou *kockuut, kochuunt;* en anglais, *a Cukkow, a gouke;* en illyrien, *Zies gule.* Gesner, Aves, pag. 362.—Aldrovande, Ornitholog., lib. V, pag. 409. — En syriaque *Coco;* en français, *Cocul.* Il reproche à Albert de lui avoir donné mal-à-propos le nom de *Gugulus.*

Cuculus; en anglais, *the cuccow.* Willughby, lib. II, cap. 14, pag. 62. — Albin, Hist. Nat. des Oiseaux, tome I, pag. 9, pl. 8.

Cuculus nostras seu Aldrovandi secunda. Rai, Synops. Avi., pag. 22, 24. Son premier coucou d'Aldrovande est un jeune.

— Jonston, Avi., pag. 14.

— Charleton, Exercit., Gen. V.

Cuculus major, prior Aldrovandi; en allemand, *Guekauch.* Schwenckf. Aviar. Siles., pag. 249. Son jeune coucou est un coucou adulte, comme l'a remarqué M. Brisson.

Cuculus; en polonais, *Kukulka, kukawka, gzegzolka;* en russien, *Zezula.* Rzaczyncki, Auctuar. Poloniæ, pag. 376.

Coccys; en allemand *Kuckuk.* Frisch, tom. I, clas. 4, div. 2, pl. 3, 4, 5, art. 9. C'est mal-à-propos qu'il en a fait un pic, car il a le bec conformé tout autrement, et les habitudes toutes différentes.

— Klein, Ordo avium, pag. 29.

— Moehring, Gener. avi., pag. 34, Gen. 12.

Cuculus cinereus, lineis nigricantibus transversis, pedibus croceis; en catalan, *Cocut, cugul.* Barrère, Ornithol. novum specim., clas. 3, Gen. 33, Sp. 1. — *Cuculus nigricans maculis subrufis. Cuculus alter Jonstonis.* Idem, ibid., sp. 3. Ce n'est point une espèce différente de la première, mais une simple variété d'âge.

Cuculus caudâ rotundatâ, nigricante, albo punctatâ. Linnæus, Syst. Nat., ed. XIII, Gen. 57, pag. 168. — *Cuculus rectricibus nigricantibus, punctis albis;* en suédois, *Gioek;* en lappon, *Geecka.* Linnæus, Fauna Suecica, 1746.

— Kramer, Elenchus austr. inf., pag. 337.

Cuculus canorus caudâ rotundatâ, etc., en danois, *gioeg-kukert, kuk, kukmanden;* en norwégien *Gouk.* Muller, Zoolog. Danicæ prodrom. Gen. 95, pag. 12.

« Cuculus supernè cinereus, infernè sordidè albus, fusco transversim

Coucou; on savait dès-lors que cet oiseau pond comme les autres, mais qu'il ne fait point de nid; on savait qu'il dépose ses œufs ou son œuf (car il est rare qu'il en dépose deux au même endroit) dans les nids des autres oiseaux, plus petits ou plus grands, tels que les fauvettes, les verdiers, les alouettes, les ramiers, etc.; qu'il mange souvent les œufs qu'il y trouve; qu'il laisse à l'étrangère le soin de couver, nourrir, élever sa géniture; que cette étrangère, et nommément la fauvette, s'acquitte fidèlement de tous ces soins (1), et avec tant de succès, que ses élèves deviennent très-gras, et sont alors un morceau succulent (2);

« striatus; collo inferiore dilutè cinereo, rectricibus nigricantibus, apice « albis, octo intermediis maculis albis circa scapum et ad margines in- « teriores variegatis, utrinque extimâ albo transversim striatâ.... *Cuculus*, le coucou. » Brisson, Ornithol., tome III, page 105.

« Cucule commune, osia cucule di color cenerino o piombino, vol- « garmente detto anco cuculio. » Gerini, Ornithol. Ital., pag. 80, pl. 67.

The cuckoo. British zoology, clas. 2, Gen. 7, pag. 80.

Coucou, cocou, coquu, coca, coux; en Provence, *Coudiou;* en Sologne on appelle le jeune *Coucouat*, ce qui a beaucoup de rapport au mot italien *cuccuoaia* ou *cuocouaia*, qui signifie *nid de coucou*. Salerne, Hist. Nat. des Oiseaux, pag. 46.

En quelques cantons de Bourgogne, *Dinde sauvage*.

(1) Aristote.

(2) On prétend même que les adultes ne sont pas un mauvais manger en automne; mais il est des pays où on ne les mange ni jeunes, ni vieux, ni gras, ni maigres, ni l'été, ni l'automne, parce qu'on les regarde comme des oiseaux immondes et de mauvais augure; d'autres au contraire les regardent comme des oiseaux de bon augure, et comme des oracles qu'ils consultent en plus d'une occasion; d'autres enfin, ont cru ou voulu faire croire que la terre qui se trouve sous le pied droit de celui qui entend le premier cri du coucou, est un préservatif sûr contre les puces et autres vermines.

on savait que leur plumage change beaucoup lorsqu'ils arrivent à l'âge adulte; on savait enfin que
les coucous commencent à paraître et à se faire
entendre dès les premiers jours du printemps,
qu'ils ont l'aile faible en arrivant, qu'ils se taisent
pendant la canicule, et l'on disait que certaine
espèce faisait sa ponte dans des trous de rochers
escarpés (1). Voilà les principaux faits de l'histoire du coucou; ils étaient connus il y a deux
mille ans, et les siècles postérieurs n'y ont rien
ajouté; quelques-uns même de ces faits étaient
tombés dans l'oubli, notamment leur ponte dans
des trous de rochers. On n'a pas ajouté davantage
aux fables qui se débitent depuis le même temps
à-peu-près sur cet oiseau singulier; le faux a ses
limites ainsi que le vrai, l'un et l'autre est bientôt
épuisé sur tout sujet qui a une grande célébrité,
et dont par conséquent on s'occupe beaucoup.

Le peuple disait donc, il y a vingt siècles,
comme il le dit encore aujourd'hui, que le coucou
n'est autre chose qu'un petit épervier métamor-
phosé; que cette métamorphose se renouvelle
tous les ans à une époque déterminée; que lors-

---

(1) « Genus quoddam in saxis præruptis nidum struere. » Aristote. Ne
serait-ce pas le coucou d'Andalousie de Brisson, et le grand coucou
tacheté d'Edwards? L'individu, dont parle ce dernier, avait été tué sur
les rochers des environs de Gibraltar, et ses pareils pourraient bien se
trouver aussi dans la Grèce, dont le climat est à-peu-près semblable:
enfin, ne serait-ce pas des éperviers que l'on aurait pris pour des coucous, à cause de la ressemblance du plumage? or, l'on sait que les
éperviers nichent dans des trous de rochers escarpés.

qu'il revient au printemps, c'est sur les épaules
du milan qui veut bien lui servir de monture,
afin de ménager la faiblesse de ses ailes (complaisance remarquable dans un oiseau de proie tel
que le milan); qu'il jette sur les plantes une salive qui leur est funeste par les insectes qu'elle
engendre; que la femelle coucou a l'attention de
pondre, dans chaque nid qu'elle peut découvrir,
un œuf de la couleur des œufs de ce nid(1) pour
mieux tromper la mère; que celle-ci se fait la
nourrice ou la gouvernante du jeune coucou,
qu'elle lui sacrifie ses petits qui lui paraissent
moins jolis (2); qu'en vraie marâtre elle les néglige, ou qu'elle les tue et les lui fait manger:
d'autres soupçonnent que la mère coucou revient au nid où elle a déposé son œuf, et qu'elle
chasse ou mange les enfants de la maison pour
mettre le sien plus à son aise; d'autres veulent
que ce soit celui-ci qui en fasse sa proie, ou
du moins qui les rende victimes de sa voracité, en s'appropriant exclusivement toutes les
subsistances que peut fournir la pourvoyeuse
commune : Élien raconte que le jeune coucou,
sentant bien en lui-même qu'il est bâtard ou

---

(1) Voyez Élien, Salerne, etc. Le véritable œuf du coucou est plus
gros que celui du rossignol, de forme moins allongée, de couleur grise
presque blanchâtre, tachetée vers le gros bout de brun-violet presque
effacé, et de brun-foncé plus tranché; enfin, marqué dans sa partie
moyenne de quelques traits irréguliers couleur de marron.

(2) *Nota.* Que les coucous sont hideux lorsqu'ils viennent d'éclore,
et même plusieurs jours après qu'ils sont éclos.

plutôt qu'il est un intrus, et craignant d'être
traité comme tel sur le seules couleurs de son
plumage, s'envole dès qu'il peut remuer les ailes,
et va rejoindre sa véritable mère (1); d'autres
prétendent que c'est la nourrice qui abandonne
le nourrisson, lorsqu'elle s'aperçoit, aux couleurs
de son plumage, qu'il est d'une autre espèce;
enfin, plusieurs croient qu'avant de prendre son
essor, le nourrisson dévore la nourrice (2) qui lui
avait tout donné, jusqu'à son propre sang; il
semble qu'on ait voulu faire du coucou un ar-
chétype d'ingratitude (3), mais il ne fallait pas lui
prêter des crimes physiquement impossibles; n'est-
il pas impossible en effet que le jeune coucou à
peine en état de manger seul, ait assez de force
pour dévorer un pigeon ramier, une alouette,
un bruant, une fauvette? il est vrai que l'on peut
citer en preuve de cette possibilité un fait rapporté
par un auteur grave, M. Klein, qui l'avait observé
à l'âge de seize ans; ayant découvert dans le jardin de son père, un nid de fauvette, et dans ce
nid un œuf unique qu'on soupçonna être un œuf
de coucou, il donna au coucou le temps d'éclore
et même de se revêtir de plumes, après quoi il

---

(1) *Nat. animalìum*, lib. III, cap. 3o. On a dit aussi, en se jetant
dans l'excès opposé, et même opposé à toutes les observations, que la
mère coucou, oubliant ses propres œufs, couvait des œufs étrangers.
Voyez Acron, in sat. 7, Horat. lib. I.

(2) Voyez Linnæus, à l'endroit cité et plusieurs autres.

(3) Ingrat comme un coucou, disent les Allemands : Melanchton a
fait une belle harangue contre l'ingratitude de cet oiseau.

renferma le nid et l'oiseau dans une cage qu'il laissa sur place; quelques jours après, il trouva la mère fauvette prise entre les bâtons de la cage, ayant la tête engagée dans le gosier du jeune coucou qui l'avait avalée, dit-on, par mégarde, croyant avaler seulement la chenille que sa nourrice lui présentait apparemment de trop près. Ce sera quelque fait semblable qui aura donné lieu à la mauvaise réputation de cet oiseau; mais il n'est pas vrai qu'il ait l'habitude de dévorer ni sa nourrice ni les petits de sa nourrice; premièrement il a le bec trop faible, quoique assez gros; le coucou de M. Klein en est la preuve, puisqu'il mourut étouffé par la tête de la fauvette dont il n'avait pu briser les os; en second lieu, comme les preuves tirées de l'impossible sont souvent équivoques et presque toujours suspectes aux bons esprits, j'ai voulu constater le fait par la voie de l'expérience. Le 27 juin, ayant mis un jeune coucou de l'année, qui avait déja neuf pouces de longueur totale, dans une cage ouverte, avec trois jeunes fauvettes qui n'avaient pas le quart de leurs plumes, et ne mangeaient point encore seules, ce coucou, loin de les dévorer ou de les menacer, semblait vouloir reconnaître les obligations qu'il avait à l'espèce; il souffrait avec complaisance que ces petits oiseaux, qui ne paraissaient point du tout avoir peur de lui, cherchassent un asile sous ses ailes, et s'y réchauffassent comme ils eussent fait sous les ailes de leur mère; tandis que dans le même temps une jeune chouette de l'année, et qui n'avait encore vécu que de la béquée qu'on lui donnait, apprit à manger seule en dévorant toute vivante une quatrième fauvette que l'on avait attachée auprès d'elle. Je sais que quelques-uns, pour dernier adoucissement, ont dit que le coucou ne mangeait que les petits oiseaux qui venaient d'éclore et n'avaient point encore de plumes; à la vérité, ces petits embryons sont pour ainsi dire des êtres intermédiaires entre l'œuf et l'oiseau, et par conséquent peuvent absolument être mangés par un animal qui a coutume de se nourrir d'œufs couvés ou non couvés; mais ce fait, quoique moins invraisemblable, ne doit passer pour vrai que lorsqu'il aura été constaté par l'observation.

Quant à la salive du coucou, on sait que ce n'est autre chose que l'exsudation écumeuse de la larve d'une certaine cigale appelée la *Bedaude* (1); il est possible qu'on ait vu un coucou chercher cette larve dans son écume, et qu'on ait cru l'y voir déposer sa salive, ensuite on aura remarqué qu'il sortait un insecte de pareilles écumes, et on se sera cru fondé à dire qu'on avait vu la salive du coucou engendrer la vermine.

Je ne combattrai pas sérieusement la prétendue métamorphose annuelle du coucou en éper-

---

(1) On a dit que les cigales qui sortaient de cette larve donnaient la mort au coucou en le piquant sous l'aile; c'est tout au plus quelque fait particulier, mal vu, et plus mal-à-propos généralisé.

vier (1); c'est une absurdité qui n'a jamais été
crue par les vrais naturalistes, et que quelques-
uns d'eux ont réfutée; je dirai seulement que ce
qui a pu y donner occasion, c'est que ces deux
oiseaux ne se trouvent guère dans nos climats en
même temps, et qu'ils se ressemblent par le plumage (2), par la couleur des yeux et des pieds,
par leur longue queue, par leur estomac membraneux, par la taille, par le vol, par leur peu
de fécondité; par leur vie solitaire, par les longues
plumes qui descendent des jambes sur le tarse, etc.;
ajoutez à cela que les couleurs du plumage sont
fort sujettes à varier dans l'une et l'autre espèce(3),
au point qu'on a vu une femelle coucou, bien
vérifiée femelle par la dissection, qu'on eût prise
pour le plus bel émerillon, quant aux couleurs,
tant son plumage était joliment varié (4); mais ce

---

(1) Je viens d'être spectateur d'une scène assez singulière : un épervier s'était jeté dans une basse-cour assez bien peuplée; dès qu'il fut posé,
un jeune coq de l'année s'élança sur lui et le renversa sur son dos; dans
cette situation, l'épervier se couvrant de ses serres et de son bec, en
imposa aux poules et dindes qui criaient en tumulte autour de lui;
quand il fut un peu rassuré, il se releva et allait prendre sa volée, lorsque
le jeune coq se jeta sur lui une seconde fois, le renversa comme la première, et le tint ou l'occupa assez long-temps pour qu'on pût s'en saisir.

(2) Surtout étant vus par-dessous, tandis qu'ils volent. Le coucou bat
des ailes en partant, et file ensuite comme le tiercelet.

(3) Voyez ci-devant, Hist. nat. des Oiseaux, tome I, page 229; et
Aristote, Hist. animal., lib. IX, cap. 49.

(4) Voyez Salerne, Hist. des Oiseaux, page 40. M. Hérissant a vu
plusieurs coucous qui, par leur plumage, ressemblaient à différentes espèces d'émouchets ou mâles d'éperviers, et un autre qui ressemblait
assez à un pigeon biset. Mémoires de l'Académie des Sciences, année
1752, page 417.

n'est point tout cela qui constitue l'oiseau de proie, c'est le bec et la serre ; c'est le courage et la force, du moins la force relative, et à cet égard il s'en faut bien que le coucou soit un oiseau de proie (1); il ne l'est pas un seul jour de sa vie, si ce n'est en apparence et par des circonstances singulières, comme le fut celui de M. Klein. M. Lottinger a observé que les coucous de cinq ou six mois sont aussi niais que les jeunes pigeons; qu'ils ont si peu de mouvement, qu'ils restent des heures dans la même place, et si peu d'appétit qu'il faut leur aider à avaler : il est vrai qu'en vieillissant ils prennent un peu plus de hardiesse, et qu'ils en imposent quelquefois à de véritables oiseaux de proie. M. le vicomte de Querhoënt, dont le témoignage mérite toute confiance, en a vu un qui, lorsqu'il croyait avoir quelque chose à craindre d'un autre oiseau, hérissait ses plumes, haussait et baissait la tête lentement et à plusieurs reprises, puis s'élançait en criant, et par ce manège mettait souvent en fuite une cresserelle qu'on nourrissait dans la même maison (2).

---

(1) Aristote dit avec raison, que c'est un oiseau timide ; mais je ne sais pourquoi il cite en preuve de sa timidité son habitude de pondre au nid d'autrui. De generatione, lib. III, cap. 1.

(2) Un coucou adulte, élevé chez M. Lottinger, se jetait sur tous les oiseaux, sur les plus forts comme sur les plus faibles, sur ceux de son espèce comme sur les autres, attaquant la tête et les yeux par préférence ; il s'élançait même sur les oiseaux empaillés, et quelque rudement qu'il fût repoussé, il revenait toujours à la charge, sans se rebuter jamais. Pour moi, j'ai reconnu par mes propres observations, que les coucous menacent la main qui s'avance pour les prendre, qu'ils s'élèvent et

Au reste, bien loin d'être ingrat, le coucou
paraît conserver le souvenir des bienfaits et n'y
être pas insensible : on prétend qu'en arrivant de
son quartier d'hiver, il se rend avec empressement
aux lieux de sa naissance, et que, lorsqu'il y re-
trouve sa nourrice (1) ou ses frères nourriciers,
tous éprouvent une joie réciproque, qu'ils expriment chacun à leur manière, et sans doute ce sont
ces expressions différentes, ce sont leurs caresses
mutuelles, leurs cris d'allégresse, leurs jeux, qu'on
aura pris pour une guerre que les petits oiseaux
faisaient au coucou ; il se peut néanmoins qu'on
ait vu entre eux de véritables combats ; par exemple, lorsqu'un coucou étranger, cédant à son instinct (2), aura voulu détruire leurs œufs pour
placer le sien dans leur nid, et qu'ils l'auront pris
sur le fait. C'est cette habitude bien constatée
qu'il a de pondre dans le nid d'autrui, qui est la
principale singularité de son histoire, quoiqu'elle
ne soit pas absolument sans exemple. Gesner parle
d'un certain oiseau de proie fort ressemblant à
l'autour qui pond dans le nid du choucas (3), et

s'abaissent alternativement en se hérissant, et même qu'ils mordent avec
une sorte de colère, mais sans beaucoup d'effet.

(1) Voyez Frisch, à l'endroit cité.

(2) Aristote, Pline, et ceux qui les ont copiés ou qui ont renchéri sur
eux, s'accordent à dire que le coucou est timide ; que tous les petits oiseaux
lui courent sus, et qu'il n'en est pas un d'eux qui ne le mette en fuite :
d'autres ajoutent que cette persécution vient de ce qu'il ressemble à un
oiseau de proie ; mais depuis quand les petits oiseaux poursuivent-ils les
oiseaux de proie ?

(3) De avibus, page 365.

si l'on veut croire que cet oiseau inconnu, qui
ressemble à l'autour, n'est autre chose qu'un coucou, d'autant plus que celui-ci a été souvent pris
pour un oiseau de proie, et que l'on ne connaît
point de véritable oiseau de proie qui ponde dans
des nids étrangers, du moins on ne peut nier que
les torcous n'établissent quelquefois leur nombreuse couvée dans des nids de sittelle, comme
je m'en suis assuré; que les moineaux ne s'emparent aussi des nids d'hirondelles, etc.; mais ce
sont des cas assez rares, surtout à l'égard des espèces qui construisent un nid, pour que l'habitude qu'a le coucou de pondre tous les ans dans
des nids étrangers, doive être regardée comme
un phénomène singulier.

Une autre singularité de son histoire, c'est qu'il
ne pond qu'un œuf, du moins qu'un seul œuf
dans chaque nid; car il est possible qu'il en ponde
deux, comme le dit Aristote, et comme on l'a
reconnu possible par la dissection des femelles,
dont l'ovaire présente assez souvent deux œufs
bien conformés et d'égale grosseur (1).

Ces deux singularités semblent tenir à une
troisième, et pouvoir s'expliquer par elle; c'est
que leur mue est et plus tardive et plus complète
que celle de la plupart des oiseaux : on rencontre
quelquefois l'hiver, dans le creux des arbres, un
ou deux coucous entièrement nus, nus au point

---

(1) Voyez Linnæus, Fauna Suecica, n° 77, édit. de 1746; et Salerne,
Hist. Nat. des Oiseaux, pag. 40.

qu'on les prendrait au premier coup-d'œil pour de véritables crapauds. Le R. P. Bougaud, que nous avons cité plusieurs fois, avec la confiance qui lui est due, nous a assuré en avoir vu un dans cet état, qui avait été trouvé sur la fin de décembre dans un trou d'arbre. De quatre autres coucous élevés, l'un chez M. Johnson, cité par Willughby, le second chez M. le comte de Buffon, le troisième chez M. Hébert, et le quatrième chez moi, le premier devint languissant aux approches de l'hiver, ensuite galeux et mourut; le second et le troisième se dépouillèrent totalement de leurs plumes dans le mois de novembre, et le quatrième, qui mourut sur la fin d'octobre, en avait perdu plus de la moitié; le second et le troisième moururent aussi, mais avant de mourir ils tombèrent dans une espèce d'engourdissement et de torpeur. On cite plusieurs autres faits semblables; et si l'on a eu tort d'en conclure que tous les coucous qui paraissent l'été dans un pays, y restent l'hiver dans des arbres creux ou dans des trous en terre, engourdis (1), dépouillés de plumes, et selon quelques-uns avec une ample provision de blé (dont toutefois cette espèce ne mange

---

(1) Ceux qui parlent de ces coucous trouvés l'hiver dans des trous, s'accordent tous à dire qu'ils sont absolument nus et ressemblent à des crapauds; cela me ferait soupçonner qu'on a pris quelquefois pour des coucous des grenouilles qui passent véritablement l'hiver dans des trous sans manger, sans pouvoir manger, ayant la bouche fermée, et les deux mâchoires comme soudées ensemble. Au demeurant, Aristote dit positivement que les coucous ne paraissent point l'hiver dans la Grèce.

jamais), on peut du moins, ce me semble, en conclure légitimement : 1° que ceux qui, au moment
du départ, sont malades ou blessés, ou trop jeunes, en un mot trop faibles, par quelque raison
que ce soit, pour entreprendre une longue route,
restent dans le pays où ils se trouvent et y passent
l'hiver, se mettant de leur mieux à l'abri du froid
dans le premier trou qu'ils rencontrent à quelque
bonne exposition, comme font les cailles (1), et
comme avait fait apparemment le coucou vu par
le R. P. Bougaud ; 2° qu'en général ces sortes d'oiseaux entrent en mue fort tard, que par conséquent
ils refont leurs plumes aussi fort tard, et qu'à
peine elles sont refaites au temps où ils reparais-
sent, c'est-à-dire au commencement du printemps;
aussi ont-ils les ailes faibles alors, et ne vont-ils
que rarement sur les grands arbres, mais ils se
traînent, pour ainsi dire, de buisson en buisson,
et se posent même quelquefois à terre, où ils
sautillent comme les grives. On peut donc dire
que dans la saison de l'amour, le superflu de la
nourriture, étant presque entièrement absorbé
par l'accroissement des plumes, ne peut fournir

_____

(1) L'hiver, on trouve quelquefois, en chassant, des cailles tapies sous
une grosse racine ou dans quelque autre trou exposé au midi, avec une
petite provision de grains et d'épis de différentes espèces. Je ne dois
point dissimuler que M. le marquis de Piolenc et une autre personne
m'ont assuré que deux coucous qu'on avait élevés et nourris pendant
plusieurs années, n'avaient point perdu toutes leurs plumes dans l'hiver;
mais comme on n'a remarqué ni le temps, ni la durée, ni la quantité de
leur mue, on ne peut rien conclure de ces deux observations.

que très-peu à la reproduction de l'espèce; que
c'est par cette raison que la femelle coucou ne
pond ordinairement qu'un œuf ou tout au plus
deux; que cet oiseau ayant moins de ressources
en lui-même pour l'acte principal de la généra-
tion, il a aussi moins d'ardeur pour tous les actes
accessoires tendants à la conservation de l'espèce,
tels que la nidification, l'incubation, l'éducation
des petits, etc., tous actes qui partent d'un même
principe et gardent entre eux une sorte de proportion. D'ailleurs, de cela seul que les mâles de
cette espèce ont l'instinct de manger les œufs des
oiseaux, la femelle doit cacher soigneusement le
sien; elle ne doit pas retourner à l'endroit où elle
l'a déposé, de peur de l'indiquer à son mâle;
elle doit donc choisir le nid le mieux caché, le
plus éloigné des endroits qu'il fréquente; elle
doit même, si elle a deux œufs, les distribuer en
différents nids; elle doit les confier à des nourrices étrangères, et se reposer sur ces nourrices
de tous les soins nécessaires à leur entier développement, c'est aussi ce qu'elle fait, en prenant
néanmoins toutes les précautions qui lui sont in-
spirées par la tendresse pour sa géniture, et sa-
chant résister à cette tendresse même pour qu'elle
ne se trahisse point par indiscrétion. Considérés
sous ce point de vue, les procédés du coucou
rentreraient dans la règle générale, et suppose-
raient l'amour de la mère pour ses petits et même
un amour bien entendu, qui préfère l'intérêt de

l'objet aimé, à la douce satisfaction de lui prodiguer ses soins; d'ailleurs la seule dispersion de ses œufs en différents nids, quelle qu'en puisse être la cause, soit la nécessité de les dérober à la voracité du mâle, soit la petitesse du nid (1), suffirait seule, et très-évidemment, pour lui en rendre l'incubation impossible; or, cette dispersion des œufs du coucou est plus que probable, puisque, comme nous l'avons dit, on trouve assez souvent deux œufs bien formés dans l'ovaire des femelles, et très-rarement deux de ces œufs dans le même nid : au reste, le coucou n'est pas le seul, parmi les oiseaux connus, qui ne fasse point de nid; plusieurs espèces de mésanges, les pics, les martin-pêcheurs, etc., n'en font point non plus; il n'est pas le seul qui ponde dans des nids étrangers, comme nous venons de le dire; il n'est pas non plus le seul qui ne couve point ses œufs : nous avons vu que l'autruche, dans la zone torride, dépose les siens sur le sable, où la seule chaleur du soleil suffit pour les faire éclore; il est vrai qu'elle ne les perd guère de vue, et qu'elle veille assidûment à leur conservation; mais elle n'a pas les mêmes motifs que la femelle du coucou pour les cacher et pour dissimuler son attachement; elle ne prend pas non plus, comme

---

(1) Des personnes dignes de foi, m'ont dit avoir vu deux fois deux coucous dans un seul nid, mais toutes les deux fois dans un nid de grive : or, un nid de grive est beaucoup plus grand qu'un nid de fauvette, de chantre ou de rouge-gorge.

cette femelle, des précautions suffisantes pour la dispenser de tout autre soin. La conduite du coucou n'est donc point une irrégularité absurde, une anomalie monstrueuse, une exception aux lois de la nature, comme l'appelle Willughby (1); mais c'est un effet nécessaire de ces mêmes lois, une nuance qui appartient à l'ordre de leurs résultats, et qui ne pourrait y manquer sans laisser un vide dans le système général, sans causer une interruption dans la chaîne des phénomènes.

Ce qui semble avoir le plus étonné certains naturalistes, c'est la complaisance qu'ils appellent dénaturée de la nourrice du coucou, laquelle oublie si facilement ses propres œufs pour donner tous ses soins à celui d'un oiseau étranger, et même d'un oiseau destructeur de sa propre famille. Un de ces naturalistes, fort habile d'ailleurs en ornithologie, frappé de cette singularité, a fait des observations suivies sur cette matière, en ôtant à plusieurs petits oiseaux les œufs qu'ils avaient pondus, et y substituant un œuf unique de quelque oiseau, autre que le coucou et que celui auquel appartenait le nid; il s'est cru en droit de conclure de ses observations, qu'aucun des oiseaux qui se chargent de couver l'œuf du coucou, même au préjudice de sa propre famille,

―――――――――――

(1) Quelques auteurs, trompés par ces façons de parler, ont dit que Willughby ne croyait point à ce fait de l'histoire du coucou; mais c'est une méprise : Willughby dit précisément qu'il en a été témoin oculaire avec un grand nombre d'autres personnes.

ne se chargerait de couver un œuf unique de tout autre oiseau qui lui serait présenté dans les mêmes circonstances, c'est-à-dire qui serait substitué à tous les siens, parce que cette complaisance est nécessaire au seul coucou, et que lui seul en jouit en vertu d'une loi spéciale du Créateur.

Mais que cette conséquence paraîtra précaire et hasardée, si l'on pèse les réflexions suivantes! 1° il faut remarquer que la proposition dont il s'agit est générale, par cela même qu'elle est exclusive; qu'à ce titre il ne faudrait qu'un seul fait contraire pour la réfuter, et que même en supposant qu'on n'aurait point connaissance des faits contraires, il faudrait pour l'établir un peu plus de quarante-six observations ou expériences faites sur une vingtaine d'espèces; 2° qu'il en faudrait · beaucoup plus encore, et de plus rigoureusement vérifiées, pour établir la nécessité et l'existence d'une loi particulière, dérogeant aux lois générales de la nature en faveur du coucou; 3° qu'en admettant que les expériences eussent été faites en nombre suffisant et suffisamment vérifiées, il eût fallu encore, pour les rendre concluantes, en assimiler les procédés, autant qu'il était possible, dans toutes leurs circonstances, et n'y souffrir absolument d'autres différences que celles de l'œuf; par exemple, il n'est pas égal, sans doute, que l'œuf soit déposé dans un nid étranger, par un homme ou par un oiseau; par un homme qui couve une hypothèse chérie, contraire à la réus-

site de l'incubation de l'œuf, ou par un oiseau
qui paraît ne désirer rien tant que cette réussite :
or, puisque l'on ne pouvait pas se servir du coucou, du merle, de l'écorcheur, de la fauvette ou
du roitelet, pour substituer un œuf unique de ces
différentes espèces aux œufs des chantres, rouge-
gorges, lavandières, etc., il eût fallu que la même
main qui avait agi dans ces sortes d'expériences
faites avec des œufs, autres que celui du coucou,
agît aussi dans un pareil nombre d'expériences cor-
respondantes faites avec l'œuf même du coucou, et
comparer les résultats; or, c'est ce qui n'a point
été fait : cela était néanmoins d'autant plus nécessaire que la seule apparition de l'homme, plus
ou moins fréquente, suffit pour faire renoncer
ses propres œufs à la couveuse la plus échauffée,
et même pour lui faire abandonner l'éducation
déja avancée du coucou (1), comme j'ai été à
portée de m'en assurer par moi-même; 4° les as-
sertions fondamentales de l'auteur ne sont pas
toutes exactes; car le coucou pond quelquefois,
quoique très-rarement, deux œufs dans le même
nid, et cela était connu des anciens. De plus,
l'auteur suppose que l'œuf du coucou est toujours seul dans le nid de la nourrice, et que la
mère coucou mange ceux qu'elle trouve dans ce
nid, ou les détruit de quelque autre manière;

---

(1) On a vu une verdière des prés, dont le nid était à terre, sous une
grosse racine, abandonner l'éducation d'un jeune coucou, par la seule
inquiétude que lui causèrent les visites réitérées de quelques curieux.

mais on sent combien un pareil fait est difficile à
prouver, et combien il est peu vraisemblable; il
faudrait donc que jamais cette mère coucou ne
déposât son œuf ailleurs que dans le nid d'un oiseau qui aurait fait sa ponte entière, ou que jamais elle ne manquât de revenir à ce même nid
pour détruire les œufs pondus subséquemment;
autrement ces œufs pourraient être couvés et
éclore avec celui du coucou, et il y aurait quelques changements à faire, soit dans les conséquences tirées, soit dans la loi particulière ima-
ginée à plaisir; et c'est précisément le cas, puisqu'on
m'a apporté nombre de fois des nids où il y avait
plusieurs œufs de l'oiseau propriétaire (1) avec un
œuf de coucou, et même plusieurs de ces œufs
éclos ainsi que celui du coucou (2); 5° mais ce

---

(1) 16 mai 1774, cinq œufs de charbonnière avec l'œuf du coucou,
les œufs de la mésange ont disparu peu-à-peu.

. 19 mai 1776, cinq œufs de rouge-gorge avec l'œuf du coucou.

10 mai 1777, quatre œufs de rossignol avec l'œuf du coucou.

17 mai, deux œufs de mésange sous un jeune coucou, mais qui ne sont
pas venus à bien; c'est quelque hasard semblable qui aura donné lieu de
dire que le jeune coucou se chargeait de couver les œufs de sa nourrice.
(Voyez Gesner, page 365).

(2) Le 14 juin 1777, un coucou nouvellement éclos, dans un nid de
grive, avec deux jeunes grives qui commençaient à voltiger.

Le 8 juin 1778, un jeune coucou dans un nid de rossignol avec
deux petits rossignols et un œuf clair.

Le 16 juin, un jeune coucou dans un nid de rouge-gorge avec un petit
rouge-gorge qui paraissait plus anciennement éclos.

M. Lottinger m'a mandé un fait, constaté par lui-même, dans sa lettre
du 17 octobre 1776 : au mois de juin, un coucou nouvellement éclos
dans un nid de fauvette à tête noire, avec une jeune fauvette qui volait
déja, et un œuf clair. Je pourrais citer plusieurs autres faits semblables.

qui n'est pas moins décisif, c'est qu'il y a des faits incontestables, observés par des personnes aussi familiarisées avec les oiseaux qu'étrangères à toute hypothèse(1), lesquels faits, tout différents de ceux rapportés par l'auteur, réfutent invinciblement ses inductions exclusives, et font tomber le petit statut particulier qu'il a bien voulu ajouter aux lois de la nature.

Première expérience.

Une serine qui couvait ses œufs et les fit éclore, couva en même temps, et encore huit jours après, deux œufs de merle pris dans les bois; elle ne cessa de les couver que parce qu'on les lui ôta.

Seconde expérience.

Une autre serine ayant couvé pendant quatre jours, sans aucune préférence marquée, sept œufs, dont cinq à elle et deux de fauvettes, les abandonna tous, la volière ayant été transportée dans l'étage inférieur : ensuite elle pondit deux œufs qu'elle ne couva point du tout.

Troisième expérience.

Une autre serine, dont le mâle avait mangé ses sept premiers œufs, a couvé pendant treize jours ses deux derniers avec trois autres, dont

---

(1) Je dois la plus grande partie de ces faits à une de mes parentes, madame Potot de Montbeillard, qui depuis plusieurs années s'amuse utilement des oiseaux; se plaît à étudier leurs mœurs, à suivre leurs procédés, et quelquefois a bien voulu faire des observations et tenter des expériences relatives aux questions dont j'étais occupé.

l'un était d'une autre serine, le second de linotte, et le troisième de bouvreuil; mais tous ces œufs se sont trouvés clairs.

Quatrième expérience.

Une femelle troglodyte a couvé et fait éclore un œuf de merle; une femelle friquet a couvé et fait éclore un œuf de pie.

Cinquième expérience.

Une femelle friquet couvait six œufs qu'elle avait pondus; on en ajouta cinq, elle continua de couver; on en ajouta encore cinq, elle trouva le nombre trop grand, en mangea sept, et couva le reste; on en ôta deux, et on mit à la place un œuf de pie, que la femelle friquet couva et fit éclore avec les sept autres.

Sixième expérience.

Une manière connue de faire éclore sans embarras des œufs de serin, c'est de les donner à une couveuse chardonneret, prenant garde qu'ils aient à-peu-près le même degré d'incubation que ceux de la couveuse qu'on a choisie.

Septième expérience.

Une serine ayant couvé trois de ses œufs et deux de fauvette à tête noire, pendant neuf à dix jours, on retira un œuf de fauvette dont l'embryon était non seulement formé, mais vivant; dans ce même temps on lui donna à élever deux petits bruants à peine éclos, dont elle a pris soin comme des siens, sans cesser de couver les quatre œufs restants qui se trouvèrent clairs.

Huitième expérience.

Sur la fin d'avril 1776, une autre serine ayant pondu un œuf, on le lui enleva; trois ou quatre jours après, cet œuf lui ayant été rendu, elle le mangea; deux ou trois jours après elle pondit un autre œuf et le couva; on lui en donna deux de pinson qu'elle couva, après avoir cassé les siens : au bout de dix jours on lui ôta ces œufs de pinson qui étaient gâtés; on lui donna à élever deux petits bruants qui ne faisaient que d'éclore, et qu'elle éleva très-bien; après quoi elle fit un nouveau nid, pondit deux œufs, en mangea un, et, quoiqu'on lui eût ôté l'autre, elle couvait toujours à vide, comme si elle eût eu des œufs; pour profiter de ses bonnes dispositions, on lui donna un œuf unique de rouge-gorge qu'elle couva et fit éclore.

Neuvième expérience.

Une autre serine ayant pondu trois œufs, les cassa presque aussitôt; on les remplaça par deux œufs de pinson et un de fauvette à tête-noire qu'elle a couvés, ainsi que trois autres qu'elle a pondus successivement; au bout de quatre ou cinq jours, la volière ayant été transportée dans une autre chambre de l'étage inférieur, la serine abandonna : peu de temps après elle pondit un

œuf auquel on en joignit un de sittelle ou torche-
pot, ensuite elle en pondit deux autres auxquels
on en ajouta un de linotte ; elle couva le tout
pendant sept jours, mais par préférence les deux
étrangers, car elle éloigna constamment les siens,
et elle les jeta successivement les trois jours suivants ; le onzième jour elle jeta celui du torche-
pot ; en un mot celui de linotte fut le seul qu'elle
amena à bien ; si par hasard ce dernier œuf eût
été un œuf de coucou, que de fausses conséquences n'eût-on pas vu éclore avec lui !

Dixième expérience.

Le 5 juin, on a donné à la serine de la septième
expérience, un œuf de coucou qu'elle a couvé
avec trois des siens ; le 7, un de ses trois œufs
avait disparu ; le 8, un autre ; le 10, le troisième
et dernier ; enfin le 11, quoiqu'elle se trouvât
précisément dans le cas de la loi particulière,
celui où le coucou met ordinairement les femelles
des petits oiseaux, et qu'elle n'eût à couver que
l'œuf privilégié, elle ne se soumit point à cette
prétendue loi, et elle mangea l'œuf unique du
coucou comme elle avait mangé les siens.

Enfin, on a vu une femelle rouge-gorge, qui
était fort échauffée à couver, se réunir avec son
mâle devant leur nid pour en défendre l'entrée à
une femelle coucou qui s'en était approchée de
fort près, s'élancer en criant contre cet ennemi,

l'attaquer à coups de bec redoublés, le mettre en fuite, et le poursuivre avec tant d'ardeur, qu'ils lui ôtèrent toute envie de revenir (1).

Il résulte de ces expériences, 1° que les femelles de plusieurs espèces de petits oiseaux qui se chargent de couver l'œuf du coucou, se chargent aussi de couver d'autres œufs étrangers avec les leurs propres; 2° qu'elles couvent quelquefois ces œufs étrangers par préférence aux leurs propres, et qu'elles détruisent quelquefois ceux-ci sans en garder un seul; 3° qu'elles couvent et font éclore un œuf unique autre que celui du coucou; 4° qu'elles repoussent avec courage la femelle coucou, lorsqu'elles la surprennent venant déposer son œuf dans leur nid; 5° enfin, qu'elles

---

(1) Voyez les observations.... sur l'instinct des animaux, tome I, page 167, note 32. L'auteur de cette note ajoute quelques détails relatifs à l'histoire de notre oiseau: « Tandis que l'un des rouge-gorges « donnait au coucou des coups de bec dans le bas-ventre, celui-ci avait « dans les ailes un trémoussement presque insensible, ouvrait le bec fort « large, et si large que l'autre rouge-gorge qui l'attaquait en front, s'y « jeta plusieurs fois et y cacha sa tête tout entière, mais toujours impu- « nément, car le coucou n'éprouvait aucun mouvement de colère; son « état fut regardé comme celui d'une femelle pressée du besoin de « pondre. Bientôt le coucou accablé, chancela, perdit l'équilibre et « tourna sur sa branche, à laquelle il demeura suspendu les pieds en « haut, les yeux à demi-fermés, le bec ouvert et les ailes étendues. Étant « resté environ deux minutes dans cette attitude, et toujours pressé par « les deux rouge-gorges, il quitta sa branche, alla se percher plus loin, « et ne reparut plus : la femelle rouge-gorge se remit sur ses œufs qui « vinrent tous à bien, et formèrent une petite famille qu'on vit long-temps « attachée à ce canton. » M. le marquis de Piolenc me parle aussi, dans ses lettres, d'un coucou repoussé par des bruants.

mangent quelquefois cet œuf privilégié, même dans le cas où il est unique; mais un résultat plus important et plus général, c'est que la passion de couver, qui paraît quelquefois si forte dans les oisaux, semble n'être point déterminée à tels ou tels œufs, ni à des œufs féconds, puisque souvent ils les mangent ou les cassent, et que, plus souvent encore, ils en couvent de clairs; ni à des œufs réels, puisqu'ils couvent des œufs de craie, de bois, etc., ni même à ces vains simulacres, puisqu'ils couvent quelquefois à vide; que par conséquent une couveuse qui fait éclore, soit un œuf de coucou, soit tout autre œuf étranger substitué aux siens, ne fait en cela que suivre un instinct commun à tous les oiseaux, et par une dernière conséquence qu'il est au moins inutile de recourir à un décret particulier de l'auteur de la nature, pour expliquer le procédé de la femelle coucou (1).

Je demande pardon au lecteur de m'être arrêté si long-temps sur un sujet dont peut-être l'importance ne lui sera pas bien démontrée; mais

---

(1) M. Frisch suppose une autre loi particulière, afin d'expliquer pourquoi les coucous d'aujourd'hui ne couvent point leurs œufs; c'est, dit-il, parce qu'un oiseau ne couve point s'il n'a lui-même été couvé par une femelle de sa propre espèce; à la vérité il avoue de bonne foi, que la première femelle coucou sortie de l'arche de Noé, dut pondre dans son propre nid, et prendre la peine de couver elle-même ses œufs; encore aurait-il pu se dispenser d'admettre cette exception, puisqu'il y a maint exemple de petits oiseaux qui ont amené à bien leurs propres œufs avec celui du coucou.

l'oiseau dont il s'agit a donné lieu à tant d'erreurs, que j'ai cru devoir non seulement m'attacher à en purger l'Histoire naturelle, mais encore
m'opposer à l'entreprise de ceux qui les voulaient
faire passer dans la métaphysique. Rien n'est
plus contraire à la saine métaphysique que d'a-
voir recours à autant de prétendues lois particulières, qu'il y a de phénomènes dont nous ne
voyons point les rapports avec les lois générales ;
un phénomène n'est isolé que parce qu'il n'est
point assez connu, il faut donc tâcher de le bien
connaître avant d'oser l'expliquer ; il faut, au lieu
de prêter nos petites idées à la nature, nous ef-
forcer d'atteindre à ses grandes vues, par la comparaison attentive de ses ouvrages, et par l'étude
approfondie de leurs rapports.

Je connais plus de vingt espèces d'oiseaux dans
le nid desquels le coucou dépose son œuf ; la
fauvette ordinaire, celle à tête-noire, la babil-
larde, la lavandière, le rouge-gorge, le chantre,
le troglodyte, la mésange, le rossignol, le rouge-
queue, l'alouette, le cujelier, la farlouse, la linotte, la verdière, le bouvreuil, la grive, le geai,
le merle et la pie-grièche. On ne trouve jamais
d'œufs de coucou, ou du moins ses œufs ne réus-
sissent jamais dans les nids de cailles et de perdrix, dont les petits courent presque en naissant ;
il est même assez singulier qu'on en trouve qui
viennent à bien dans les nids d'alouettes, qui,
comme nous l'avons vu dans leur histoire, donnent

moins de quinze jours à l'éducation de leurs petits, tandis que les jeunes coucous, du moins
ceux qu'on élève en cage, sont plusieurs mois
sans manger seuls; mais dans l'état de nature, la
nécessité, la liberté, le choix de la nourriture
qui leur est propre, peuvent contribuer à accé-
lérer le développement de leur instinct et le progrès de leur éducation (1); ou bien serait-ce que
les soins de la nourrice n'ont d'autre mesure que
les besoins du nourrisson?

On sera peut-être surpris de trouver plusieurs
oiseaux granivores, tels que la linotte, la verdière et le bouvreuil, dans la liste des nourrices
du coucou; mais il faut se souvenir que plusieurs
granivores nourrissent leurs petits avec des insectes, et que d'ailleurs les matières végétales,
macérées dans le jabot de ces petits oiseaux, peuvent convenir au jeune coucou à un certain point,
et jusqu'à ce qu'il soit en état de trouver lui-même
les chenilles, les araignées, les coléoptères et
autres insectes dont il est friand, et qui le plus
souvent fourmillent autour de son habitation.

Lorsque le nid est celui d'un petit oiseau, et
par conséquent construit sur une petite échelle,
il se trouve ordinairement fort aplati et presque
méconnaissable, effet naturel de la grosseur et

---

(1) Je ne dois pas dissimuler ce que dit M. Salerne, que cet oiseau
se fait nourrir des mois entiers par sa mère adoptive, et qu'il la suit
autant qu'il peut, criant sans cesse pour lui demander à manger; mais
on sent que c'est un fait difficile à observer.

du poids du jeune coucou; un autre effet de cette cause, c'est que les œufs, ou les petits de la nourrice, sont quelquefois poussés hors du nid; mais ces petits chassés de la maison paternelle ne périssent pas toujours; lorsqu'ils sont déja un peu forts, que le nid est près de terre, le lieu bien exposé et la saison favorable, ils se mettent à l'abri dans la mousse ou le feuillage, et les père et mère en ont soin sans abandonner pour cela le nourrisson étranger.

Tous les habitants des bois assurent que lorsqu'une fois la mère coucou a déposé son œuf dans le nid qu'elle a choisi, elle s'éloigne, semble oublier sa géniture et la perdre entièrement de vue, et qu'à plus forte raison le mâle ne s'en occupe point du tout; cependant M. Lottinger a observé, non que les père et mère donnent des soins à leurs petits, mais qu'ils s'en approchent à une certaine distance en chantant, que de part et d'autre ils semblent s'écouter, se répondre et se prêter mutuellement attention; il ajoute que le jeune coucou ne manque jamais de répondre à l'appeau, soit dans les bois, soit dans la volière, pourvu qu'il ne voie personne; ce qu'il y a de sûr, c'est qu'on fait approcher les vieux en imitant leur cri, et qu'on les entend quelquefois chanter aux environs du nid où est le jeune, comme partout ailleurs; mais il n'y a aucune preuve que ce soient les père et mère du petit, ils n'ont pour lui aucune de ces attentions affectueuses qui dé-

cèlent la paternité; tout se borne de leur part à
des cris stériles auxquels on a voulu prêter des
intentions peu conséquentes à leurs procédés
connus, et qui, dans le vrai, ne supposent autre
chose, sinon la sympathie qui existe ordinairement entre les oiseaux de même espèce.

Tout le monde connaît le chant du coucou,
du moins son chant le plus ordinaire, il est si
bien articulé et répété si souvent (1), que, dans
presque toutes les langues, il a influé sur la dénomination de l'oiseau, comme on le peut voir dans
la nomenclature : ce chant appartient exclusivement au mâle, et c'est au printemps, c'est-à-dire
au temps de l'amour que ce mâle le fait entendre,
tantôt perché sur une branche sèche, et tantôt
en volant; il l'interrompt quelquefois par un râle-
ment sourd, tel à-peu-près que celui d'une personne qui crache, et comme s'il prononçait *crou,*
crou, d'une voix enrouée et en grasseyant : outre
ces cris, on en entend quelquefois un autre assez
sonore, quoique un peu tremblé, composé de
plusieurs notes, et semblable à celui du petit
plongeon; cela arrive lorsque les mâles et les fe-

---

(1) *Cou cou , cou cou , cou cou cou , tou cou cou :* cette fréquente
répétition a donné lieu à deux façons de parler proverbiales; lorsque
quelqu'un répète souvent la même chose, cela s'appelle en Allemagne,
chanter la chanson du coucou. On le dit aussi de ceux qui, n'étant qu'en
petit nombre, semblent se multiplier par la parole, et font croire, en
causant beaucoup et tous à-la-fois, qu'ils forment une assemblée considérable.

melles se cherchent et se poursuivent (1); quelques-uns soupçonnent que c'est le cri de la femelle; celle-ci, lorsqu'elle est bien animée, a encore un gloussement, *glou*, *glou*, qu'elle répète cinq à six fois d'une voix forte et assez claire, en volant d'un arbre à un autre; il semble que ce soit son cri d'appel ou plutôt d'agacerie vis-à-vis son mâle; car dès que ce mâle l'entend, il s'approche d'elle avec ardeur en répétant son *tou cou cou* (2). Malgré cette variété d'inflexions, le chant du coucou n'a jamais dû être comparé avec celui du rossignol, sinon dans la fable (3). Au reste, il est fort douteux que ces oiseaux s'apparient; ils éprouvent les besoins physiques, mais rien qui ressemble à l'attachement ou au sentiment. Les mâles sont beaucoup plus nombreux que les femelles (4), et se battent pour elles assez souvent; mais c'est pour une femelle en général, sans au-

---

(1) Ceux qui ont bien entendu ce cri l'expriment ainsi : *go*, *go*, *guet*, *guet*, *guet*.

(2) Note communiquée par M. le comte de Riollet, qui se fait un louable amusement d'observer ce que tant d'autres ne font que regarder.

(3) On dit que le rossignol et le coucou disputant le prix du chant devant l'âne, celui-ci l'adjugea au coucou; que le rossignol en appela devant l'homme, lequel prononça en sa faveur, et que, depuis ce temps, le rossignol se met à chanter aussitôt qu'il voit l'homme, comme pour remercier son juge ou pour justifier sa sentence.

(4) On ne tue, on ne prend presque jamais que des coucous chanteurs, et par conséquent mâles : j'en ai vu tuer trois ou quatre dans une seule chasse, et pas une femelle. La Zoologie Britannique dit que dans le même été, sur le même arbre et dans le même piége, on a pris cinq coucous, tous cinq mâles.

cun choix, sans nulle prédilection, et lorsqu'ils se sont satisfaits, ils s'éloignent et cherchent de nouveaux objets pour se satisfaire encore et les quitter de même, sans les regretter, sans prévoir le produit de toutes ces unions furtives, sans rien faire pour les petits qui en doivent naître; ils ne s'en occupent pas même après qu'ils sont nés : tant il est vrai que la tendresse mutuelle des père et mère est le fondement de leur affection commune pour leur géniture, et par conséquent le principe du bon ordre, puisque sans l'affection des père et mère, les petits, et même les espèces courent risque de périr, et qu'il est du bon ordre que les espèces se conservent!

Les petits nouvellement éclos ont aussi leur cri d'appel, et ce cri n'est pas moins aigu que celui des fauvettes et des rouge-gorges, leurs nourrices, dont ils prennent le ton, par la force de l'instinct imitateur (1); et comme s'ils sentaient la nécessité de solliciter, d'importuner une mère adop-

---

(1) « La structure singulière de leurs narines contribue peut-être, dit « M. Frisch, à produire ce cri aigu. » Il est vrai que les narines du coucou sont, quant à l'extérieur, d'une structure assez singulière, comme nous le verrons plus bas; mais je me suis assuré qu'elles ne contribuent nullement à modifier son cri, lequel est resté le même, quoique j'eusse fait boucher ses narines avec de la cire : j'ai reconnu, en répétant cette expérience sur d'autres oiseaux, et notamment sur le troglodyte, que leur cri reste aussi le même, soit qu'on bouche leurs narines, soit qu'on les laisse ouvertes : on sait d'ailleurs que le siége des principaux organes de la voix des oiseaux est, non pas dans les narines, ni même dans la glotte, mais au bas de la trachée-artère, un peu au-dessus de sa bifurcation.

tive, qui ne peut avoir les entrailles d'une véritable mère, ils répètent à chaque instant ce cri d'appel, ou, si l'on veut, cette prière, sans cesse excitée par des besoins sans cesse renaissants, et dont le sens est très-clair, très-déterminé par un large bec qu'ils tiennent continuellement ouvert de toute sa largeur : ils en augmentent encore l'expression par le mouvement de leurs ailes qui accompagne chaque cri. Dès que leurs ailes sont assez fortes, ils s'en servent pour poursuivre leur nourrice sur les branches voisines lorsqu'elle les quitte, ou pour aller au-devant d'elle lorsqu'elle leur apporte la becquée. Ce sont des nourrissons insatiables (1), et qui le paraissent d'autant plus que de petits oiseaux, tels que le rouge-gorge, la fauvette, le chantre et le troglodyte, ont de la peine à fournir la subsistance à un hôte de si grande dépense, surtout lorsqu'ils ont en même temps une famille à nourrir, comme cela arrive quelquefois. Les jeunes coucous que l'on élève conservent ce cri d'appel, selon M. Frisch, jusqu'au 15 ou 20 septembre, et en accueillent ceux qui leur portent à manger : mais alors ce cri commence à devenir plus grave par degrés, et bientôt après ils le perdent tout-à-fait.

La plupart des ornithologistes conviennent que les insectes sont le fonds de la nourriture du coucou, et qu'il a un appétit de préférence pour les

---

(1) C'est de-là que l'on dit proverbialement : *avaler comme un coucou.*

œufs d'oiseaux, comme je l'ai dit ci-dessus. Rai a trouvé des chenilles dans son estomac; j'y ai trouvé, outre cela, des débris très-reconnaissables de matières végétales, de petits coléoptères bronzés, vert-dorés, etc., et quelquefois de petites pierres. M. Frisch prétend qu'en toute saison il faut donner à manger aux jeunes coucous aussi matin et aussi tard qu'on le fait ordinairement dans les grands jours d'été. Le même auteur a observé la manière dont ils mangent les insectes tout vivants; ils prennent les chenilles par la tête, puis les faisant passer dans leur bec, ils en expriment et font sortir par l'anus tout le suc, après quoi ils les agitent encore et les secouent plusieurs fois avant de les avaler; ils prennent de même les papillons par la tête, et, les pressant dans leur bec, ils les crèvent vers le corselet, et les avalent avec leurs ailes; ils mangent aussi des vers, mais ils préfèrent ceux qui sont vivants. Lorsque les insectes manquaient, Frisch donnait à un jeune qu'il élevait, du foie et surtout du rognon de mouton, coupé en petites tranches longuettes, de la forme des insectes qu'il aimait; lorsque ces tranches étaient trop sèches, il fallait les humecter un peu, afin qu'il pût les avaler : du reste, il ne buvait jamais que dans le cas où ses aliments étaient ainsi desséchés, encore s'y prenait-il de si mauvaise grâce, que l'on voyait bien qu'il buvait avec répugnance, et, pour ainsi dire, à son corps défendant : en toute autre circonstance, il rejetait, en secouant son bec, les gouttes d'eau qu'on y avait introduites par force ou par adresse (1), et l'hydrophobie proprement dite, paraissait être son état habituel.

Les jeunes coucous ne chantent point la première année, et les vieux cessent de chanter ou du moins de chanter assidûment, vers la fin de juin; mais ce silence n'annonce point leur départ; on en trouve même dans les plaines jusqu'à la fin de septembre et encore plus tard (2) : ce sont sans doute les premiers froids et la disette d'insectes qui les déterminent à passer dans des climats plus chauds; ils vont la plupart en Afrique, puisque MM. les commandeurs de Godeheu et des Mazys les mettent au nombre des oiseaux qu'on voit passer deux fois chaque année dans l'île de Malte (3). A leur arrivée dans notre pays, ils semblent moins fuir les lieux habités; le reste du temps ils voltigent dans les bois, les prés, etc., et partout où ils trouvent des nids pour y pondre et en manger les œufs, des insectes et des fruits

---

(1) J'ai observé la même chose, ainsi que le chartreux de M. Salerne, et comme l'observeront tous ceux qui prendront la peine d'élever ces sortes d'oiseaux. Serait-ce à cause de cette hydrophobie naturelle, qu'on a imaginé de conseiller contre la vraie maladie de ce nom, une décoction de la fiente du coucou dans du vin ?

(2) M. le commandeur de Querhoent et M. Hebert ont vu plusieurs fois de jeunes coucous rester dans le pays jusqu'au mois de septembre, et quelques-uns jusqu'à la fin d'octobre.

(3) M. Salerne dit, d'après les voyageurs, que les coucous se posent quelquefois en grand nombre sur les navires.

pour se nourrir. Sur l'arrière-saison les adultes, surtout les femelles, sont bons à manger et aussi gras qu'ils étaient maigres au printemps (1); leur graisse se réunit particulièrement sous le cou (2), et c'est le meilleur morceau de cette espèce de gibier; ils sont ordinairement seuls (3), inquiets, changeant de place à tout moment, et parcourant chaque jour un terrain considérable, sans cependant faire jamais de longs vols. Les anciens observaient les temps de l'apparition et de la disparition du coucou en Italie. Les vignerons qui n'avaient point achevé de tailler leurs vignes avant son arrivée, étaient regardés comme des paresseux, et devenaient l'objet de la risée publique : les passants, qui les voyaient en retard, leur reprochaient leur paresse en répétant le cri de cet oiseau (4), qui lui-même était l'emblème de la

---

(1 C'est dans cette saison seulement, que la façon de parler proverbiale, *maigre comme un coucou*, a sa juste application.

(2) J'ai observé la même chose dans un jeune merle de roche que je faisais élever, et qui est mort au mois d'octobre.

(3) On a vu, dans le courant de juillet, une douzaine de coucous sur un gros chêne, les uns criaient de toutes leurs forces, tandis que les autres restaient tranquilles; on tira sur cette volée, il en tomba un seul, c'était un jeune. Cela ferait croire que ces oiseaux se rassemblent par petites troupes mêlées de vieux et de jeunes pour voyager. Note communiquée par M. le comte de Riollet.

(4) « Inde natam exprobrationem fœdam putantium vites per imita-« tionem cantûs alitis temporarii quem cuculum vocant; dedecus enim « habetur.... falcem ab illâ volucre in vite deprehendi, ut ob id petu-« lantiæ sales etiam cum primo vere ludantur. » Pline, lib. XVIII, cap. 26.

fainéantise, et avec très-grande raison, puisqu'il se dispense des devoirs les plus sacrés de la nature. On disait aussi *fin comme un coucou* (car on peut à-la-fois être fin et paresseux), soit parce que ne voulant point couver ses œufs, il vient à bout de les faire couver à d'autres oiseaux, soit par une autre raison tirée de l'ancienne mythologie(1).

· Quoique rusés, quoique solitaires, les coucous sont capables d'une sorte d'éducation; plusieurs personnes de ma connaissance en ont élevé et apprivoisé : on les nourrit avec de la viande hachée, cuite ou crue, des insectes, des œufs, du pain mouillé, des fruits, etc. Un de ces coucous apprivoisés reconnaissait son maître, venait à sa voix, le suivait à la chasse, perché sur son fusil, et lorsqu'il trouvait en chemin un griottier, il y volait et ne revenait qu'après s'être rassasié pleinement; quelquefois il ne revenait point à son maître de toute la journée, mais le suivait à vue, en voltigeant d'arbre en arbre : dans la maison il avait toute liberté de courir, et passait la nuit sur un juchoir. La fiente de cet oiseau est blanche et fort abondante, c'est un des inconvénients de

---

(1) Jupiter s'étant aperçu que sa sœur Junon était seule sur le mont Diceyen, autrement dit Thronax, excita un violent orage, et vint sous la forme d'un coucou se poser sur les genoux de la déesse, qui le voyant mouillé, transi, battu de la tempête, en eut pitié et le réchauffa sous sa robe; le Dieu reprit sa forme à propos, et devint l'époux de sa sœur. De cet instant, le mont Diceyen fut appelé *Coccygien*, ou *Montagne du coucou*; et de-là l'origine du *Jupiter cuculus*. Voyez Gesner, Aves, pag. 368.

son éducation : il faut avoir soin de le garantir du froid dans le passage de l'automne à l'hiver ; c'est pour ces oiseaux le temps critique, du moins c'est à cette époque que j'ai perdu tous ceux que j'ai voulu faire élever, et beaucoup d'autres oiseaux de différentes espèces.

Olina dit qu'on peut dresser le coucou pour la chasse du vol, comme les éperviers et les faucons ; mais il est le seul qui assure ce fait, et ce pourrait bien être une erreur occasionnée, comme plusieurs autres de l'histoire de cet oiseau, par la ressemblance de son plumage avec celui de l'épervier.

Les coucous sont répandus assez généralement dans tout l'ancien continent, et quoique ceux d'Amérique aient des habitudes différentes, on ne peut s'empêcher de reconnaître dans plusieurs un air de famille : celui dont il s'agit ici ne se voit que l'été dans les pays froids ou même tempérés, tels que l'Europe ; et l'hiver seulement dans les climats plus chauds, tels que ceux de l'Afrique septentrionale : il semble fuir les températures excessives.

Cet oiseau posé à terre ne marche qu'en sautillant, comme je l'ai remarqué, mais il s'y pose rarement ; et quand cela ne serait point prouvé par le fait, il serait facile de le juger ainsi d'après ses pieds très-courts et ses cuisses encore plus courtes. Un jeune coucou du mois de juin, que j'ai eu occasion d'observer, ne faisait aucun usage

de ses pieds pour marcher, mais il se servait de
son bec pour se traîner sur son ventre, à-peu-
près comme le perroquet s'en sert pour grimper;
et lorsqu'il grimpait dans sa cage, j'ai pris garde
que le plus gros des doigts postérieurs se dirigeait
en avant, mais qu'il servait moins que les deux
autres antérieurs (1); dans son mouvement pro-
gressif il agitait ses ailes comme pour s'en aider.

J'ai déja dit que le plumage du coucou était
fort sujet à varier dans les divers individus; il
suit de là qu'en donnant la description de cet
oiseau, on ne peut prétendre à rien de plus qu'à
donner une idée des couleurs et de leur distribution, telles qu'on les observe le plus communément dans son plumage. La plupart des mâles
adultes qu'on m'a apportés, ressemblaient fort à
celui qui a été décrit par M. Brisson; tous avaient
le dessus de la tête et du corps, compris les couvertures de la queue, les petites couvertures des
ailes, les grandes les plus voisines du dos et les
trois pennes qu'elles recouvrent, d'un joli cendré;
les grandes couvertures du milieu de l'aile, brunes, tachetées de roux et terminées de blanc, les
plus éloignées du dos et les dix premières pennes

(1) Si cette habitude est commune à toute l'espèce, que devient
l'expression *digiti scansorii*, appliquée par plusieurs naturalistes aux
doigts disposés, comme dans le coucou, deux en avant et deux en
arrière! D'ailleurs ne sait-on pas que les sittelles, les mésanges et les
oiseaux appelés *grimpereaux* par excellence, grimpent supérieurement,
quoiqu'ils aient les doigts disposés à la manière vulgaire, c'est-à-dire
trois en avant et un seul en arrière.

de l'aile d'un cendré foncé, le côté intérieur de celles-ci tacheté de blanc-roussâtre; les six pennes suivantes brunes marquées des deux côtés de taches rousses, terminées de blanc; la gorge et le devant du cou d'un cendré clair; le reste du dessous du corps rayé transversalement de brun sur un fond blanc sale; les plumes des cuisses de même, tombant de chaque côté sur le tarse en façon de manchettes; le tarse garni extérieurement de plumes cendrées jusqu'à la moitié de sa longueur; les pennes de la queue noirâtres et terminées de blanc, les huit intermédiaires tachetées de blanc près de la côte et sur le côté intérieur; les deux du milieu tachetées de même sur le bord extérieur, et la dernière des latérales rayée transversalement de la même couleur; l'iris noisette, quelquefois jaune; la paupière interne fort transparente; le bec noir au dehors, jaune à l'intérieur; les angles de son ouverture orangés; les pieds jaunes; un peu de cette couleur à la base du bec inférieur.

J'ai vu plusieurs femelles qui ressemblaient beaucoup aux mâles; j'ai aperçu à quelques-unes sur les côtés du cou, des vestiges de ces traits bruns dont parle Linnæus.

Le docteur Derham dit que les femelles ont le cou varié de roussâtre, et le dessus du corps d'un ton plus rembruni (1), les ailes aussi, avec une

_____

(1) Une personne digne de foi m'assure qu'elle a vu quelques-uns de

teinte roussâtre et les yeux moins jaunes (1); selon d'autres observateurs, c'est le mâle qui est plus noirâtre : il n'y a rien de bien constant dans tout cela que la grande variation du plumage.

Les jeunes ont le bec, les pieds, la queue et le dessous du corps à-peu-près comme dans l'adulte, excepté que les pennes sont engagées plus ou moins dans le tuyau ; la gorge, le devant du cou et le dessous du corps, rayés de blanc et de noirâtre, de sorte cependant que le noirâtre domine sur les parties antérieures plus que sur les parties postérieures (dans quelques individus il n'y a presque point de blanc sous la gorge); le dessus de la tête et du corps joliment varié de noirâtre, de blanc et de roussâtre, distribués de manière que le roussâtre paraît plus sur le milieu du corps et le blanc sur les extrémités; une tache blanche derrière la tête, et quelquefois au-dessus du front; toutes les pennes des ailes brunes terminées de blanc, et tachetées plus ou moins de roussâtre ou de blanc ; l'iris gris-verdâtre; le fond des plumes cendré très-clair. Il y a grande apparence que cette femelle si joliment *madrée* dont parle M. Salerne, était une jeune de

---

ces individus plus bruns, qui étaient aussi de plus grande taille ; si c'était des femelles, ce serait un nouveau trait de conformité entre l'espèce du coucou et les oiseaux de proie. D'un autre côté, M. Frisch a remarqué que de deux jeunes coucous de différents sexes qu'il nourrissait, le mâle était le plus brun.

(1) Voyez Albin, tome I, n° 8.

l'année : au reste, M. Frisch nous avertit que les
jeunes coucous élevés dans les bois par leur nourrice sauvage, ont le plumage moins varié, plus
approchant du plumage des coucous adultes que
celui des jeunes coucous élevés à la maison : si
cela n'est pas, il semble au moins que cela de-
vrait être; car on sait qu'en général la domesticité
est une des causes qui font varier les couleurs des
animaux, et l'on pourrait croire que les espèces
d'oiseaux qui participent plus ou moins à cet état,
doivent aussi participer plus ou moins à la variation du plumage : cependant je ne puis dissimuler
que les jeunes coucous sauvages que j'ai vus, et
j'en ai vu beaucoup, n'avaient pas les couleurs
moins variées que ceux que j'avais fait nourrir
jusqu'au temps de la mue exclusivement : il peut
se faire que les jeunes coucous sauvages que
M. Frisch a trouvé plus ressemblants à leurs père
et mère, fussent plus âgés que les jeunes coucous
domestiques auxquels il les comparait. Le même
auteur ajoute que les jeunes mâles ont le plumage
plus rembruni que les femelles, le dedans de la
bouche plus rouge et le cou plus gros (1).

Le poids d'un coucou adulte, pesé le 12 avril,

---

(1) M. Frisch soupçonne que la grosseur du cou qui est propre au
mâle, pourrait bien avoir quelque rapport au cri que les mâles et les
seuls mâles, font entendre : cependant je n'ai point remarqué, dans le
grand nombre de dissections que j'ai faites, que les organes qui contribuent à la formation de la voix, eussent plus de volume dans les
mâles que dans les femelles.

était de quatre onces deux gros et demi ; le poids d'un autre, pesé le 17 août, était d'environ cinq onces : ces oiseaux pèsent davantage en automne, parce qu'alors ils sont beaucoup plus gras, et la différence n'est pas petite ; j'en ai pesé un jeune le 22 juillet, dont la longueur totale approchait de neuf pouces, et dont le poids s'est trouvé de deux onces deux gros ; un autre, qui était presque aussi grand mais beaucoup plus maigre, ne pesait qu'une once quatre gros, c'est-à-dire un tiers moins que le premier.

Le mâle adulte a le tube intestinal d'environ vingt pouces ; deux cœcum d'inégale longueur, l'un de quatorze lignes (quelquefois vingt-quatre), l'autre de dix (quelquefois jusqu'à dix-huit), tous deux dirigés en avant, et adhérents dans toute leur longueur au gros intestin par une membrane mince et transparente ; une vésicule du fiel ; les reins placés de part et d'autre de l'épine, divisés chacun en trois lobes principaux, sous-divisés eux-mêmes en lobules plus petits par des étranglements, faisant tous la sécrétion d'une bouillie blanchâtre ; deux testicules de forme ovoïde, de grosseur inégale, attachés à la partie supérieure des reins, et séparés par une membrane.

L'œsophage se dilate à sa partie inférieure en une espèce de poche glanduleuse, séparée du ventricule par un étranglement ; le ventricule est un peu musculeux dans sa circonférence, membraneux dans sa partie moyenne, adhérent par des tissus fibreux aux muscles du bas-ventre et aux différentes parties qui l'entourent; du reste, beaucoup moins gros, et plus proportionné dans l'oiseau sauvage nourri par le rouge-gorge ou la fauvette, que dans l'oiseau apprivoisé et élevé par l'homme; dans celui-ci ce sac, ordinairement distendu par l'excès de la nourriture, égale le volume d'un moyen œuf de poule, occupe toute la partie antérieure de la cavité du ventre, depuis le sternum à l'anus (1), s'étend quelquefois sous le sternum de cinq ou six lignes, et d'autres fois ne laisse à découvert aucune partie de l'intestin; au lieu que dans des coucous sauvages que j'ai fait tuer au moment même où on me les apportait, ce viscère ne s'étendait pas tout-à-fait jusqu'au sternum, et laissait paraître, entre sa partie inférieure et l'anus, deux circonvolutions d'intestins, et trois dans le côté droit de l'abdomen. Je dois ajouter que, dans la plupart des oiseaux dont j'ai observé l'intérieur, on voyait, sans rien forcer ni déplacer, une ou deux circonvolutions d'intestins dans la cavité du ventre à droite de l'estomac, et une entre le bas de l'estomac et l'anus. Cette différence de conformation n'est donc que du plus au moins, puisque dans la plupart des

---

(1) Voyez les Mémoires de l'Académie Royale des Sciences, année 1752, page 420 : le coucou de M. Hérissant était domestique, à juger par la quantité de viande dont son estomac était rempli. Au reste, dans les casse-noix, ce viscère est aussi fort volumineux, situé de même au milieu de l'abdomen, et n'est point non plus recouvert par les intestins.

oiseaux, non seulement la face postérieure de l'estomac est séparée de l'épine du dos par une portion du tube intestinal qui se trouve interposée, mais que la partie gauche de ce viscère n'est jamais recouverte par aucune portion de ces mêmes intestins, et il s'en faut bien que je regarde cette seule différence comme une cause capable de rendre le coucou inhabile à couver, ainsi que l'a dit un ornithologiste; ce n'est point apparemment parce que cet estomac est trop dur, puisque ses parois étant membraneuses, il n'est dur en effet que par accident et lorsqu'il est plein de nourriture, ce qui n'a guère lieu dans une femelle qui couve; ce n'est point non plus, comme d'autres l'ont dit, parce que l'oiseau craindrait de refroidir son estomac, moins garanti que celui des autres oiseaux; car il est clair qu'il courrait bien moins ce risque en couvant qu'en voltigeant ou se perchant sur les arbres : le casse-noix est conformé de même, et cependant il couve; d'ailleurs ce n'est pas seulement sous l'estomac, mais sous toute la partie inférieure du corps que les œufs se couvent, autrement la plupart des oiseaux qui, comme les perdrix, ont le sternum fort prolongé, ne pourraient couver plus de trois ou quatre œufs à la fois, et l'on sait que le plus grand nombre en couve davantage.

J'ai trouvé dans l'estomac d'un jeune coucou que je faisais nourrir, une masse de viande cuite

presque desséchée, et qui n'avait pu passer par
le pylore ; elle était décomposée, ou plutôt divisée en fibrilles de la plus grande finesse. Dans
un autre jeune coucou, trouvé mort au milieu
des bois vers le commencement d'août, la membrane interne du ventricule était velue, les poils
longs d'environ une ligne, semblaient se diriger
vers l'orifice de l'œsophage ; en général, on rencontre fort peu de petites pierres dans l'estomac
des jeunes coucous, et presque jamais dans l'estomac de ceux où il n'y a point de débris de matières végétales. Il est naturel que l'on en trouve
dans l'estomac de ceux qui ont été élevés par des
verdières, des alouettes et autres oiseaux qui nichent à terre : le sternum forme un angle rentrant.

Longueur totale, treize à quatorze pouces ;
bec, treize lignes et demie ; les bords de la pièce
supérieure échancrés près de la pointe (mais non
dans les tout jeunes) ; narines elliptiques, ayant
leur ouverture environnée d'un rebord saillant,
et au centre un petit grain blanchâtre qui s'élève
presque jusqu'à la hauteur de ce rebord ; langue
mince à la pointe et non fourchue ; tarse, dix
lignes ; cuisse, moins de douze ; l'intérieur des
ongles postérieurs le moins fort et le plus crochu
de tous ; les deux doigts antérieurs unis ensemble
à leur base par une membrane ; le dessous du
pied comme chagriné et d'un grain très-fin ; vol,
environ deux pieds ; queue, sept pouces et demi,

composée de dix pennes étagées (1); dépasse les
ailes de deux pouces.

—————

VARIÉTÉS DU COUCOU.

On aura vu sans doute avec quelque surprise,
en lisant l'histoire du coucou, combien le type
de cette espèce est inconstant et variable, ce qui
en effet n'est point ordinaire chez les oiseaux qui
vivent dans l'état de nature, et surtout chez ceux
qui s'apparient; car pour ceux au contraire qui
ne s'apparient point, et qui n'ont qu'une ardeur
vague, indéterminée, pour une femelle en général, sans aucun attachement particulier, à force
d'être étrangers à toute fidélité personnelle, ou
si l'on veut individuelle, ils sont plus exposés à
manquer aux lois encore plus sacrées de la fidélité
due à l'espèce, et à contracter des alliances irré-
gulières, dont le produit varie plus ou moins,
selon que les individus qui se sont unis par hasard étaient plus ou moins différents entre eux :
de là la diversité que l'on remarque entre les individus, soit pour la grosseur, soit pour les formes, soit pour le plumage; diversité qui a donné
lieu à plus d'une erreur, et qui a fait prendre de
véritables coucous pour des faucons, des émeril-
lons, des autours, des éperviers, etc.; mais sans

—————

(1) M. Rai n'a compté que huit pennes dans la queue de l'individu
qu'il a observé en 1693; mais assurément il en manquait deux.

entrer ici dans le détail de ces variétés inépuisables, et qui paraissent n'être rien moins que constantes, je me bornerai à dire que l'on trouve quelquefois, en différents pays de notre Europe, des coucous qui diffèrent beaucoup entre eux par la taille (1); et qu'à l'égard des couleurs, le gris-cendré, le roux, le brun, le blanchâtre, sont distribués diversement dans les divers individus; en sorte que chacune de ces couleurs domine plus ou moins, et que par la multiplicité de ses teintes, elle augmente encore les variations de leur plumage. A l'égard des coucous étrangers, j'en trouve deux qui me semblent devoir se rapporter à l'espèce européenne comme variétés de climat, et peut-être en ajouterais-je plusieurs autres si j'avais été à portée de les observer de plus près.

I. Le Coucou du cap de Bonne-Espérance, représenté dans nos planches enluminées, n° 390 (2), a beaucoup de rapport avec celui de notre pays, et par ses proportions, et par la rayure transversale du dessous du corps, et par sa taille qui n'est pas beaucoup plus petite.

_____

(1) Voyez Aldrovande, page 413. Le coucou varié aux pieds rouges des Pyrénées de Barrère, est encore une de ces variétés, et peut-être son coucou cendré d'Amérique : il en est de même du *Cucule frances-cano* de Gerini, et de son *Cucule rugginoso;* mais ces deux derniers sont des variétés d'âge.

(2) Cet oiseau, figuré par Levaillant, Afric., 206, a reçu de M. Cuvier le nom spécifique nouveau de *Cuculus solitarius.* Il le place dans le sous-genre des vrais coucous. DESM. 1827.

Il a le dessus du corps d'un vert-brun; la gorge, les joues, le devant du cou et les couvertures supérieures des ailes, d'un roux foncé; les pennes de la queue, d'un roux un peu plus clair, terminées de blanc; la poitrine et tout le reste du dessous du corps, rayés transversalement de noir sur un fond blanc; l'iris jaune; le bec brun foncé, et les pieds d'un brun-rougeâtre. Il a de longueur totale un peu moins de douze pouces.

Serait-ce ici l'oiseau connu au cap de Bonne-Espérance, sous le nom d'*Édolio*, et qui répète en effet ce mot d'un ton bas et mélancolique? il n'a point d'autre chant, et plusieurs habitants du pays, non pas Hottentots, mais Européens, sont persuadés que l'ame d'un certain patron de barque, qui prononçait souvent le même mot, est passée dans le corps de cet oiseau; car nos siècles modernes ont aussi leurs métamorphoses; celle-ci n'est pas moins vraie que celle du *Jupiter cuculus*, et nous lui devons probablement la connaissance du cri de ce coucou. On serait trop heureux si chaque erreur nous valait une vérité.

II. Les voyageurs parlent d'un coucou du royaume de Loango en Afrique, lequel est un peu plus gros que le nôtre, mais peint des mêmes couleurs, et qui en diffère principalement par sa chanson, ce qui doit s'entendre de l'air et non pas des paroles, car il dit *coucou* comme le nôtre, mais sur un ton différent: le mâle commence, dit-on, par entonner la gamme et chante

seul les trois premières notes; ensuite la femelle
l'accompagne à l'unisson pour le reste de l'octave,
et diffère en cela de la femelle de notre coucou,
qui ne chante point du tout comme son mâle, et
qui chante beaucoup moins. C'est une raison de
plus pour séparer ce coucou de Loango du nôtre,
et pour le considérer comme une variété dans
l'espèce.

LES
COUCOUS ÉTRANGERS.

Les principaux attributs du coucou d'Europe,
consistent, comme on vient de le voir, en ce qu'il
a la tête un peu grosse, l'ouverture du bec large,
les doigts disposés, deux en avant et deux en arrière; les tarses garnis de plumes, les pieds courts,
les cuisses encore plus courtes, les ongles faibles
et peu crochus, la queue longue et composée de
dix pennes étagées : il diffère des couroucous, et
par le nombre de ces mêmes pennes (car les couroucous en ont douze à la queue), et surtout par
son bec qui est plus allongé, et dont la partie
supérieure est plus convexe; il diffère des barbus
en ce qu'il n'a point de barbes autour de la base
du bec; mais tout cela doit être entendu saine-

ment, et il ne faut pas s'imaginer qu'on ne doive
admettre dans le genre dont le coucou d'Europe
est le modèle, que des espèces qui réunissent
exactement tous ces attributs. C'est le cas de répéter qu'il n'y a rien d'absolu dans la nature, que
par conséquent il ne doit y avoir rien de strict
dans des méthodes faites pour la représenter, et
qu'il serait moins difficile de réunir dans une
vaste volière toutes les espèces d'oiseaux, séparées
par paires bien assorties, que de les séparer in-
tellectuellement par des caractères méthodiques
qui ne se démentissent jamais : aussi, parmi les
espèces que nous rapporterons au genre du coucou, en trouvera-t-on plusieurs en qui les attributs propres à ce genre seront diversement mo-
difiés, d'autres qui ne les auront pas tous, et
d'autres qui auront quelques-uns des attributs
des genres voisins ; mais si l'on examine de près
ces espèces diverses, on reconnaîtra qu'elles ont
plus de rapport avec le genre du coucou qu'avec
aucun autre, ce qui suffit, ce me semble, pour
nous autoriser à les rassembler sous une dénomination commune, et pour en composer un genre,
non pas strict, rigoureux, et par cela même ima-
ginaire, mais un genre réel et vrai, tendant au
grand but de toute généralisation, celui de faciliter
le progrès de nos connaissances, en réduisant au
plus petit nombre tous les faits de détail sur lesquels elles sont nécessairement fondées. On ne
sera donc point surpris de trouver ici parmi les
coucous étrangers, des espèces qui ont la queue

carrée, comme le coucou tacheté de la Chine,
celui de l'île de Panay, le vouroudriou de Madagascar, et une variété du coucou brun piqueté de
roux des Indes; d'autres qui l'ont pour ainsi dire
fourchue, comme le coucou qui a deux longs
brins à la place des deux pennes extérieures;
d'autres qui l'ont plus qu'étagée et semblable à
celle des veuves, comme le sanhia de la Chine et
le coucou huppé à collier; d'autres qui l'ont étagée
seulement en partie, comme le vieillard à ailes
rousses de la Caroline, lequel n'a que deux paires,
de pennes étagées, et comme une variété du ja-
cobin huppé de Coromandel, qui n'a que la seule
paire extérieure étagée, c'est-à-dire plus courte
que les quatre autres paires, lesquelles sont égales
entre elles; d'autres qui ont douze pennes à la
queue, comme le vouroudriou et le coucou indicateur du Cap; d'autres qui n'en ont que huit,
comme le guira-cantara du Brésil, si toutefois
Marcgrave ne s'est point trompé en les comptant;
d'autres qui ont l'habitude d'épanouir leur queue
lors même qu'ils sont en repos, comme le coua
de Madagascar, le coucou vert-doré et blanc du
cap de Bonne-Espérance, et le second coukeel
de Mindanao; d'autres qui en tiennent toutes les
pennes serrées et superposées, les intermédiaires
aux latérales; d'autres qui ont quelques barbes
autour du bec, comme le sanhia, le coucou indicateur, et une variété du coucou verdâtre de
Madagascar; d'autres qui ont le bec plus long et
plus grêle à proportion, comme le tacco de

Cayenne; d'autres qui ont le doigt postérieur interne armé d'un long éperon, semblable à celui de nos alouettes, comme le houhou d'Égypte, le coucou des Philippines, le coucou vert d'Antigue, le toulou et le rufalbin; d'autres enfin qui ont les pieds plus ou moins courts, plus ou moins garnis de plumes, ou même sans aucune plume ni duvet. Il n'est pas jusqu'au caractère réputé le plus fixe et le plus constant, je veux dire la disposition des doigts tournés deux en avant et deux en arrière, qui ne participe à l'inconstance de ces variations, puisque j'ai observé dans le coucou, que l'un de ses doigts postérieurs se tournait quelquefois en avant, et que d'autres ont observé dans les hiboux et les chat-huants, que l'un de leurs doigts antérieurs se tournait quelquefois en arrière; mais ces légères différences, bien loin de mettre du désordre dans le genre des coucous, annoncent au contraire le véritable ordre de la nature, puisqu'elles représentent la fécondité de ses plans et l'aisance de son exécution, en représentant les nuances infiniment variées de ses ouvrages, et les traits infiniment diversifiés, qui dans chaque famille d'animaux distinguent les individus sans leur ôter l'air de famille.

Une chose très-remarquable dans celle des coucous, c'est que la branche établie dans le Nouveau-Monde est celle qui paraît être la moins sujette aux variations dont je viens de parler, la moins dégénérée, celle qui semble avoir conservé plus de ressemblance avec l'espèce européenne considérée comme tronc commun, et s'en être séparée plus tard : à la vérité l'espèce européenne fréquente les pays du nord, pousse ses excursions jusqu'en Danemarck et en Norvège, et par conséquent aura pu aisément franchir les détroits peu spacieux qui, à ces hauteurs, séparent les deux continents; mais elle a pu franchir avec encore plus de facilité l'isthme de Suez d'une part ou quelques bras de mer fort étroits, pour se répandre en Afrique; et du côté de l'Asie, elle n'avait rien du tout à franchir; en sorte que les races qui se sont établies dans ces dernières contrées, doivent s'être séparées beaucoup plus tôt de la souche primitive, et lui ressembler beaucoup moins; aussi ne compte-t-on guère en Amérique que deux ou trois exceptions ou anomalies extérieures sur quinze espèces ou variétés, tandis que dans l'Afrique et l'Asie on en compte quinze ou vingt sur trente-quatre, et sans doute on en découvrira davantage à mesure que tous ces oiseaux seront plus connus; ils le sont si peu, que c'est encore un problème si, parmi tant d'espèces étrangères, il en est une seule qui ponde ses œufs dans le nid des autres oiseaux, comme fait le coucou d'Europe : on sait seulement que plusieurs de ces espèces étrangères prennent la peine de faire elles-mêmes leur nid et de couver elles-mêmes leurs œufs; mais quoique nous ne connaissions que des différences superficielles entre toutes ces espèces, nous pouvons supposer qu'il en existe de considérables et de générales, surtout entre les deux branches fixées dans les deux continents, lesquelles ne peuvent manquer de recevoir tôt ou tard l'empreinte du climat; et ici les climats sont très-différents. Par exemple, j'ai observé qu'en général les espèces américaines sont plus petites que les espèces de l'ancien continent, et probablement par le concours des mêmes causes qui, dans cette même Amérique, s'opposent au développement plein et à l'entier accroissement, soit des quadrupèdes indigènes, soit de ceux qu'on y transporte d'ailleurs : il y a tout au plus en Amérique deux espèces de coucous, dont la taille approche de celle du nôtre, et le reste ne peut être comparé à cet égard qu'à nos merles et à nos grives; au lieu que nous connaissons dans l'ancien continent plus d'une douzaine d'espèces aussi grosses ou plus grosses que l'européenne, et quelques-unes presque aussi grosses que nos poules.

En voilà assez, ce me semble, pour justifier le parti que je prends de séparer ici les coucous d'Amérique de ceux de l'Afrique et de l'Asie, en attendant que le temps et l'observation, ces deux grandes sources de lumière, nous ayant éclairés sur les mœurs et les habitudes naturelles de ces oiseaux, nous sachions à quoi nous en tenir sur leurs différences vraies, tant intérieures qu'extérieures, tant générales que particulières.

OISEAUX
DU VIEUX CONTINENT

QUI ONT RAPPORT

AU COUCOU.

I.

LE GRAND COUCOU TACHETÉ.[1]

Cuculus glandarius, Lath., Linn., Gmel., Cuv., Vieill. (2).

JE commence par cet oiseau, qui n'est point absolument étranger à notre Europe, puisqu'on en a tué un sur les rochers de Gibraltar. Selon toute apparence, c'est un oiseau de passage, qui

---

(1) *The great spotted cuckow.* Edwards, pl. 57.

Cuculus Andalusiæ. Klein, Ordo avium, pag. 30.

« Cuculus supernè saturatè fuscus, infernè fusco-rufescens; capite « superiore cinereo-cærulescente; latâ fasciâ per oculos nigrâ; alis su- « pernè albo et dilutè cæruleo maculatis; rectricibus nigricantibus, late- « ralibus apice albis.... Cuculus Andalusiæ, *coucou d'Andalousie.* » Brisson, tome IV, page 126.

. « Cucule rossicio, macchiato di bianco, col ciuffo.... Cucule d'An- « dalusia. » Gerini, Ornithol. Ital., tom. I, pag. 81, pl. 70.

(2) Il appartient au sous-genre Coucou proprement dit, selon M. Cuvier. DESM. 1827.

se tient l'hiver en Asie ou en Afrique, et paraît quelquefois dans la partie méridionale de l'Europe : on peut regarder cette espèce et la suivante comme intermédiaires, quant au climat, entre l'espèce commune et les étrangères : elle diffère de la commune, non seulement par la taille et le plumage, mais encore par ses dimensions relatives.

L'ornement le plus distingué de ce coucou, c'est une huppe soyeuse, d'un gris-bleuâtre, qu'il relève quand il veut, mais qui, dans son état de repos, reste couchée sur la tête; il a sur les yeux un bandeau noir qui donne du caractère à sa physionomie; le brun domine sur toute la partie supérieure, compris les ailes et la queue; mais les pennes moyennes et presque toutes les couvertures des ailes, les quatre paires latérales de la queue et leurs couvertures supérieures, sont terminées de blanc, ce qui forme un émail fort agréable; tout le dessous du corps est d'un orangé brun, assez vif sur les parties antérieures, plus sombre sur les postérieures; le bec et les pieds sont noirs.

Il a la taille d'une pie; le bec de quinze à seize lignes; les pieds courts; les ailes moins longues que notre coucou; la queue d'environ huit pouces, composée de dix pennes étagées, dépassant les ailes de quatre pouces et demi.

LE COUCOU[1]

HUPPÉ NOIR ET BLANC.

Cuculus pisanus, Lath., Linn., Gmel., Cuv.

Voici encore un coucou qui n'est qu'à demi-étranger, puisqu'il a été vu, une seule fois à la vérité, en Europe. Les auteurs de l'Ornithologie italienne nous apprennent qu'en 1739, un mâle et une femelle de cette espèce firent leur nid aux environs de Pise; que la femelle pondit quatre œufs, les couva, les fit éclore, etc. (2); d'où l'on peut conclure que c'est une espèce fort différente de la nôtre, que certainement on ne vit jamais nicher ni couver dans nos contrées.

Ces oiseaux ont la tête noire, ornée d'une huppe de même couleur, qui se couche en arrière; tout le dessus du corps, compris les couvertures supérieures, noir et blanc; les grandes pennes des ailes rousses, terminées de blanc; les pennes de la queue noirâtres, terminées de roux clair; la gorge et la poitrine rousses; les couvertures inférieures de la queue roussâtres; le reste du dessous du corps blanc, même les plumes du

---

(1) « Cuculus ex albo et nigro mixtus.... Cucule nero e bianco col « ciuffo. » Ornithol. ital., tom. I, pag. 81.

(2) Ces auteurs disent expressément que jusque-là on n'avait jamais vu de ces oiseaux dans les environs de Pise, et que depuis on n'y en a point revu.

P. Oudart del.

1 le Coucou huppé noir et blanc 2 le Coucou piu

bas de la jambe qui descendent sur le tarse; le bec d'un brun-verdâtre; les pieds verts.

Ce coucou paraît un peu plus gros que le nôtre, et il a la queue plus longue à proportion; il a aussi les ailes plus longues et la queue plus étagée que le grand coucou tacheté, avec lequel il a d'ailleurs assez de rapport.

3.

LE COUCOU VERDATRE*[1]

DE MADAGASCAR.

Cuculus madagascariensis, Lath., Linn., Gmel. (2); *Coccyzus virescens*, Vieill.

La grande taille de cet oiseau est son attribut le plus remarquable; il a tout le dessus du corps olivâtre foncé, varié sourdement par des ondes d'un brun plus sombre; quelques-unes des pennes latérales de la queue terminées de blanc; la gorge d'un olivâtre clair, nuancé de jaune; la poitrine et le haut du ventre fauve; le bas-ventre brun, ainsi que les couvertures inférieures de la queue; les jambes d'un gris vineux; l'iris orangée : le

---

* Voyez les planches enluminées, n° 815.

(1) « Cuculus ecristatus, dorso olivari, ut et remigum marginibus exte-« rioribus, fronte et vertice; pectore rufo; ventre fulvo.... » Commerson.

(2) M. Cuvier place cet oiseau dans la division du genre Coucou, qui renferme les Couas de Levaillant. Desm. 1827.

bec noir; les pieds d'un brun-jaunâtre; le tarse non garni de plumes.

Longueur totale, vingt-un pouces et demi; bec, vingt-une à vingt-deux lignes; queue, dix pouces, composée de dix pennes étagées; dépasse les ailes, qui ne sont pas fort longues, de huit pouces et plus.

Je trouve une note de M. Commerson, sur un coucou du même pays, très-ressemblant à celui-ci, et dont je me contenterai d'indiquer les différences.

Il approche de la taille d'une poule, et pèse treize onces et demie; il a sur la tête un espace nu, sillonné légèrement, peint en bleu, et environné d'un cercle de plumes d'un beau noir; celles de la tête et du cou douces et soyeuses; quelques barbes autour de la base du bec, dont le dedans est noir ainsi que la langue, celle-ci fourchue; l'iris rougeâtre; les cuisses et le côté intérieur des pennes de l'aile noirâtres; les pieds noirs.

Longueur totale, vingt-un pouces trois quarts; bec, dix-neuf lignes, ses bords tranchants; les narines semblables à celles des gallinacés; l'extérieur des deux doigts postérieurs pouvant se tourner en avant comme en arrière (ce que j'ai déja observé dans notre coucou d'Europe); vol, vingt-deux pouces; dix-huit pennes à chaque aile.

Tout ce que nous apprend M. Commerson, sur les mœurs de cet oiseau, c'est qu'il va de compagnie avec les autres coucous. Il paraît que c'est une variété dans l'espèce du coucou verdâtre, et peut-être une variété de sexe; dans ce cas, je croirais que c'est le mâle.

4.

LE COUA. [1]

Cuculus cristatus, Lath., Linn., Gmel. (2); *Coccyzus cristatus*, Vieill.

Je conserve à ce coucou le nom qui lui a été imposé par les habitants de Madagascar, sans doute d'après son cri ou d'après quelque autre

---

* Voyez les planches enluminées, n° 589, où cet oiseau est représenté sous le nom de *Coucou huppé de Madagascar*.

(1) « Cuculus cristatus, supernè cinereo-virescens, infernè albo-ru- « fescens; gutture cinereo; collo superiore et pectore vinaceis; rectricibus « supernè dilutè viridibus, cæruleo et violaceo colore variantibus, late- « ralibus apice albis.... Cuculus Madagascariensis cristatus, *Coucou* « *huppé de Madagascar*. » Brisson, tome IV, page 149, appelé *Coua* par les habitants de Madagascar.

— « Desuper cinereus cum aliquali æris fulgore superfuso; genis rugosis, « nudis, cæruleis.... » Commerson. Ce naturaliste l'appelle ailleurs *Cuculus formosus*.

— « Caudâ rotundatâ, capite cristato, corpore cinereo-virescente, « nitente.... » Linnæus, Syst. Nat., ed. XIII, pag. 161, Sp. 19.

« Cucule col ciuffo del Madagascar. » Gerini, Ornithol. Ital., tom. I, pag. 82.

(2) Le Coua est le type d'un sous-genre de coucous admis par M. Cuvier, d'après Levaillant, et qui correspond au genre Coulicou, *Coccyzus*, de M. Vieillot. Desm. 1827.

propriété; il a une huppe qui se renverse en arrière, et dont les plumes, ainsi que celles du reste de la tête et de tout le dessus du corps, sont d'un cendré-verdâtre; la gorge et le devant du cou cendrés; la poitrine d'un rouge-vineux; le reste du dessous du corps blanchâtre; les jambes rayées presque imperceptiblement de cendré; ce qui paraît des pennes de la queue et des ailes d'un vert clair, changeant en bleu et en violet éclatant; mais les pennes latérales de la queue terminées de blanc; l'iris orangée; le bec et les pieds noirs; il est un peu plus gros que notre coucou, et proportionné différemment.

Longueur totale, quatorze pouces; bec, treize lignes; tarse, dix-neuf lignes; les doigts aussi plus longs que dans notre coucou; vol, dix-sept pouces; queue, sept pouces, composée de pennes un peu étagées; dépasse les ailes de six pouces.

M. Commerson a fait la description de ce coucou au mois de novembre, sur les lieux, et d'après le vivant : il ajoute qu'il porte sa queue divergente, ou plutôt épanouie; qu'il a le cou court; les ouvertures des narines obliques et à jour; la langue finissant en une pointe cartilagineuse; les joues nues, ridées et de couleur bleue.

La chair de cet oiseau est bonne à manger; on le trouve dans les bois aux environs du Fort-Dauphin.

5.

LE HOUHOU D'ÉGYPTE.[1]

Cuculus ægyptius, Linn., Gmel.; *Cuculus Tolu*, Lath.;
Centropus ægyptius, Illig.; *Corydonix*, Vieill. (2).

Ce coucou s'est nommé lui-même, car son cri
est *hou*, *hou*, répété plusieurs fois de suite sur
un ton grave. On le voit fréquemment dans le
Delta; le mâle et la femelle se quittent rarement;
mais il est encore plus rare qu'on en trouve plusieurs paires réunies. Ils sont acridophages dans
toute la force du mot, car il paraît que les sau-
terelles sont leur unique ou du moins leur principale nourriture; ils ne se posent jamais sur les
grands arbres, encore moins à terre, mais sur les
buissons à portée de quelque eau courante : ils
ont deux caractères singuliers; le premier, c'est
que toutes les plumes qui recouvrent la tête et
le cou sont épaisses et dures, tandis que celles
du ventre et du croupion sont douces et effilées;
le second, c'est que l'ongle du doigt postérieur

---

(1) C'est le nom que les Arabes donnent au coucou d'Égypte, d'après
son cri; ils l'écrivent *Heut*, *Heut*.

(2) Type d'un nouveau sous-genre, dans le genre des Coucous, qui
a reçu d'Illiger le nom *Centropus*, de M. Vieillot celui de Toulou,
Corydonix, de M. Leach celui de *Polophilus*, et de M. Cuvier celui de
Coucal.

Ce dernier naturaliste réunit, comme appartenant à la même espèce,
les *Cuculus ægyptius* et *senegalensis* de Linnée, et sépare, mais comme
appartenant à la même division, les *Cuculus philippensis* et *Tolu*.

Dɪsм. 1827.

26.

interne est long et droit comme celui de notre alouette.

La femelle (car je n'ai aucun renseignement certain sur le mâle) a la tête et le dessus du cou d'un vert-obscur, avec des reflets d'acier poli; les couvertures supérieures des ailes d'un roux-verdâtre; les pennes des ailes rousses, terminées de vert-luisant, excepté les trois dernières qui sont entièrement de cette couleur, et les deux ou trois précédentes qui en sont mêlées; le dos brun avec des reflets verdâtres; le croupion brun, ainsi que les couvertures supérieures de la queue dont les pennes sont d'un vert-luisant, avec des reflets d'acier poli; la gorge et tout le dessous du corps d'un blanc-roussâtre, plus clair sous le ventre que sur les parties antérieures et sur les flancs; l'iris d'un rouge-vif; le bec noir et les pieds noirâtres.

Longueur totale, de quatorze pouces et demi à seize et demi; bec, seize à dix-sept lignes; narines, trois lignes, fort étroites; tarse, vingt-une lignes; ongle postérieur interne, neuf à dix lignes; ailes, six à sept pouces; queue, huit pouces, composée de dix pennes étagées; dépasse les ailes de cinq pouces.

M. de Sonnini, à qui je dois la connaissance de cet oiseau et tout ce que j'en ai dit, ajoute qu'il a la langue large, légèrement découpée à sa pointe; l'estomac comme le coucou d'Europe; vingt pouces de tube intestinal et deux cœcum, dont le plus court a un pouce.

Après avoir comparé attentivement, et dans tous les détails, cette femelle avec l'oiseau représenté dans nos planches enluminées, *n° 824*, sous le nom de *Coucou des Philippines*, je crois qu'on peut regarder celui-ci comme le mâle, ou du moins comme une variété dans l'espèce; il a la même taille, les mêmes dimensions relatives, le même éperon d'alouette, la même roideur dans les plumes de la tête et du cou, la même queue étagée, seulement ses couleurs sont plus sombres; car à l'exception de ses ailes qui sont rousses comme dans le houhou, tout le reste de son plumage est d'un noir-lustré (1). L'oiseau décrit et représenté par M. Sonnerat, dans son voyage à la nouvelle Guinée, sous le nom de *Coucou vert d'Antigue* (2), ressemble tellement à celui dont je viens de parler, que ce que j'ai dit de l'un s'applique naturellement à l'autre; il a la tête, le cou, la poitrine et le ventre d'un vert-obscur, tirant sur le noir; les ailes d'un rouge-brun foncé; l'ongle du doigt interne plus délié et peut-être un peu plus long; toutes ses plumes généralement sont dures et roides; les barbes en sont effilées, et chacune est un nouveau tuyau qui porte d'autres barbes plus courtes : à la vérité la queue

---

(1) Cet oiseau est considéré par M. Vieillot, comme appartenant à une espèce distincte à laquelle il donne le nom de *Corydonix pyrropterus.* C'est la variété β du *Cuculus ægyptius* de Gmelin, et le *Cuculus philippensis* de M. Cuvier. Desm. 1827.

(2) Page 121, planche 80.

ne paraît point étagée dans la figure ; mais ce peut être une inadvertance : ce coucou n'est guère moins gros que celui d'Europe (1).

Enfin * l'oiseau de Madagascar, appelé *Toulou* (2), a avec la femelle du houhou d'Égypte les mêmes traits de ressemblance que j'ai remarqués dans le coucou des Philippines : son plumage est moins sombre, surtout dans la partie antérieure où le noir est égayé par des taches d'un rouxclair ; dans quelques individus l'olivâtre prend la place du noir sur le corps, et il est semé de taches longitudinales blanchâtres qui se retrouvent encore sur les ailes ; ce qui me ferait croire que ce sont des jeunes de l'année, d'autant plus que dans ce genre d'oiseaux, les couleurs du plumage changent beaucoup, comme on sait, à la première mue (3).

---

(1) Ce coucou vert d'Antigue est aussi séparé de l'espèce du houhou, par M. Vieillot, qui l'appelle *Corydonix viridis*. C'est la variété γ du *Cuculus ægyptius* de Gmelin.   Desm. 1827.

* Voyez les planches enluminées, n° 295, fig. 1.

(2) « Cuculus anteriùs nigricans, pennis secundùm scapum albo-ru-« fescentibus ; posteriùs nigro-virescens ; remigibus castaneis, apice fuscis ; « rectricibus supernè nigro-virescentibus, infernè nigris..... Coucou de Madagascar, où il porte le nom de *Toulou*. » Brisson, tome IV, page 138.

« Cucule del Madagascar.... indigenis Toulou. » Ornithol. Ital., tom. I, pag. 84, Sp. 27.

(3) Ce dernier est le *Corydonix Tolu* de M. Vieillot, *Cuculus Tolu.* Lath., Linn., Gmel., Cuv. Desm. 1827.

6.

LE RUFALBIN.*[1]

Cuculus senegalensis, Linn., Gmel; *Centropus senegalensis*, Illig.; *Corydonix ægyptius*, Vieill, (2).

On verra facilement que le nom que nous avons imposé à ce coucou du Sénégal, est relatif aux deux couleurs dominantes de son plumage, le roux et le blanc. Lorsqu'il est perché, sa queue, qu'il épanouit comme le coua en manière d'éventail, est presque toujours en mouvement; son cri n'est autre chose qu'un bruit semblable à celui qu'on fait en rappelant de la langue une ou deux fois; il a, comme les deux précédents, l'ongle du doigt postérieur interne droit, allongé, fait comme l'éperon des alouettes; le dessus de la tête et du

* Voyez les planches enluminées, n° 332, où ce coucou est représenté sous le nom de *Coucou du Sénégal*.

(1) « Cuculus supernè rufo-fuscescens, infernè sordidè albus, colore « obscuriore leviter transversim striatus; vertice et collo superiore nigri- « cantibus; scapis pennarum saturatioribus et lucidioribus, uropygio « fusco, colore dilutiore transversim striato; rectricibus nigricantibus.... «Cuculus senegalensis, *Coucou du Sénégal.* » Brisson, tome IV, page 120.

— « Caudâ cuneiformi, corpore griseo, subtus albo; pileo rectrici- « busque nigricantibus. » Linnæus, Syst. Nat., ed. XIII, pag. 169, Sp. 6.

— Ornithol. Ital., tom. I, pag. 84, Sp. 25.

(2) Le Rufalbin, selon MM. Cuvier et Vieillot, ne diffère pas du houhou d'Égypte. DESM. 1827.

cou noirâtre; les côtes de chaque plume d'une couleur plus foncée, et néanmoins plus brillante; les ailes, pennes et couvertures rousses, celles-là un peu rembrunies vers le bout; le dos d'un roux très-brun; le croupion et les couvertures supérieures de la queue rayés transversalement de brun-clair, sur un fond brun plus foncé; la gorge, le devant du cou et tout le dessous du corps d'un blanc-sale, avec cette différence que les plumes de la gorge et du cou ont leur côte plus brillante, et que le reste du dessous du corps est rayé transversalement et très-finement d'une couleur plus claire; la queue noirâtre; le bec noir et les pieds gris-bruns; son corps n'est guère plus gros que celui d'un merle, mais il a la queue beaucoup plus longue.

Longueur totale, quinze à seize pouces; bec, quinze lignes; tarse, dix-neuf; ongle du doigt postérieur interne, cinq lignes et plus; vol, un pied sept à huit pouces; queue, huit pouces, composée de dix pennes étagées; dépasse les ailes d'environ quatre pouces.

7.

LE BOUTSALLICK.[1]

Cuculus scolopaceus, Lath., Linn., Gmel., Vieill. (2).

M. Edwards voyait tant de traits de ressemblance entre ce coucou de Bengale et celui d'Europe, qu'il a cru devoir indiquer spécialement les traits de disparité qui en font, à son avis, une espèce distincte : voici ces différences, indépendamment de celles du plumage qui sautent aux yeux, et que l'on pourra toujours reconnaître par la comparaison des figures ou des descriptions.

Il est plus petit d'un bon tiers, quoique de forme plus allongée, et que son corps mesuré entre le bec et la queue, ait un demi-pouce de plus que celui du coucou ordinaire ; avec cela il a la tête plus grosse, les ailes plus courtes et la queue plus longue à proportion.

---

(1) *The brown and spotted Indian cuckow*, le coucou des Indes, brun-tacheté. Edwards, Oiseaux, pl. 59.

« Cuculus Bengalensis, ex fusco, rufo et cinereo a capite ad caudam « varius. » Klein, Ordo av., pag. 31.

« Cuculus supernè rufescens, infernè albus, supernè et infernè mar- « ginibus pennarum fuscis, rufo in imo ventre admixto; rectricibus ru- « fescentibus, tæniis transversis fuscis, obliquè positis, utrinque stria- « tis.... Coucou tacheté de Bengale. » Brisson, tome IV, page 132.

« Cuculus caudâ cuneiformi, corpore undique griseo fuscoque tubu- « loso.... Scolopaceus. » Linnæus, Syst. Nat., ed. XIII, p. 130, Sp. 11.

« Cucule brizzolato di Bengala. » Ornithol. Ital., pag. 83, Sp. 20.

(2) MM. Cuvier et Vieillot pensent que cet oiseau pourrait n'être qu'une variété du coucou brun piqueté de roux ou du coucou tacheté.

M. Cuvier le place dans le sous-genre des Coucous proprement dits.

DESM. 1827.

Le brun est la couleur dominante du boutsallick,
plus foncée et tachetée d'un brun plus clair sur la
partie supérieure, moins foncée et tachetée de
blanc, d'orangé et de noir sur la partie inférieure;
les taches de brun-clair ou roussâtre forment, par
leurs dispositions sur les pennes de la queue et
des ailes, une rayure transversale, un peu inclinée
vers la pointe des pennes; le bec et les pieds sont
jaunâtres.

Longueur totale, treize à quatorze pouces; bec,
douze à treize lignes; tarse, onze à douze; queue,
environ sept pouces, composée de dix pennes
étagées; dépasse les ailes de près de cinq pouces.

8.

LE COUCOU VARIÉ DE MINDANAO.[1]

Cuculus mindanensis, Lath., Linn., Gmel., Vieill., Cuv. (2).

Cet oiseau est en effet tellement varié, qu'au

---

* Voyez les planches enluminées, n° 277, où cet oiseau est représenté
sous le nom de *Coucou tacheté de Mindanao.*

(1) « Cuculus supernè fuscus, ad viridi-aureum vergens, maculis albis
« et rufescentibus variegatus, infernè albus, nigricante transversim
« striatus; collo inferiore fusco, maculis albis vario; rectricibus fuscis, ad
« viridi-aureum vergentibus, rufescente transversim striatis.... Coucou
tacheté de Mindanao. » Brisson, tome IV, page 130.

« Cuculus candâ rotundatâ, corpore viridi-aureo fusco, albo maculato,
« subtus albo nigricanteque undulato.... Cuculus Mindanensis, » Linnæus, Syst. Nat., ed. XIII, pag. 169, Sp. 3.

« Cucule brizzolato di Mindanao. » Ornithol. Ital., pag. 82, Sp. 10,
pl. 76; cette planche n'est point du tout exacte.

(2) Cet oiseau appartient au sous-genre des Coucous proprement dits,
selon M. Cuvier. DESM. 1827.

premier coup-d'œil on pourrait prendre son portrait colorié fidèlement, mais dessiné sur une
échelle plus petite, pour celui d'un jeune coucou
d'Europe; il a la gorge, la tête, le cou et tout le
dessus du corps tachetés de blanc ou de roux
plus ou moins clair, sur un fond brun, qui lui-
même est variable, et tire au vert-doré plus ou
moins brillant sur toute la partie supérieure du
corps, compris les ailes et la queue; mais les
taches changent de disposition sur les pennes des
ailes, où elles forment des raies transversales d'un
blanc pur à l'extérieur, et teinté de roux à l'intérieur, et sur les pennes de la queue où elles forment des raies transversales de couleur roussâtre;
la poitrine et tout le dessous du corps jusqu'à
l'extrémité des couvertures inférieures de la queue
sont blancs, rayés transversalement de noirâtre;
le bec est aussi noirâtre dessus, mais roussâtre
dessous, et les pieds gris-bruns.

Ce coucou se trouve aux Philippines; il est
beaucoup plus gros que celui de notre Europe.

Longueur totale, quatorze pouces et demi; bec,
quinze lignes; tarse, quinze lignes; le plus long
doigt, dix-sept lignes; le plus court, sept lignes;
vol, dix-neuf pouces et demi; queue, sept pouces,
composée de dix pennes à-peu-près égales; dépasse les ailes de quatre pouces et demi.

9.

LE CUIL.[1]

Cuculus honoratus, Lath., Linn., Gmel., Cuv., Vieill. (2).

Tel est le nom que les habitants de Malabar
donnent à cet oiseau, et qui doit être adopté par
toutes les autres nations, pour peu que l'on veuille
s'entendre : c'est une espèce nouvelle que l'on
doit à M. Poivre, et qui diffère de la précédente,
non seulement par sa taille plus petite, mais par
son bec plus court, et par sa queue dont les
pennes sont fort inégales entre elles.

Il a la tête et tout le dessus du corps d'un
cendré-noirâtre, tacheté de blanc avec régularité ;
la gorge et tout le dessous du corps blancs, rayés
transversalement de cendré ; les pennes des ailes
noirâtres ; celles de la queue cendrées, rayées les

---

* Voyez les planches enluminées, n° 294, où cet oiseau est représenté
sous le nom de *Coucou de Malabar*.

(1) « Cuculus supernè cinereo-nigricans, maculis albis varius, infernè
« albus, maculis transversis cinereis variegatus; rectricibus nigricantibus,
« tæniis transversis albis, utrinque striatis.;... Le coucou tacheté de
Malabar. » Brisson, tome IV, page 136.

« Cuculus caudâ cuneiformi, corpore nigricante albo maculato, subtus
« albo cinereoque fasciato.... Cuculus honoratus. » Linnæus, Syst. Nat.,
ed. XIII, pag. 169, Gen. 57, Sp. 7.

« Cucule brizzolato del Malabar. » Ornithol. Ital., tom. I, pag. 84,
Sp. 22.

(2) Cet oiseau appartient au sous-genre des Coucous proprement
dits. DESM. 1827.

unes et les autres de blanc; l'iris orangé-clair; le
bec et les pieds d'un cendré peu foncé.

Le cuil est un peu moins gros que le coucou
ordinaire : il est en vénération sur la côte de Malabar, sans doute parce qu'il se nourrit d'insectes
nuisibles. La superstition en général est toujours
une erreur, mais les superstitions particulières
ont quelquefois un fondement raisonnable.

Longueur totale, onze pouces et demi; bec,
onze lignes; tarse, dix; queue, cinq pouces et
demi, composée de dix pennes étagées, la paire
extérieure n'étant guère que la moitié de la paire
intermédiaire; dépasse les ailes de trois pouces
et demi.

10.

LE COUCOU BRUN VARIÉ DE NOIR.

Cuculus taitensis, Sparmann.; *C. tahitius*, Lath., Gmel. (1).

Tout ce qu'on sait de ce coucou, au-delà de ce
qu'annonce sa dénomination, c'est qu'il a une
longue queue, et qu'il se trouve dans les îles de
la Société (2), où cet oiseau est connu sous le
nom d'*Ara wereroa*. La relation du second Voyage
du capitaine Cook (3) est le seul ouvrage où il en
soit fait mention, et c'est celui d'où nous avons

(1) De la division des Coucous proprement dits, dans le genre Coucou
de M. Cuvier. Dasm. 1827.

, (2) On sait que ces îles sont situées dans les mêmes mers que l'île
de Taïti.

(3) Tome IV, page 272.

tiré cette courte notice, employée ici uniquement
pour engager les navigateurs qui aiment l'histoire
naturelle, à se procurer des connaissances plus
détaillées sur cette espèce nouvelle, et en général
sur tous les animaux étrangers.

II.

LE COUCOU BRUN PIQUETÉ DE ROUX.[1]

Cuculus punctatus, Lath., Linn., Gmel., Vieill. (2).

On le trouve aux Indes orientales et jusqu'aux
Philippines; il a la tête et tout le dessus du corps
piquetés de roux sur un fond brun, mais les
pennes des ailes et de la queue, et les couvertures
supérieures de celle-ci rayées transversalement
au lieu d'être piquetées; toutes les pennes de la
queue terminées de roux-clair; la gorge et tout le
dessous du corps rayés transversalement de brun-
noirâtre sur un fond roux; une tache oblongue
d'un roux-clair sous les yeux : l'iris d'un roux-jaunâ-
tre; le bec couleur de corne et les pieds gris-brun.

---

* Voyez les planches enluminées, n° 771, où cet oiseau est représenté sous le nom de *Coucou tacheté des Indes orientales*.

(1) « Cuculus supernè fusco-nigricans, maculis rufis varius, infernè
« rufus, fusco-nigricante transversim striatus; tæniâ infra oculos rufâ;
« rectricibus fusco-nigricantibus, tæniis transversis, arcuatis, rufis, plein-
« que striatis, apice dilaté rufis.... Coucou tacheté des Indes. » Brisson,
tome IV, page 134.

« Cuculus caudâ cuneiformi, corpore nigricante, rufo punctato, subtus
« rufo, strigis nigris; rectricibus rufo fasciatis.... Cuculus punctatus. »
Linnæus, Syst. Nat., ed. XIII, pag. 170.

« Cucule brizzolato dell' Indie. » Ornithol. Ital., tom. I, pag. 83, Sp. 21.

(2) Espèce de vrai Coucou, que M. Cuvier considère comme ne différant pas du Boutsallick, décrit plus haut, page 409. DESM. 1827.

La femelle a le dessus de la tête et du cou
moins piquetés, et le dessous du corps d'un roux
plus clair.

Ce coucou est beaucoup plus gros que celui de
nos contrées, et presque égal à un pigeon romain.

Longueur totale, seize à dix-sept pouces; bec,
dix-sept lignes; tarse de même; vol, vingt-trois
pouces; queue, huit pouces et demi, composée
de dix pennes étagées; dépasse les ailes de quatre
pouces un tiers.

L'individu décrit par M. Sonnerat (1) n'avait
point la tache rousse sous les yeux, et, ce qui
est un trait plus considérable de disparité, les
pennes de sa queue étaient égales entre elles,
comme dans le coucou tacheté de la Chine; en
sorte que l'on doit peut-être ne rapporter cet individu à l'espèce dont il s'agit ici, que comme
une variété.

12.
LE COUCOU TACHETÉ DE LA CHINE. [2]

Cuculus maculatus, Lath., Linn., Gmel.; *Coccyzus maculatus*,
Vieill. (3).

Nous ne connaissons de cet oiseau que la forme

---

(1) Coucou tacheté de l'île Panay. Voyage à la Nouvelle-Guinée,
page 120, planche 78.

* Voyez les planches enluminées, n° 764.

(2) C'est le nom que M. Mauduit a imposé à cette espèce nouvelle, dont
il m'a donné communication, ainsi que de tous les morceaux de son beau
cabinet dont j'ai eu besoin, avec un empressement et une franchise qui
font autant d'honneur à son caractère qu'à son zèle pour le progrès des
connaissances.

(3) Suivant M. Cuvier, ce coucou tacheté de la Chine ne serait peut-

extérieure et le plumage; il est du petit nombre
des coucous dont la queue n'est point étagée; il
a le dessus de la tête et du cou d'un noirâtre
uniforme, à quelques taches blanchâtres près qui
se trouvent au-dessus des yeux et en avant; tout
le dessus du corps, compris les pennes des ailes
et leurs couvertures, d'un gris-foncé verdâtre,
varié de blanc et enrichi de reflets dorés-bruns; .
les pennes de la queue rayées des mêmes couleurs; la gorge et la poitrine variées assez régulièrement de brun et de blanc; le reste du dessous
du corps et les jambes rayés de ces mêmes couleurs, ainsi que les plumes qui tombent du bas
de la jambe sur le tarse et jusqu'à l'origine des
doigts; le bec noirâtre dessus, jaune dessous et
les pieds jaunâtres.

Longueur totale, environ quatorze pouces;
bec, dix-sept lignes; tarse, un pouce; queue, six
pouces et demi, composée de dix pennes à-peu-
près égales entre elles; dépasse les ailes de quatre
pouces et demi.

être qu'une variété de l'espèce, qui comprendrait également le Boutsallick et le Coucou brun piqueté de roux, placés dans la division des
vrais Coucous.

M. Vieillot le range dans le genre Coulicou, qu'il a formé. DESM. 1827.

13.

LE COUCOU BRUN ET JAUNE[1]

A VENTRE RAYÉ.

Cuculus radiatus, Lath., Linn., Gmel., Vieill. (2).

Il a la gorge et les côtés de la tête couleur de lie de vin ; le dessus de la tête gris-noirâtre ; le dos et les ailes brun-noir terne ; le dessous des pennes des ailes, voisines du corps, marqué de taches blanches ; la queue noire, rayée et terminée de blanc ; la poitrine d'un jaune d'orpin-terne ; le ventre jaune-clair ; le ventre et la poitrine rayés de noir ; l'iris orangé-pâle ; le bec noir et les pieds rougeâtres.

Ce coucou se trouve à l'île Panay, l'une des Philippines ; il est presque de la grosseur du nôtre ; sa queue est composée de dix pennes égales.

---

(1) Coucou à ventre rayé de l'île Panay. Sonnerat. Voyage à la Nouvelle-Guinée, page 120, planche 79. J'ai ajouté quelque chose à la dénomination employée par M. Sonnerat, parce qu'elle ne m'a pas paru caractériser l'oiseau suffisamment ; mais je dois à ce voyageur éclairé la description en entier de cette nouvelle espèce.

(2) Il est placé dans le sous-genre des Coucous proprement dits, par M. Cuvier. Desm. 1827.

14.

LE JACOBIN HUPPÉ [1]

DE COROMANDEL.

Cuculus serratus et *melanoleucos*, Lath., Linn., Gmel., Vieill.
Cuculus Edolius, Cuv. (2).

On comprend bien que ce coucou est ainsi appelé, parce qu'il est noir dessus et blanc dessous; sa huppe composée de plusieurs plumes longues et étroites, est couchée sur le sommet de la tête et déborde un peu en arrière; mais à vrai dire, ces sortes de huppes, tant qu'elles restent couchées ne sont que des huppes possibles; pour qu'elles méritent leur nom, il faut qu'elles se relèvent, et il est à présumer que l'oiseau dont il s'agit ici, relève la sienne lorsqu'il est remué par quelque passion.

A l'égard des couleurs de son plumage, on dirait qu'il a jeté une espèce de cape noire sur une tunique blanche; le blanc de la partie inférieure

---

* Voyez les planches enluminées, n° 872, où cet oiseau est représenté sous le nom de *Coucou huppé de la côte de Coromandel.*.

(1) Cette espèce et sa variété, qui sont toutes deux nouvelles, ont été envoyées par M. Sonnerat.

(2) Cette espèce, à laquelle M. Cuvier a donné le nom de *Cuculus Edolius*, est composée de deux autres qui ne différeraient que par le sexe. Le mâle était le *C. serratus*, Sparm.; et la femelle, le *C. melanoleucos*, pl. enlum. 872.

Elle prend place dans la division des Coucous proprement dits.

Desm. 1827.

est pur et sans aucun mélange; mais le noir de
la partie supérieure est interrompu sur le bord
de l'aile par une tache blanche immédiatement
au-dessous des couvertures supérieures, et par
des taches de même couleur qui terminent les
pennes de la queue; le bec et les pieds sont noirs.

Cet oiseau se trouve sur la côte de Coromandel;
il a onze pouces de longueur totale; sa queue est
composée de dix pennes étagées, et dépasse les
ailes de la moitié de sa longueur.

Il y a au Cabinet du Roi, un coucou venant du
cap de Bonne-Espérance, assez ressemblant à
celui-ci, et qui n'en diffère qu'en ce qu'il a un
pouce de plus de longueur totale, qu'il est tout
noir tant dessus que dessous, à l'exception de la
tache blanche de l'aile, laquelle se trouve exactement à sa place; et que des dix pennes intermédiaires de la queue, huit ne sont presque point
étagées, la seule paire extérieure étant plus courte
que les autres de dix-huit lignes. C'est probablement une variété de climat.

15.

LE PETIT COUCOU

A TÊTE GRISE ET VENTRE JAUNE.

Cuculus flavus, Lath., Linn., Gmel., Vieill., Cuv. (1).

Cette espèce se trouve dans l'île Panay, et c'est

---

(1) Cette espèce appartient au sous-genre des Coucous proprement dits
de M. Cuvier. Desm. 1827.

M. Sonnerat qui l'a fait connaître (1): elle a le dessus de la tête et la gorge d'un gris-clair; le dessus du cou, du dos et des ailes couleur de terre d'ombre, c'est-à-dire brun-clair; le ventre, les jambes et les couvertures inférieures de la queue d'un jaune-pâle, teinté de roux; la queue noire, rayée de blanc; les pieds jaune-pâle; le bec aussi, mais noirâtre à la pointe.

Cet oiseau est de la grosseur d'un merle, moins corsé, mais beaucoup plus allongé; sa longueur totale est de huit pouces et quelques lignes, et sa queue, qui est étagée, fait plus de la moitié de cette longueur.

16.

LES COUKEELS.[2]

Je trouve dans les Ornithologies, trois oiseaux de différentes tailles, dont on a fait trois espèces différentes, mais qui m'ont paru si ressemblants entre eux par le plumage, que j'ai cru devoir les rapporter à la même espèce comme variétés de

---

(1) Voyage à la Nouvelle-Guinée, page 122, planche 81.

* Voyez les planches enluminées, n° 274, où le plus grand des coukeels est représenté sous le nom de *Coucou des Indes orientales.*

(2) « Cuculus niger, viridi colore varians; remigibus interiùs et subtus « penitus nigris; rectricibus nigris, supernè viridi, infernè violaceo « colore variantibus.... Coucou noir des Indes. » Brisson, tome IV, page 142.

« Cuculus orientalis, caudâ rotundatâ, corpore nigro-virente, nitente; « rostro fusco. » Linnæus, Syst. Nat., éd. XIII, pag. 168, Sp. 2.

« Cucule nero dell' Indie. » Ornithol. Ital., tom. I, pag. 84, Sp. 29.

grandeur, d'autant plus que tous trois appartiennent aux contrées orientales de l'Asie; et, par les mêmes raisons, j'ai cru pouvoir leur appliquer à tous le nom de *Coukeel*, nom sous lequel le plus petit des trois est connu au Bengale. M. Edwards juge, d'après la ressemblance des noms, que le cri du coukeel de Bengale doit avoir du rapport avec celui du coucou d'Europe.

Le premier, et le plus grand de ces trois coukeels, approche fort de la grosseur d'un pigeon; son plumage est partout d'un noir brillant, changeant en vert, et aussi en violet, mais sous les pennes de la queue seulement; le dessous et le côté intérieur des pennes de l'aile est noir; le bec et les pieds sont gris-brun, et les ongles noirâtres (1).

Le second (2) vient de Mindanao, et n'est guère moins gros que notre coucou; il tient le milieu, pour la taille, entre le précédent et le suivant; tout son plumage est d'un noirâtre tirant au bleu; il a le bec noir à la base, jaunâtre à la pointe; la première des pennes de l'aile presque une fois plus courte que la troisième, qui est l'une des plus longues; il porte ordinairement sa queue épanouie (3).

---

(1) C'est le *Cuculus orientalis*. Lath., Linn., Gmel., Vieill. Desm. 1827.

(2) « Cuculus ecristatus Mindanensis, e cæruleo nigricans totus. » Commerson.

(3) Latham et Gmelin regardent cet oiseau comme une variété du précédent. Desm. 1827.

Le troisième (1), et le plus petit de tous, a à-
peu-près la taille du merle; il est noir partout,
comme les deux premiers, sans mélange d'aucune
autre couleur fixe; mais, suivant les différents
degrés d'incidence de la lumière, son plumage
réfléchit toutes les nuances mobiles et fugitives
de l'arc-en-ciel: c'est ainsi que l'a vu M. Edwards,
qui est ici l'auteur original; et je ne sais pourquoi M. Brisson ne parle que du vert et du violet. Ce coucou a, comme le premier, le côté intérieur et le dessous des pennes de l'aile noirs; le
bec d'un orangé vif, un peu plus court et plus
gros qu'il n'est dans le coucou d'Europe; le tarse
gros et court, et d'un brun-rougeâtre, ainsi que
les doigts (2).

Il faut remarquer que c'est à cet oiseau qu'appartient proprement le nom de *Coukeel*, qui lui
a été donné au Bengale; et que les conséquences
que l'on a tirées de la similitude des noms à la

---

(1) *The black Indian cuckow*; au Bengale, *Oukeel*. Edwards, pl. 58.
« Cuculus ex cærulescente niger, rostro flavo, pedibus brevibus, sor-
« didè luteis.... » Klein, Ordo avium, pag. 31, n° 6.

« Cuculus niger, viridi et violaceo colore varians; remigibus interiùs
« et subtus penitus nigris; rectricibus nigris, viridi et violaceo colore
« variantibus.... Coucou noir du Bengale. » Brisson, tome IV, page 141.

« Cuculus niger, caudâ cuneiformi, corpore nigro, nitido, rostro
« flavo.... » Linnæus, Syst. Nat., ed. XIII, pag. 170, Sp. 12.

« Cucule nero Indiano di Bengala. » Ornithol. Ital., tom. I, pag. 82,
pl. 72.

(2) C'est à celui-ci qu'appartient proprement le nom de *Coukeel*.
Gmelin l'a décrit sous la dénomination spécifique de *Cuculus niger*.

DRAM. 1827.

ressemblance des voix, sont plus concluantes pour lui que pour les deux autres ; il a les bords du bec supérieur, non pas droits, mais ondés.

Voici les dimensions comparées de ces trois oiseaux, qui ont tous la queue composée de dix pennes étagées :

	PREMIER COUREUR.		SECOND.		TROISIÈME.	
	pouc.	lig.	pouc.	lig.	pouc.	lig.
Longueur totale....	16	0	 14	0	 9	0
Bec.................	0	16	 0	15	 0	10
Tarse..............	0	17	...,........		 0	7
Vol...............	23	0	 0	16	Ailes assez longues.	
Queue.............	8	0	 7	0	 4	3
Dépasse les ailes...	4	0	 3	6	 2	9

17.

LE COUCOU VERT-DORÉ ET BLANC.[*]

Cuculus auratus, Lath., Linn., Gmel., Vieill. (1).

Tout ce qu'on nous apprend de cet oiseau, c'est qu'il se trouve au cap de Bonne-Espérance, et qu'il porte sa queue épanouie en manière d'éventail ; c'est une espèce nouvelle.

Il a toute la partie supérieure, depuis la base du bec jusqu'au bout de la queue, d'un vert-doré changeant, très-riche, et dont l'uniformité est égayée sur la tête par cinq bandes blanches,

---

[*] Voyez les planches enluminées, n° 657, où cet oiseau est représenté sous le nom de *Coucou vert du cap de Bonne-Espérance.*

(1) M. Cuvier place cet oiseau dans la division des Coucous proprement dits. DESM. 1827.

une au milieu du synciput, deux autres au-dessus des yeux en forme de sourcils qui se prolongent en arrière; enfin, deux autres plus étroites et plus courtes au-dessous des yeux; il a en outre la plupart des couvertures supérieures et des pennes moyennes des ailes, toutes les pennes de la queue et ses deux plus grandes couvertures supérieures, terminées de blanc; les deux paires les plus extérieures des pennes de la queue, et la plus extérieure des ailes mouchetées de blanc sur leur côté extérieur; la gorge blanche, ainsi que tout le dessous du corps, à l'exception de quelques raies vertes sur les flancs et les manchettes qui, du bas de la jambe, tombent sur le tarse; le bec vert-brun, et les pieds gris.

Ce coucou est à-peu-près de la grosseur d'une grive. Longueur totale, environ sept pouces; bec, sept à huit lignes; tarse de même, garni de plumes blanches jusque vers le milieu de sa longueur; queue, trois pouces quelques lignes, composée de dix pennes étagées, et qui, dans leur état naturel, sont divergentes; dépasse de quinze lignes seulement les ailes qui sont fort longues à proportion.

18.

LE COUCOU A LONGS BRINS.[1]

Drongo malabaricus, Cuv.; *Lanius malabaricus,* Shaw.; *Cuculus paradiseus,* Briss., Lath., Linn., Gmel.; *Dicrurus platurus,* Vieill. (2).

Tout est vert et d'un vert-obscur dans cet oiseau, la tête, le corps, les ailes et la queue; cependant la nature ne l'a point négligé, elle semble au contraire avoir pris plaisir à le décorer par un luxe de plumes qui n'est point ordinaire; indépendamment d'une huppe dont elle a orné sa tête, elle lui a donné une queue d'une forme remarquable : la paire des pennes extérieures est plus longue que toutes les autres de près de six pouces, et ces deux pennes, ou plutôt ces deux brins, n'ont de barbes que vers leur extrémité, sur une longueur d'environ trois pouces; ce sont ces deux longs brins qui ont autorisé M. Linnæus à appliquer à cet oiseau le nom de *Coucou de Pa-*

---

(1) « Cuculus cristatus, in toto corpore obscurè viridis; rectrice « utrinque extimâ longissimâ, pinnulis in apice tantùm præditâ.... Coucou vert huppé de Siam. » Brisson, tome IV, page 151.

« Cuculus paradiseus, caudæ rectricibus extimis binis longissimis, « apice dilatatis; capite cristato, corpore viridi.... » Linnæus, Syst. Nat., ed. XIII, Gen. 57, Sp. 22.

« Cucule verde col ciuffo. » Ornithol. Ital., pag. 82, pl. 75, fig. 9. Cette espèce est nouvelle, et l'on en est redevable à M. Poivre.

(2) Cet oiseau, ainsi que le remarque M. Cuvier, ne doit pas être placé avec les coucous; il se rapporte à son genre Drongo, *Edolius,* ou à celui que M. Vieillot a nommé *Dicrurus.* Desm. 1827.

radis; par la même raison on aurait pu lui appliquer, et aux deux suivants, la dénomination générique de *Coucou-veuve;* il a l'iris d'un beau bleu; le bec noirâtre et les pieds gris : on le trouve à Siam, où M. Poivre l'a observé vivant; sa taille est à-peu-près celle du geai.

Longueur totale, dix-sept pouces; bec, quatorze lignes; tarse, dix; queue, dix pouces neuf lignes, plutôt fourchue qu'étagée; dépasse les ailes d'environ neuf pouces.

19.

LE COUCOU HUPPÉ A COLLIER. *[1]

Cuculus coromandus, Lath., Linn., Gmel.; *C. collaris*, Vieill., Cuv. (2).

Voici encore un coucou décoré d'une huppe,

---

* Voyez les planches enluminées, n° 274, où cet oiseau est représenté fig. 2, sous le nom de *Coucou huppé de Coromandel.*

(1) « Cuculus cristatus, supernè nigricans, infernè albus; maculâ ponè « oculos rotundâ, griseâ; collo superiore torque albo cincto; remigibus « majoribus rufis; rectricibus nigricantibus.... Coucou huppé de Coromandel. » Brisson, tome IV, page 147.

« Cuculus Coromandus, caudâ cuneiformi, corpore nigro, subtus « albo, torque candido.... » Linnæus, Syst. Nat., ed. XIII, pag. 171, Sp. 20, Gen. 57.

« Cucule col ciuffo del Coromandel. » Ornithol. Ital., pag. 82, Sp. 8, pl. 74.

Cette espèce est nouvelle, elle a été observée et dessinée dans son pays natal par M. Poivre.

(2) De la division des Coucous proprement dits de M. Cuvier. Dæm. 1827.

et remarquable par la longueur des deux pennes de sa queue; mais ici ce sont les pennes intermédiaires qui surpassent les latérales, comme cela a lieu dans la queue de quelques espèces de veuves.

Il a toute la partie supérieure noirâtre, depuis et compris la tête jusqu'au bout de la queue, à l'exception d'un collier blanc qui embrasse le cou, et de deux taches rondes d'un gris-clair qu'il a derrière les yeux, une de chaque côté, et qui représentent, en quelque manière, deux pendants d'oreille : il faut encore excepter les ailes, dont les pennes et les couvertures moyennes sont variées de roux et de noirâtre, ainsi que les scapulaires, et dont les grandes pennes et les couvertures sont tout-à-fait rousses; la gorge et les jambes sont noirâtres; tout le reste du dessous du corps blanc; l'iris jaunâtre; le bec cendré-foncé; les pieds cendrés aussi, mais plus clairs : on trouve ce coucou sur la côte de Coromandel; sa grosseur est à-peu-près celle du mauvis.

Longueur totale, douze pouces un quart; bec, onze lignes; tarse, dix; ailes courtes; queue, six pouces trois quarts, composée de dix pennes, les deux intermédiaires beaucoup plus longues que les latérales, celles-ci étagées; dépasse les ailes de cinq pouces et demi.

20.

LE SAN-HIA DE LA CHINE.[1]

Pica erythrorhynchos, Vieill.; *Corvus erythrorhynchos* et
Coracias melanocephala, Lath. (2).

Ce coucou ressemble à l'espèce précédente, et
conséquemment aux veuves, par la longueur des
deux pennes intermédiaires de sa queue; son
plumage est très-distingué, quoiqu'il n'y entre
que deux couleurs principales; le bleu, plus ou
moins éclatant, règne en général sur la partie
supérieure, et le blanc de neige sur la partie inférieure : mais il semble que la nature, toujours
heureuse dans ses négligences, ait laissé tomber
de sa palette quelques gouttes de ce blanc de
neige sur le sommet de la tête, où il a formé
une plaque dans laquelle le bleu perce par une
infinité de points; sur les joues, un peu en ar-

(1) « Cuculus supernè splendidè cæruleus, infernè niveus; uropygio di-
« lutè cæruleo; capite nigricante; vertice albo, minutis maculis cæruleis va-
« rio; maculâ rotundâ ponè oculos candidâ; rectricibus splendidè cæruleis,
« maculâ ovatâ niveâ apice notatis.... Coucou bleu de la Chine; en
langue chinoise, *San-hia.* » Brisson, tome IV, page 157.

« Cuculus Sinensis, caudâ cuneiformi macrourâ, corpore cæruleo,
« subtus albo, rectricum apicibus maculâ albâ.... » Linnæus, Syst. Nat.,
ed. XIII, pag. 171, Gen. 57, Sp. 16.

« Cucule di colore celeste della China. » Ornithol. Ital., pag. 83,
Sp. 14, pl. 80.

C'est une espèce nouvelle, dont on est redevable, ainsi que de beaucoup d'autres, à M. Poivre, qui l'a vue et dessinée vivante.

(2) M. Cuvier, d'après les remarques de Levaillant, place cet oiseau
dans la division des Pies, l'une de celles qu'il admet dans le genre des
Corbeaux. DESM. 1827.

2.

1.

udart del.ᵗ   Meunier direx.ᵗ   Litho. de C. Motte.

1. Le Toulou. 2 Le Fait-sou.

rière, où il représente deux espèces de pendants d'oreille, semblables à ceux de l'espèce précédente, sur les pennes et les couvertures de la queue qu'il a marquées chacune d'un œil blanc près de leur extrémité; de plus, il paraît s'être fondu avec l'azur du croupion et de la base des grandes pennes de l'aile, dont il a rendu la teinte beaucoup plus claire : tout cela est relevé par la couleur sombre et noirâtre de la gorge et des côtés de la tête; enfin, la belle couleur rouge de l'iris, du bec et des pieds, ajoute les derniers traits à la parure de l'oiseau.

Longueur totale, treize pouces; bec, onze lignes, quelques barbes autour de sa base supérieure; tarse, dix lignes et demie; queue, sept pouces et demi, composée de dix pennes fort inégales, les deux intermédiaires dépassent les deux latérales qui les suivent immédiatement de trois pouces un quart; les plus extérieures de cinq pouces trois lignes, et les ailes de presque toute leur longueur.

21.

LE TAIT-SOU.[1]

Cuculus cœruleus, Lath.; *Coccyzus cœruleus*, Vieill. [2].

Selon ma coutume, je conserve à cet oiseau

---

* Voyez les planches enluminées, n° 295, où cet oiseau est représenté fig. 2, sous le nom de *Coucou bleu de Madagascar*.

[1] « Cuculus cœruleus; remigibus viridi et violaceo, rectricibus vio-

[2] M. Vieillot place cet oiseau dans son genre Coulicou; et M. Cuvier, dans la division des Couas du genre Coucou. DESM. 1827.

son nom sauvage, qui est ordinairement le meilleur et le plus caractéristique.

Le Tait-sou, ainsi appelé à Madagascar son pays natal, a tout le plumage d'un beau bleu, et cette belle uniformité est encore relevée par des nuances très-éclatantes de violet et de vert que réfléchissent les pennes des ailes, et par des nuances de violet pur, sans la plus légère teinte de vert, que réfléchissent les pennes de la queue; enfin, la couleur noire des pieds et du bec fait une petite ombre à ce petit tableau.

Longueur totale, dix-sept pouces; bec, seize lignes; tarse, deux pouces; vol, près de vingt pouces; queue, neuf pouces, composée de dix pennes, dont les deux intermédiaires sont un peu plus longues que les latérales; dépasse les ailes de six pouces.

22.

LE COUCOU INDICATEUR.[1]

Cuculus Indicator, Lath., Gmel.; *Indicator major*, Vieill. [2].

C'est dans l'intérieur de l'Afrique, à quelque

« laceo colore variantibus.... Coucou bleu de Madagascar. » Brisson, tome IV, page 156.

— « Caudâ rotundatâ, corpore cæruleo. » Linnæus, Syst. Nat., ed. XIII, pag. 171, Sp. 15.

— Ornithol. Ital., tom. I, pag. 83, Sp. 12, pl. 78.

(1) *Cuculus indicator.* M. le docteur Sparmann. Histoire de ce coucou, envoyée à M. le docteur Forster, pour être insérée dans les Transactions Philosophiques.

(2) Du genre Coucou, division des Indicateurs, selon M. Cuvier, et du genre Indicateur, suivant M. Vieillot. DESM 1827.

distance du cap de Bonne-Espérance, que se
trouve cet oiseau, connu par son singulier instinct
d'indiquer les nids des abeilles sauvages. Le matin
et le soir sont les deux temps de la journée où il
fait entendre son cri, *chirs, chirs* (1), qui est fort
aigu, et semble appeler les chasseurs et autres
personnes qui cherchent le miel dans le désert;
ceux-ci lui répondent d'un ton plus grave, en
s'approchant toujours : dès qu'il les aperçoit il va
planer sur l'arbre creux où il connaît une ruche,
et si les chasseurs tardent de s'y rendre, il re-
double ses cris, vient au-devant d'eux, retourne
à son arbre sur lequel il s'arrête et voltige, et
qu'il leur indique d'une manière très-marquée;
il n'oublie rien pour les exciter à profiter du petit trésor qu'il a découvert, et dont il ne peut
apparemment jouir qu'avec l'aide de l'homme,
soit parce que l'entrée de la ruche est trop étroite,
soit par d'autres circonstances que le relateur ne
nous apprend pas. Tandis qu'on travaille à se
saisir du miel, il se tient dans quelque buisson
peu éloigné, observant avec intérêt ce qui se
passe, et attendant sa part du butin qu'on ne
manque jamais de lui laisser, mais point assez
considérable, comme on pense bien, pour le

---

(1) Selon d'autres voyageurs, le cri de cet oiseau est *wieki*, *wieki*,
et ce mot *wieki* signifie miel dans la langue hottentote. Quelquefois il est
arrivé que le chasseur allant à la voix de ce coucou, a été dévoré par
les bêtes féroces, et on n'a pas manqué de dire que l'oiseau s'entendait
avec elles pour leur livrer leur proie.

rassasier, et par conséquent risquer d'éteindre ou d'affaiblir son ardeur pour cette espèce de chasse.

Ce n'est point ici un conte de voyageur, c'est l'observation d'un homme éclairé, qui a assisté à la destruction de plusieurs républiques d'abeilles, trahies par ce petit espion, et qui rend compte de ce qu'il a vu à la Société royale de Londres; voici la description qu'il a faite de la femelle, sur les deux seuls individus qu'il ait pu se procurer, et qu'il avait tués au grand scandale des Hottentots; car dans tout pays l'existence d'un être utile est une existence précieuse.

Il a le dessus de la tête gris; la gorge, le devant du cou et la poitrine blanchâtre, avec une teinte de vert qui va s'affaiblissant et n'est presque plus sensible sur la poitrine; le ventre blanc; les cuisses de même, marquées d'une tache noire oblongue; le dos et le croupion d'un gris-roussâtre; les couvertures supérieures des ailes gris-brun; les plus voisines du corps marquées d'une tache jaune, qui, à cause de sa situation, se trouve souvent cachée sous les plumes scapulaires; les pennes des ailes brunes; les deux pennes intermédiaires de la queue plus longues, plus étroites que les autres, d'un brun tirant à la couleur de rouille; les deux paires suivantes noirâtres, ayant le côté intérieur blanc-sale; les suivantes blanches, terminées de brun, marquées d'une tache noire près de leur base, excepté la dernière paire où cette tache se réduit presque à rien : l'iris gris-roussâtre ; les paupières noires ; le bec brun à sa base, jaune au bout ; et les pieds noirs.

Longueur totale, six pouces et demi ; bec, environ six lignes, quelques barbes autour de la base du bec inférieur ; narines oblongues, ayant un rebord saillant, situées près de la base du bec supérieur, et séparées seulement par son arête : tarses courts ; ongles faibles ; queue étagée, composée de douze pennes ; dépasse les ailes dés trois quarts de sa longueur.

23.

LE VOUROU-DRIOU. [1]

Cuculus afer, Lath., Gmel. ; *Leptosomus viridis*, Vieill. (2).

Cette espèce et la précédente diffèrent de tou-

---

* Voyez les planches enluminées, n° 587, le mâle, sous le nom de grand Coucou mâle de Madagascar (*).

(1) « Cuculus supernè viridis, cupri puri colore varians, infernè cinereo albus ; vertice nigricante, viridi et cupri puri colore variante ; « capite et collo cinereis ; lineolâ utrinque rostrum inter et oculos nigrâ ; « rectricibus supernè viridibus, cupri puri colore variantibus, subtus « nigrâ (*mas*). Le grand coucou mâle de Madagascar. » Brisson, tome IV, page 160. Les Madagascariens l'appellent *Vouroug-driou*. C'est M. Brisson qui a fait connaître cette espèce, laquelle au reste n'est pas la plus grande qui soit à Madagascar, témoin le coucou verdâtre de cette même île, dont j'ai parlé plus haut d'après M. Commerson.

— Ornithol. Ital., tom. I, pag. 84, Sp. 28.

(2) M. Vieillot fait de cet oiseau le type d'un genre particulier, VOUROUDRIOU, *Leptosomus*. M. Cuvier le range dans la division des Courols de son genre Coucou. DESM. 1827.

(*) M. Cuvier remarque que dans cette planche le bec est mal rendu, tandis qu'il l'est mieux dans la planche 588 qui représente une femelle. DESM. 1827.

·tes les autres par le nombre des pennes de la queue; elles en ont douze, au lieu que les autres n'en ont que dix. Les différences propres au Vourou-driou, consistent dans la forme de son bec, plus long, plus droit et moins convexe en dessus; dans la position de ses narines, qui sont oblongues, situées obliquement vers le milieu de la longueur du bec; et dans un autre attribut qui lui est commun avec les oiseaux de proie; c'est que la femelle de cette espèce est plus grande que son mâle, et d'un plumage fort différent. Cet oiseau se trouve dans l'île de Madagascar, et sans doute dans la partie correspondante de l'Afrique.

Le mâle a le sommet de la tête noirâtre, avec des reflets verts et couleur de cuivre de rosette; un trait noir situé obliquement entre le bec et l'œil; le reste de la tête, la gorge et le cou cendrés; la poitrine et tout le reste du dessous du corps d'un joli gris-blanc; le dessus du corps, jusqu'au bout de la queue, d'un vert changeant en couleur de cuivre de rosette; les pennes moyennes de l'aile à-peu-près de même couleur; les grandes noirâtres tirant sur le vert; le bec brun-foncé; et les pieds rougeâtres.

La femelle (1) est si différente du mâle, que les habitants de Madagascar lui ont donné un

---

(1) Voyez les planches enluminées, n° 588, où cette femelle est représentée sous le nom de *Femelle du grand Coucou de Madagascar*.

nom différent; elle s'appelle *Cromb* en langue du pays (1); elle a la tête, la gorge et le dessus du cou rayés transversalement de brun et de roux; le dos, le croupion et les couvertures supérieures de la queue d'un brun uniforme; les petites couvertures supérieures des ailes brunes, terminées de roux; les grandes vert-obscur, bordées et terminées de roux; les pennes de l'aile comme dans le mâle, excepté que les moyennes sont bordées de roux; le devant du cou et tout le reste du dessous du corps roux-clair varié de noirâtre; les pennes de la queue d'un brun-lustré terminé de roux; le bec et les pieds à-peu-près comme le mâle.

Voici leurs dimensions comparées :

LE MALE.	pouc.	lig.	LA FEMELLE.	pouc.	lig.
Longueur totale......	15	0	....	17	6
Bec..............	2	0	....	2	4
Tarse............	1	3	....	1	3
Vol..............	25	8	....	29	4
Queue...........	7	0	....	7	9
Dépasse les ailes......	2	4	....	2	7

---

(1) « Cuculus supernè fuscus, infernè rufescens, maculis nigrican-« tibus varius; capite, gutture et collo superiore fusco et rufo trans-« versim striatis; rectricibus supernè splendidè fuscis, apice rufis, subtus « cinereis *(fœmina.)* Les Madagascariens l'appellent *Cromb.* » Brisson, tome IV, page 160.

— Ornithol. Ital., tome I, pag. 84, Sp. 28.

OISEAUX D'AMÉRIQUE

QUI ONT RAPPORT

AU COUCOU.

I.

LE COUCOU DIT LE VIEILLARD[1]

OU

L'OISEAU DE PLUIE.

Cuculus vetula et *Cuculus pluvialis*, Lath., Gmel.; *Saurothera vetula*, Vieill. (2).

ON donne à cet oiseau le nom de *Vieillard*,

---

(1) *Cuculus major;* en anglais, *an old-man, or rain-bird.* Sloane, Jamaïca, pag. 312, pl. 258, art. 52.

« Cuculus major olivaceus, caudâ longiori, ciliis rubris. » Browne, Jamaïca, pag. 476.

« Picus major leucophæus, seu canescens, pluviæ avis et senex « dictus. » Rai, Synops. av., pag. 182, n° 12.

« Cuculus supernè cinereo-olivaceus, infernè rufus; capite fusco, « gutture et collo inferiore albis; rectricibus lateralibus nigris, apice « albis.... Coucou de la Jamaïque. » Brisson, tome IV, page 114.

« Cuculus Jamaicensis major. » Klein, Ordo av., pag. 31, n° 8.

« Cucule maggiore di Giammaïca. » Ornithol. Ital., pag. 83, Sp. 17.

« Cuculus caudâ cuneiformi, corpore subfusco, subtus testaceo,

---

(2) M. Cuvier considère cet oiseau comme méritant d'être séparé des Coucous proprement dits, et M. Vieillot en fait le type d'un genre particulier, sous le nom de TACCO, *Saurothera.* Voyez ci-après l'article Tacco. DESM. 1827.

parce qu'il a sous la gorge une espèce de duvet blanc ou plutôt de barbe blanche, attribut de la vieillesse : on lui donne encore le nom d'*Oiseau de pluie*, parce qu'il ne fait jamais plus retentir les bois de ses cris que lorsqu'il doit pleuvoir. Il se tient toute l'année à la Jamaïque, non seulement dans les bois, mais partout où il y a des buissons, et il se laisse approcher de fort près par les chasseurs avant de prendre son essor ; les graines et les vermisseaux sont sa nourriture ordinaire.

Il a le dessus de la tête couvert de plumes duvetées et soyeuses, d'un brun-foncé ; le reste du dessus du corps, compris les ailes et les deux intermédiaires de la queue cendré-olivâtre ; la gorge blanche, ainsi que le devant du cou ; la poitrine et le reste du dessous du corps roux ; toutes les pennes latérales de la queue noires terminées de blanc, et la plus extérieure bordée de même ; le bec supérieur noir ; l'inférieur presque blanc ; les pieds d'un noir-bleuâtre : sa taille est un peu au-dessus de celle du merle.

L'estomac de celui qu'a disséqué M. Sloane, était très-grand proportionnellement à la taille de l'oi-

---

« ciliis rubris. Vetula. » Linnæus, Syst. Nat., ed. XIII, Gen. 57, Sp. 4.

M. Brisson soupçonne que cet oiseau pourrait être le même que la pie des Antilles du P. Feuillée (tome III, page 416) : mais c'est le *Coucou à long bec de la Jamaïque* de M. Brisson, qui porte le nom de *Pie* aux Antilles, comme on le verra plus bas dans la nomenclature de cet oiseau.

seau, ce qui est un trait de conformité avec l'espèce européenne; il était doublé d'une membrane
fort épaisse; les intestins étaient roulés circulai-
rement comme le câble·d'un vaisseau, et recouverts par une quantité de graisse jaune.

Longueur totale, de quinze pouces à seize trois
quarts; bec, un pouce; tarse, treize lignes; vol,
comme la longueur totale; queue, de sept pouces
et demi à huit et demi, composée de dix pennes
étagées; dépasse les ailes de presque toute sa longueur.

VARIÉTÉS

DU VIEILLARD ou OISEAU DE PLUIE.(¹)

I. Le VIEILLARD A AILES ROUSSES*(2). Il a les
mêmes couleurs sur les parties supérieures et sur
la queue, presque les mêmes sur le bec; mais le

---

(1) *The cuckow of Carolina.* Catesby, tom. I, pag. 9.

Cuculus Carolinensis. Klein, Ordo av., pag. 30, Sp. 11.

— Ornithol. Ital., pag. 83, Sp. 15.

« Cuculus supernè cinereo-olivaceus, infernè albus; remigibus rufes-
« centibus; rectricibus lateralibus nigris, apice albis.... Coucou de la
« Caroline. » Brisson, tome IV, page 112.

« Cuculus Americanus, caudâ cuneiformi, corpore supra cinereo,
« subtus albo; mandibulâ inferiore luteâ. » Linnæus, Syst. Nat., ed. XIII,
pag. 170, Sp. 10.

* Voyez les planches enluminées, n° 816, où cet oiseau est représenté
sous le nom de *Coucou de la Caroline.*

(2) *Cuculus americanus.* Lath., Gmel.; *Coccyzus pyrropterus* (mas).
Vieill. Cet oiseau, très-différent du précédent, est placé par M. Vieillot
dans son genre Coulicou. M. Cuvier le classe dans la division des Coucous
proprement dits. Le Cendrillard, décrit ci-après, en est la femelle. Desm.
1827.

blanc du dessous du corps, qui, dans l'oiseau de pluie, ne s'étend que sur la gorge et la poitrine, s'étend ici sous toute la partie inférieure; de plus, les ailes ont du roussâtre, et sont plus longues à proportion; enfin, la queue est plus courte et conformée différemment, comme on le verra plus bas à l'article des mesures.

Ce coucou est solitaire; il se tient dans les forêts les plus sombres, et aux approches de l'hiver il quitte la Caroline pour aller chercher une température plus douce.

Longueur totale, treize pouces; bec, quatorze lignes et demie; tarse, treize lignes; queue, six pouces, composée de dix pennes, dont les trois paires intermédiaires plus longues, mais à-peu-près égales entre elles; et les deux paires latérales courtes, et d'autant plus courtes qu'elles sont plus extérieures; les plus longues dépassent les ailes de quatre pouces.

II. Le Petit Vieillard, connu à Cayenne sous le nom de *Coucou des palétuviers** (1). Cet oiseau, et surtout la femelle, a tant de ressemblance avec le vieillard ou oiseau de pluie de la Jamaïque, soit pour les couleurs, soit pour la conformation générale, qu'en un besoin la description de l'un

---

* Voyez les planches enluminées, n° 813.

(1) C'est encore un oiseau distinct des précédents. Latham l'a nommé *Cuculus seniculus*. M. Cuvier le place dans la division des Couas de son genre Coucou, et M. Vieillot en fait un Coulicou, sous le nom de *Coccyzus seniculus*. DESM. 1827.

pourrait servir pour l'autre, toutefois à la grandeur près; car celui de Cayenne est plus petit,
raison pourquoi je l'ai nommé *Petit vieillard;* il
paraît aussi qu'il a la queue un peu moins longue
à proportion; mais cela n'empêche pas qu'on ne
puisse le regarder comme une variété de climat;
il vit d'insectes, et spécialement de ces grosses
chenilles qui rongent les feuilles des palétuviers;
et c'est par cette raison qu'il se plaît sur ces arbres, où il nous sert en faisant la guerre à nos
ennemis (1).

Longueur totale, un pied; bec, treize lignes;
tarse, douze; queue, cinq pouces et demi, composée de dix pennes étagées; dépasse les ailes de
trois pouces un tiers.

2.

LE TACCO.*(2)

Cuculus Vetula et *Cuculus pluvialis,* Lath.; *Saurothera Vetula,*
Vieill. (3).

M. Sloane dit positivement qu'à l'exception du

---

(1) Ces grosses chenilles ont jusqu'à quatre pouces et demi de long,
sur sept ou huit lignes de large : dans les années 1775 et 1776, elles se
multiplièrent au point qu'elles dévorèrent presque entièrement la plupart des palétuviers et beaucoup d'autres plantes; c'est alors qu'on dut
regretter de n'avoir pas multiplié cette espèce de coucou.

* Voyez les planches enluminées, n° 772, où cet oiseau est représenté
sous le nom de *Coucou à long bec de la Jamaïque.*

(2) « Cuculus major rostro longiore et magis recto. » Sloane, Jamaïca,

(3) M. Vieillot a reconnu que cet oiseau ne diffère pas spécifiquement
de celui qui est décrit ci-avant, sous le nom de *Vieillard* ou *Oiseau de
pluie.* DESM. 1827.

bec que cet oiseau a plus allongé, plus grêle et
plus blanc, il ressemble de tout point à l'oiseau
de pluie; il lui attribue les mêmes habitudes, et
en conséquence il lui donne les mêmes noms.
Mais M. Brisson, se fondant apparemment sur
cette différence notable dans la longueur et la
conformation du bec, a fait de l'oiseau dont il
s'agit ici, une espèce distincte, avec d'autant plus
de raison, qu'en y regardant de près on lui dé-
couvre aussi des différences de plumage, et qu'il
n'a pas même cette gorge ou barbe blanche, qui
a fait donner le nom de *Vieillard* à l'espèce pré-

---

pag. 316, n° 53 , pl. 258, fig. 2; en anglais, *another sort of rainbird*,
or *old-man*.

« Cuculus Jamaïcensis major. » Klein, Ordo av., pag. 31 , n° 8.

« Picus seu pluviæ avis alia canescens, senex dicta, rostro longiore
« et rectiore. » Rai, Synops. av. , pag. 182, n° 13.

« Cuculus supernè cinereo-olivaceus, infernè rufus ; genis et gutture
« dilutè fulvis; collo inferiore et pectore dilutè cinereis; rectricibus late-
« ralibus in exortu cinereo-olivaceis, in medio nigris, apice albis....
Coucou à long bec de la Jamaïque. » Brisson, tome IV, page 116.

Vetula.... Linnæus, Syst. Nat., ed. XIII, Gen. 57, Sp. 4. Cet auteur fait de cet oiseau une variété du précédent, ainsi que M. Sloane.

« Cucule di becco longo di Giammaïca. » Ornithol. Ital., pag. 83,
Sp. 11.

« Pica Antillana.... » Feuillée, Observations, tome III, page 409.
On lui a donné ce nom aux Antilles, parce qu'il a beaucoup de rapport
avec la pie d'Europe, soit par la conformation du bec et de la queue, soit
par plusieurs de ses habitudes, comme on peut le voir dans son histoire.

« Cuculus cinereus, rostro longiori. » Ibidem, pag. 416.

On lui donne aux Antilles le surnom de *Tacco*, d'après son cri; les
Nègres l'appellent *Cracra* et *Tacra bayo*, on ne sait pourquoi. M. le
chevalier Lefebvre Deshayes.

On le nomme *Colivicou* à Saint-Domingue, suivant M. Salérne.

cédeute : d'ailleurs M. le chevalier Lefebvre Deshayes, qui a observé le tacco avec attention, ne lui reconnaît pas les mêmes habitudes que M. Sloane a remarquées dans le vieillard.

Tacco est le cri habituel, et néanmoins peu fréquent, de ce coucou; mais pour le rendre comme il le prononce, il faut articuler durement la première syllabe, et descendre d'une octave pleine sur la seconde; il ne le fait jamais entendre qu'après avoir fait un mouvement de la queue, mouvement qu'il répète chaque fois qu'il veut changer de place, qu'il se pose sur une branche, ou qu'il voit quelqu'un s'approcher de lui; il a encore un autre cri, *qua, qua, qua, qua*, mais qu'il fait entendre seulement lorsqu'il est effrayé par la présence d'un chat, ou de quelque autre ennemi aussi dangereux.

M. Sloane dit de ce coucou comme de celui qu'il a nommé *Oiseau de pluie*, qu'il annonce la pluie prochaine par ses cris redoublés; mais M. le chevalier Deshayes (1) n'a rien observé de semblable.

Quoique le tacco se tienne communément dans les terrains cultivés, il fréquente aussi les bois, parce qu'il y trouve aussi la nourriture qui lui convient; cette nourriture, ce sont les chenilles, les coléoptères, les vers et les vermisseaux, les

---

(1) C'est de M. le chevalier Deshayes que je tiens tout ce que je dis ici des mœurs et des habitudes du tacco.

ravets, les poux de bois et autres insectes qui ne sont malheureusement que trop communs aux Antilles, soit dans les lieux cultivés, soit dans ceux qui ne le sont pas; il donne aussi la chasse aux petits lézards, appelés *Anolis*, aux petites couleuvres, aux grenouilles, aux jeunes rats, et même quelquefois, dit-on, aux petits oiseaux; il surprend les lézards dans le moment où tout occupés sur les branches à épier les mouches, ils sont moins sur leurs gardes. A l'égard des couleuvres, il les avale par la tête, et à mesure que la partie avalée se digère, il aspire la partie qui reste pendante au dehors. C'est donc un animal utile, puisqu'il détruit les animaux nuisibles; il pourrait même devenir plus utile encore si on venait à bout de le rendre domestique; et c'est ce qui paraît très-possible, vu qu'il est d'un naturel si peu farouche et si peu défiant, que les petits nègres le prennent à la main, et qu'ayant un bec assez fort, il ne songe pas à s'en servir pour se défendre.

Son vol n'est jamais élevé; il bat des ailes en partant, puis épanouissant sa queue il file, et plane plutôt qu'il ne vole; il va d'un buisson à un autre, il saute de branche en branche, il saute même sur les troncs des arbres auxquels il s'accroche comme les pics; quelquefois il se pose à terre, où il sautille encore, comme la pie, et toujours à la poursuite des insectes ou des reptiles : on assure qu'il exhale une odeur forte en tout temps, et que sa chair est un mauvais man-, ger ; ce qui est facile à croire, vu les mets dont il se nourrit.

Ces oiseaux se retirent, au temps de la ponte, dans la profondeur des forêts, et s'y cachent si bien, que jamais personne n'a vu leur nid ; on serait tenté de croire qu'ils n'en font point, et qu'à l'instar du coucou d'Europe, ils pondent dans le nid des autres oiseaux ; mais ils différe-raient en cela de la plupart des coucous d'Amé-rique, qui font un nid et couvent eux-mêmes leurs œufs.

Le tacco n'a point de couleurs brillantes dans son plumage ; mais en toutes circonstances il con-serve un air de propreté et d'arrangement qui fait plaisir à voir ; il a le dessus de la tête et du corps, compris les couvertures des ailes, gris un peu foncé, avec des reflets verdâtres sur les grandes couvertures seulement ; le devant du cou et de la poitrine gris-cendré ; sur toutes ces nuances de gris une teinte légère de rougeâtre ; la gorge fauve-clair ; le reste du dessous du corps, les cuisses et les couvertures inférieures des ailes comprises, d'un fauve plus ou moins animé ; les dix pre-mières pennes de l'aile d'un roux-vif, terminées d'un brun-verdâtre, qui dans les pennes suivantes va toujours gagnant sur la couleur rousse ; les deux pennes intermédiaires de la queue de la couleur du dos avec des reflets verdâtres ; les huit autres de même dans leur partie moyenne,

2.

Litho de C. Motte.

Guira - Cantara. 2 l'Indicateur.

d'un brun-noirâtre, avec des reflets bleus près de leur base, et terminées de blanc; l'iris d'un jaune-brun; les paupières rouges; le bec noirâtre dessus, d'une couleur un peu plus claire dessous, et les pieds bleuâtres. Ce coucou est moins gros que le nôtre; son poids est d'un peu plus de trois onces : il se trouve à la Jamaïque, à Saint-Domingue, etc.

Longueur totale, quinze pouces et demi (dix-sept un tiers suivant M. Sloane); bec, dix-huit lignes, suivant M. Sloane; vingt-une, selon M. le chevalier Deshayes, et vingt-cinq suivant M. Brisson; langue cartilagineuse, terminée par des filets; tarse, environ quinze lignes; vol, comme la longueur totale; queue, huit pouces, selon M. Deshayes, et huit pouces trois quarts, suivant M. Brisson, composée de dix pennes étagées; les intermédiaires superposées aux latérales; dépasse les ailes d'environ cinq pouces et demi.

3.

LE GUIRA-CANTARA.[1]

Cuculus Guira, Lath., Gmel.; *Crotophaga Pirigna*, Vieill. (2).

Ce coucou est fort criard; il se tient dans les

---

(1) *Guira acangatara*, en langue brasilienne. Marcgrave, Hist. avium, pag. 216.

— Piso, Hist. Nat., pag. 95.

(2) M. Vieillot place le Guira-cantara dans le genre ANI ou *Crotophaga*. DESM. 1827.

forêts du Brésil qu'il fait retentir de sa voix plus
forte qu'agréable. Il a sur la tête une espèce de
huppe, dont les plumes sont brunes, bordées de
jaunâtre; celles du cou et des ailes au contraire
jaunâtres, bordées de brun; le dessus et le dessous du corps d'un jaune pâle; les pennes des
ailes brunes; celles de la queue brunes aussi, mais
terminées de blanc; l'iris brune; le bec d'un jaune-
brun; les pieds vert-de-mer.

Il est de la taille de la pie d'Europe.

Longueur totale, quatorze à quinze pouces;
bec, environ un pouce, un peu crochu par le
bout; tarse, un pouce et demi, revêtu de plumes;
queue, huit pouces, composée de huit pennes,
selon Marcgrave, mais n'en manquait-il aucune?
elles paraissent égales dans la figure.

— Jonston, Aves, pag. 148.

— Rai, Synops. av., pag. 45, Sp. 5.

Willughby, pag. 96, §. 9.

« Cuculus cristatus, ex albo pallidè flavescens; cristâ, capite, collo
« et tectricibus alarum superioribus fusco et flavescente variegatis; rectri-
« cibus fuscis, apice albis.... Coucou huppé du Brésil. » Brisson, tome IV,
page 144.

« Cucule gialloguolo col ciuffo. » Ornithol. Ital., pag. 84, Sp. 3o.

Trogon. Moehring, Gen. 114. Je ne sais pourquoi cet auteur confond
l'oiseau dont il s'agit ici avec le Curucui de Marcgrave; oiseau fort différent, et que M. Brisson a rangé parmi les couroucous; je ne vois pas
non plus pourquoi il veut rapprocher le Jacamuçiri de Marcgrave de son
Guira acangatara.

4.

LE QUAPACTOL ou LE RIEUR.[1]

Cuculus ridibundus, Lath., Gmel. (2).

On a donné à ce coucou le nom d'*Oiseau rieur*, parce qu'en effet son cri ressemble à un éclat de rire ; et par la même raison, dit Fernandez, il passait au Mexique pour un oiseau de mauvais augure avant que le jour de la vraie religion eût lui dans ces contrées. A l'égard du nom mexicain *Quapachtototl*, que j'ai cru devoir contracter et adoucir, il a rapport à la couleur fauve qui règne sur toute la partie supérieure de son corps, et même sur les pennes de ses ailes ; celles de la queue sont fauves aussi, mais d'une teinte plus rembrunie ; la gorge est cendrée, ainsi que le devant du cou et la poitrine ; le reste du dessous du corps est

---

(1) *Quapachtototl* en langue mexicaine. Fernandez, Hist. nov. Hisp., pag. 49, chap. 179.

Avis ridibunda. Eus. Nieremberg, pag. 214, cap. 17.

— Jonston, Aves, pag. 119.

— Rai, Synops. av. append., pag. 174.

— Willughby, pag. 198.

— Charleton, Exercit., pag. 117, n° 7.

« Cuculus supernè fulvus, infernè niger ; collo inferiore et pectore « cinereis ; rectricibus fulvo-nigricantibus.... Coucou du Mexique. » Brisson, tome IV, page 119.

« Cucule del Messico, detto uccello ridente. » Ornithol. Ital., pag. 54, Sp. 26.

(2) M. Vieillot pense que cet oiseau a beaucoup de rapports avec le *Tacco*, et qu'il se pourrait qu'il n'en différât pas spécifiquement.

DESM. 1827.

noir; l'iris blanche, et le bec d'un noir-bleuâtre.

La taille de ce coucou est à-peu-près celle de l'espèce européenne; il a seize pouces de longueur totale, et la queue seule fait la moitié de cette longueur.

5.

LE COUCOU CORNU

ou

L'ATINGACU DU BRÉSIL.

Cuculus cornutus, Lath., Gmel. (2).

La singularité de ce coucou du Brésil est d'avoir sur la tête de longues plumes qu'il peut relever quand il veut, et dont il sait se faire une double huppe : de-là le nom de Coucou cornu que lui a donné M. Brisson; il a la tête grosse et le cou court comme c'est l'ordinaire dans ce genre d'oiseaux; tout le dessus de la tête et du corps de couleur

---

(1) « Atingacu camucu Brasiliensibus. » Marcgrave, Hist. av., cap. 14, pag. 216.

— Jonston, Aves, pag. 148.

— Rai, Synops. av. append., pag. 165; en brasilien, *Attinga guacumucu.*

— Willughby, Ornithol., pag. 146, cap. 20.

« Cuculus cristatus, supernè fuligineus, infernè cinereus, cristâ bifurcâ; rectricibus saturatè fuligineis, apice albis.... Coucou cornu « du Brésil. » Brisson, tome IV, page 145.

« Cuculus cornutus, caudâ cuneiformi, capite cristâ bifidâ, corpore « fuliginoso. » Linnæus, Syst. Nat., ed. XIII, pag. 171, Sp. 21.

— Ornithol. Ital., pag. 84, Sp. 32.

(2) M. Vieillot place cet oiseau dans son genre Coulicon. DESM. 1827.

de suie ; les ailes aussi, et même la queue, mais celle-ci d'une teinte plus sombre, et ses pennes ont à leur extrémité une tache de blanc-roussâtre ombré de noir qui finit par le blanc pur ; la gorge est cendrée ainsi que tout le dessous du corps ; l'iris est d'un rouge de sang ; le bec d'un vert-jaunâtre, et les pieds cendrés.

Cet oiseau est encore remarquable par la longueur de sa queue, car, quoiqu'il ne soit pas plus gros qu'une litorne ou grosse grive, et que son corps n'ait que trois pouces de long, sa queue en a neuf ; elle est composée de dix pennes étagées, les intermédiaires superposées aux latérales ; le bec est un peu crochu par le bout ; les tarses sont un peu courts et couverts de plumes par devant (1).

6.

LE COUCOU BRUN VARIÉ DE ROUX.*(2)

Cuculus nœvius, Gmel. ; *Coccyzus Chochi*, Vieill. (3).

Ce coucou de Cayenne a le dessus du corps

---

(1) Marcgrave dit que les doigts de cet oiseau sont disposés de la manière la plus ordinaire ; mais la figure les présente deux en avant et deux en arrière.

* Voyez les planches enluminées, n° 812, où cet oiseau est représenté sous le nom de *Coucou tacheté de Cayenne*.

(2) « Cuculus supernè, saturatè fuscus, ad viride non nihil inclinans, « rufo et rufescente variegatus ; infernè albo-rufescens ; collo inferiore

(3) Du genre Coulicou, selon M. Vieillot, et de la division des Couas dans le genre Coucou, suivant M. Cuvier. Desm. 1827.

varié de brun et de différentes nuances de roux;
la gorge d'un roux clair varié de brun; le reste du
dessous du corps d'un blanc-roussâtre, qui prend
une teinte de roux-clair décidé sur les couvertures
inférieures de la queue; les pennes de celle-ci et
des ailes brunes, bordées de roux-clair, avec un
œil verdâtre, principalement sur les pennes latérales de la queue; le bec noir dessus, roux sur
les côtés, roussâtre dessous, et les pieds cendrés.
On remarque, comme une singularité, que quelques-unes des couvertures supérieures de la queue
s'étendent presque jusqu'aux deux tiers de sa longueur : on compare cet oiseau, pour la taille, au
mauvis.

Longueur totale, dix pouces deux tiers; bec,
neuf lignes; tarse, quatorze lignes; vol, un pied
et plus; queue, environ six pouces, composée
de dix pennes étagées; dépasse les ailes de quatre
pouces.

Le coucou appelé à Cayenne *Oiseau des barrières* (1), est à-peu-près de la taille du précédent,
et en approche beaucoup pour le plumage; en
général il a un peu moins de roux, c'est le gris

« rufescente, lineis transversis ad fuscum vergentibus vario ; rectricibus
« grisso-fuscis ad margines, et apice rufescentibus.... Coucou tacheté
« de Cayenne. » Brisson, tome IV, page 127.

« Cuculus nævius, caudâ cuneiformi, corpore fusco, ferrugineoque,
« jugulo strigis fuscis, rectricibus apice rufescentibus..... » Linnæus,
Syst. Nat., ed. XIII, pag. 170, Sp. 9.

« Cucule brizzolato di Cayenna.... » Ornithol. Ital., pag. 84, Sp. 24.

(1) C'est M. de Sonnini qui m'a donné cette variété.

qui en tient la place, et les pennes latérales de
la queue sont terminées de blanc; la gorge est
gris-clair, et le dessous du corps blanc; ajoutez
qu'il a la queue un peu plus longue; mais, malgré
ces petites différences, il est difficile de ne pas le
rapporter comme variété à l'espèce précédente,
peut-être même est-ce une variété de sexe.

Son nom d'Oiseau des barrières, vient de ce
qu'on le voit souvent perché sur les palissades des
plantations; lorsqu'il est ainsi perché, il remue
continuellement la queue.

Ces oiseaux, sans être fort sauvages, ne se
réunissent point en troupes, quoiqu'il s'en trouve
plusieurs à la fois dans le même canton; ils ne
fréquentent guère les grands bois : on assure qu'ils
sont plus communs que les coucous piayes, tant
à Cayenne qu'à la Guyane.

7.

LE CENDRILLARD.[1]

Cuculus americanus, Lath., Gmel.; *Coccyzus pyropterus* fem.,
Vieill. (2).

Je l'appelle ainsi parce que le gris-cendré est

---

(1) « Cuculus Americanus totus cinereus. » Barrère, Specim. novum,
pag. 60, Cl. 3, Gen. 33, Sp. 4.

« Cuculus supernè griseo-fuscus, infernè cinereo-albus; remigibus
« rufis, griseo-fusco exteriùs admixto, apice griseo-fuscis, rectricibus

(2) Cet oiseau est la femelle du Vieillard aux ailes rousses, qui a été
décrit ci-avant, page 438. DESM. 1827.

la couleur dominante de son plumage, plus foncée dessus, jusques et compris les quatre pennes intermédiaires de la queue; plus claire dessous, et mêlée de plus ou moins de roux sur les pennes des ailes; les trois paires de pennes latérales de la queue sont noirâtres, terminées de blanc, et la paire la plus extérieure est bordée de cette même couleur blanche; le bec et les pieds sont encore gris-brun. Cet oiseau se trouve à la Louisiane et à Saint-Domingue, sans doute en des saisons différentes : on le dit à-peu-près de la taille de la petite grive appelée *Mauvis*.

J'ai vu, dans le cabinet de M. Mauduit, une variété sous le nom de *Petit coucou gris,* laquelle ne différait du cendrillard qu'en ce qu'elle avait tout le dessous blanc, qu'elle était un peu plus grosse, et qu'elle avait le bec moins long.

Longueur totale, de dix et demi à onze pouces; bec, quatorze ou quinze lignes, les deux pièces recourbées en en bas; tarse, un pouce; vol, quinze pouces et demi; queue, cinq pouces un tiers, composée de dix pennes étagées; dépasse les ailes de deux pouces et demi à trois pouces.

« tribus utrinque extimis nigricantibus, apice albis, extimâ exteriùs
« albâ.... Coucou de Saint-Domingue. » Brisson, tome IV, page 110.
« Cuculus Dominicus, caudâ cuneiformi, corpore griseo-fusco, subtus
« ex albido, etc. » Linnæus, Syst. Nat., ed. XIII, pag. 170, Sp. 13.

8.

LE COUCOU PIAYE.*⁽¹⁾

Cuculus cayanus, Lath., Gmel.; *Coccyzus macrocercus*, Vieill. (2).

J'adopte le surnom de Piaye que l'on donne à ce coucou dans l'île de Cayenne; mais je n'adopte point la superstition qui le lui a fait donner; *Piaye* signifie *diable* dans la langue du pays, et encore *prêtre*, c'est-à-dire, chez un peuple idolâtre, *ministre* ou *interprète du diable.* Cela indique assez qu'on le regarde comme un oiseau de mauvais augure; c'est, dit-on, par cette raison que les naturels, et même les nègres, ont de la répugnance pour sa chair; mais cette répugnance ne viendrait-elle pas plutôt de ce que sa chair est maigre en tout temps?

Le piaye est peu farouche; il se laisse approcher de fort près, et ne part que lorsqu'on est sur le point de le saisir; on compare son vol à

---

* Voyez les planches enluminées, n° 211, où cet oiseau est représenté sous le nom de *Coucou de Cayenne.*

(1) « Cuculus supernè castaneo-purpurascens, infernè cinereus; collo « inferiore dilutè castaneo-purpurascente; rectricibus castaneo-purpu- « rascentibus, versus apicem nigris, apice albis.... Coucou de Cayenne. ». Brisson, tome IV, page 122.

« Cuculus Cayanus, caudâ cuneiformi, etc. » Linnæus, Syst. Nat., ed. XIII, pag. 170, Sp. 14.

—— Ornithol. Ital., tom. I, pag. 84, Sp. 23.

(2) De la division des Couas dans le genre Coucou, suivant M. Cuvier, et du genre Coulicou de M. Vieillot. Desm. 1827.

celui du martin-pêcheur; il se tient communément aux bords des rivières, sur les basses branches des arbres, où il est apparemment plus à portée de voir et de saisir les insectes dont il fait sa nourriture; lorsqu'il est perché il hoche la queue et change sans cesse de place. Des personnes qui ont passé du temps à Cayenne, et qui ont vu plusieurs fois ce coucou dans la campagne, n'ont jamais entendu son cri; sa taille est à-peu-près celle du merle; il a le dessus de la tête et du corps d'un marron-pourpre, compris même les pennes de la queue qui sont noires vers le bout, terminées de blanc, et les pennes des ailes qui sont terminées de brun; la gorge et le devant du cou aussi marron-pourpre, mais d'une teinte plus claire, et variable dans les différents individus; la poitrine et tout le dessous du corps cendrés; le bec et les pieds gris-brun.

Longueur totale, quinze pouces neuf lignes; bec, quatorze lignes; tarse, quatorze lignes et demie; vol, quinze pouces un tiers; queue, dix pouces, composée de dix pennes étagées et fort inégales; dépasse les ailes de huit pouces. *Nota.* Que l'individu qui est dans le cabinet de M. Mauduit est un peu plus gros.

J'ai vu deux variétés dans cette espèce; l'une à-peu-près de même taille, mais différente pour les couleurs; elle avait le bec rouge, la tête cendrée, la gorge et la poitrine rousses, et le reste du dessous du corps cendré-noirâtre.

L'autre variété (1) a, à très-peu près, les mêmes couleurs, seulement le cendré du dessous du corps est teinté de brun; elle a aussi les mêmes habitudes naturelles, et ne diffère réellement que par sa taille qui est fort approchante de celle du mauvis.

Longueur totale, dix pouces un quart; bec, onze lignes; tarse, onze lignes et plus; vol, onze pouces et demi; queue, près de six pouces, composée de dix pennes étagées, dépasse les ailes de près de quatre pouces.

9.
LE COUCOU NOIR DE CAYENNE.*

Cuculus tranquillus, Lath., Gmel.; *Bucco tranquillus*, Illig.; *Bucco calcaratus*, Lath.; *Corvus australis* et *Bucco cinereus*, Gmel.; *Monasa tranquilla*, Vieill. (2).

Presque tout est noir dans cet oiseau, excepté le bec et l'iris qui sont rouges, et les couvertures supérieures des ailes qui sont bordées de blanc; mais le noir lui-même n'est pas uniforme, car il est moins foncé sous le corps que dessus.

---

(1) « Cuculus supernè castaneo-purpurascens , infernè cinereo-fuscus ; « collo inferiore et pectore dilutè castaneo-purpurascentibus; rectricibus « castaneo-purpurascentibus, apice albis,.... Petit coucou de Cayenne. » Brisson , tome IV, page 124.

« Cuculus Cayanensis minor. » Linnæus , pag. 170, Sp. 14, β.

* Voyez les planches enluminées, n° 512.

(2) Cet oiseau dont la synonymie est remplie de confusion est le type du genre MONASE ou BARBACOU, *Monasa* de M. Vieillot, que Levaillant avait indiqué, et dont M. Cuvier forme la dernière division du genre Coucou. DESM. 1827.

Longueur totale, environ onze pouces; bec, dix-sept lignes; tarse, huit lignes; queue composée de dix pennes un peu étagées, dépasse les ailes d'environ trois pouces.

M. de Sonnini m'a assuré que cet oiseau avait un tubercule à la partie antérieure de l'aile : il vit solitaire et tranquille, ordinairement perché sur les arbres qui se trouvent au bord des eaux, et n'a pas, à beaucoup près, autant de mouvement que la plupart des coucous; en sorte qu'il paraît faire la nuance entre ces oiseaux et les barbus.

10.

LE PETIT COUCOU NOIR DE CAYENNE.*(1)

Cuculus tenebrosus, Lath., Gmel.; *Monasa tenebrosa,* Vieill. (2).

Ce coucou ressemble à l'espèce précédente, non seulement par la couleur dominante du plumage, mais encore par les mœurs et les habitudes naturelles; il ne fréquente pas les bois, mais il n'en est pas moins sauvage; il passe les journées perché sur une branche isolée, dans un lieu découvert, et sans prendre d'autre mouvement que celui qui est nécessaire pour saisir les insectes dont il se nourrit; il niche dans des trous

---

* Voyez les planches enluminées, n° 5o5.

(1) Nous devons la connaissance de cette espèce et de ses mœurs à M. de Sonnini.

(2) Du genre Monase ou Barbacou de M. Vieillot, et de la division des Barbacous, dans le genre Coucou de M. Cuvier. **DESM.** 1827.

d'arbre ; quelquefois même dans des trous en terre, mais c'est lorsqu'il en trouve de tout faits.

Ce coucou est noir partout, excepté sur la partie postérieure du corps qui est blanche, et ce blanc qui s'étend sur les jambes, est séparé du noir de la partie antérieure par une espèce de ceinture orangée : au reste, dans l'individu que j'ai vu chez M. Mauduit, le blanc ne s'étendait pas autant qu'il paraît s'étendre dans la planche enluminée.

Longueur totale, huit pouces un quart ; bec, neuf lignes ; tarse très-court ; la queue n'a pas trois pouces, elle est un peu étagée et ne dépasse pas de beaucoup les ailes.

LES ANIS.

Aɴɪ est le nom que les naturels du Brésil donnent à cet oiseau (1), et nous le lui conserverons, quoique nos voyageurs français (2) et nos nomenclateurs modernes (3) l'aient appelé *Bout de petun* ou *Bout de tabac*, nom ridicule, et qui n'a pu être imaginé que par la ressemblance de son plumage (qui est d'un noir-brunâtre) à la couleur d'une carotte de tabac, car ce que dit le P. Dutertre (4), que son ramage prononce *petit bout de petun*, n'est ni vrai ni probable, d'autant que les créoles de Cayenne lui ont donné une dénomination plus appropriée à son ramage ordinaire, en l'appelant *Bouilleur de canari*, ce qui veut dire qu'il imite le bruit que fait l'eau bouillante dans une marmite, et c'est en effet son vrai ramage ou gazouillis, très-différent, comme l'on voit, de l'expression de la parole que lui suppose le P. Dutertre. On lui a aussi donné le nom d'oiseau *Diable*, et l'on a même appelé l'une

---

(1) Marcgrave, Hist. Nat. Brasil., pag. 193.
(2) Dutertre, Hist. des Antilles, tome II, page 261.
(3) Brisson, Ornithol., tome IV, page 177.
(4) Histoire des Antilles, tome II, page 261.

des espèces *Diable des savannes*, et l'autre *Diable des palétuviers*, parce qu'en effet les uns se tiennent constamment dans les savannes, et les autres fréquentent les bords de la mer et des marais d'eau salée où croissent les palétuviers.

Leurs caractères génériques sont d'avoir deux doigts en avant et deux en arrière, le bec court, crochu, plus épais que large, dont la mandibule inférieure est droite, et la supérieure élevée en demi-cercle à son origine, et cette convexité remarquable s'étend sur toute la partie supérieure du bec, jusqu'à peu de distance de son extrémité qui est crochue; cette convexité est comprimée sur les côtés, et forme une espèce d'arête presque tranchante tout le long du sommet de la mandibule supérieure; au-dessus et tout autour s'élèvent de petites plumes effilées, aussi roides que des soies de cochon, longues d'un demi-pouce, et qui toutes se dirigent en avant. Cette conformation singulière du bec suffit pour qu'on puisse reconnaître ces oiseaux, et paraît exiger qu'on en fasse un genre particulier, qui néanmoins n'est composé que de deux espèces.

L'ANI DES SAVANES.*(1)

PREMIÈRE ESPÈCE.

Crotophaga Ani, Lath., Gmel., Cuv., Vieill.

Cet Ani est de la grosseur d'un merle, mais sa

---

* Voyez les planches enluminées, n° 102, fig. 2, sous la dénomination de *Petit bout de petun.*

(1) *Ani Brasiliensibus.* Marcgrave, Hist. Nat. Brasil., pag. 193. — *Cacalototl seu avis corvina.* Fernandez, Hist. nov. Hisp., p. 50. *Nota.* Nous avons dit, tom. III, p. 380 de cette Hist. nat. des Oiseaux, que le cacalototl de Fernandez pourrait bien être un étourneau; mais mieux informés, maintenant nous sommes assurés que cet oiseau du Mexique est le même que l'ani du Brésil. — *Bout de petun.* Dutertre, Hist. des Antilles, tom. II, pag. 260. — *Ani Brasiliensibus Marcgravii.* Jonston, Avi., pag. 132. — *Psittaco congener, Ani Brasiliensium Marcgravii.* Willughby, Ornith., pag. 81. — *Ani Brasiliensibus Marcgravii.* Rai, Synops. avi., pag. 185, n° 29. — *Cacalototl.* Ibidem, pag. 168, n° 27. — *Psittaco congener ani Brasiliensium Marcgravii Willughbei.* Ibidem, pag. 35, n° 10. — *Cornix Garrula major.* Klein, Avi., pag. 59, n° 7. — « Pica nigra Jamaicensis, plumis interspersis purpureis e viridi resplendentibus rostro novaculæ formi. » Ibidem, pag. 64, n° 12. — *The great black bird, monedula tota nigra major, garrula, mandibula superiore arcuata.* Sloane, Voyag. of Jamaïc., pag. 298; et pl. 256, fig. 1. — *Monedula tota nigra.* Catesby, Append., pag. 3, avec une bonne figure mal coloriée, planche 3. — « *Crotophagus ater, rostro breviori compresso, supernè arcuato cultrato.* » Browne, Hist. Nat. of Jamaïc., pag. 474. — *L'ani des Brasiliens.* Salerne, Ornithol., pag. 73, n° 10. — « *Crotophagus nigro-violaceus, oris pennarum obscurè viridibus, cupri puri colore variantibus; remigibus, rectricibusque nigro-violaceis.... Crotophagus.* » Brisson, Ornithol., tome IV, page 177; et pl. 18, fig. 1.

grande queue lui donne une forme allongée, elle a sept pouces, ce qui fait plus de la moitié de la longueur totale de l'oiseau, qui n'en a que treize et demi; le bec long de treize lignes, a neuf lignes et demie de hauteur; il est noir, ainsi que les pieds qui ont dix-sept lignes de hauteur. La description des couleurs sera courte; c'est un noir a peine nuancé de quelques reflets violets sur tout le corps, à l'exception d'une petite lisière d'un vert-foncé et luisant qui borde les plumes du dessus du dos et des couvertures des ailes, et qu'on n'aperçoit pas à une certaine distance; car ces oiseaux paraissent tout noirs. La femelle ne diffère pas du mâle; ils vont constamment par bandes, et sont d'un naturel si social, qu'ils demeurent et pondent plusieurs ensemble dans le même nid; ils construisent ce nid avec des bûchettes sèches sans le garnir, mais ils le font extrêmement large, souvent d'un pied de diamètre; on prétend même qu'ils en proportionnent la capacité au nombre de camarades qu'ils veulent y admettre; les femelles couvent en société; on en a souvent vu cinq ou six dans le même nid : cet instinct dont l'effet serait fort utile à ces oiseaux dans les climats froids, paraît au moins superflu dans les pays méridionaux, où il n'est pas à craindre que la chaleur du nid ne se conserve pas; cela vient donc uniquement de l'impulsion de leur naturel social, car ils sont toujours ensemble, soit en volant, soit en se reposant, et ils

se tiennent sur les branches des arbres tout le
plus près qu'il leur est possible les uns des autres;
ils ramagent aussi tous ensemble, presque à toutes
les heures du jour, et leurs moindres troupes
sont de huit ou dix, et quelquefois de vingt-cinq
ou trente; ils ont le vol court et peu élevé, aussi
se posent-ils plus souvent sur les buissons et dans
les halliers que sur les grands arbres; ils ne sont
ni craintifs ni farouches et ne fuient jamais bien
loin; le bruit des armes à feu ne les épouvante
guère, il est aisé d'en tirer plusieurs de suite,
mais on ne les recherche pas, parce que leur
chair ne peut se manger, et qu'ils ont même une
mauvaise odeur lorsqu'ils sont vivants; ils se
nourrissent de graines et aussi de petits serpents,
lézards et autres reptiles; ils se posent aussi sur
les bœufs et les vaches pour manger les tiques,
les vers et les insectes nichés dans le poil de ces
animaux.

L'ANI DES PALÉTUVIERS.*(1)

SECONDE ESPÈCE.

Crotophaga major, Linn., Gmel., Lath., Cuv., Vieill.

Cet oiseau est plus grand que le précédent, et à-peu-près de la grosseur d'un geai ; il a dix-huit pouces de longueur en y comprenant celle de la queue qui en fait plus de moitié ; son plumage est à-peu-près de la même couleur noire-brunâtre que celui du premier, seulement il est un peu plus varié par la bordure de vert-brillant qui termine les plumes du dos et des couvertures des

---

* Voyez les planches enluminées, n° 102, fig. 1, sous la dénomination de *Grand bout de petun de Cayenne*. *Nota*. Le tour des yeux qui est rouge dans cette planche, n'est pas de cette couleur dans la nature, mais brun-noirâtre, comme on le voit dans la même planche, figure 2.

(1) « *Crotophagus nigro-violaceus*, oris pennarum viridibus ; remigibus obscurè viridibus, rectricibus nigro-violaceis.... *Crotophagus major*. » Brisson, Ornithol., tome IV, page 180 ; et pl. 18, fig. 2. — L'ani des Brasiliens, seconde espèce. Salerne, Ornithol., pag. 73, n° 10. — Ani. Supplément à l'Encyclopédie, tome I, article *Ani*, par M. Adanson. Nous devons observer que le savant auteur de cet article parait douter que les anis pondent et couvent ensemble dans le même nid ; cependant ce fait nous a été assuré par un si grand nombre de témoins oculaires, qu'il n'est plus possible de le nier.

ailes; en sorte que si l'on n'en jugeait que par ces différences de grandeur et de couleurs, on pourrait regarder ces deux oiseaux comme des variétés de la même espèce, mais la preuve qu'ils forment deux espèces distinctes, c'est qu'ils ne se mêlent jamais; les uns habitent constamment les savannes découvertes, et les autres ne se trouvent que dans les palétuviers; néanmoins ceux-ci ont les mêmes habitudes naturelles que les autres; ils vont de même en troupes; ils se tiennent sur le bord des eaux salées; ils pondent et couvent plusieurs dans le même nid, et semblent n'être qu'une race différente qui s'est accoutumée à vivre et habiter dans un terrain plus humide, et où la nourriture est plus abondante par la grande quantité de petits reptiles et d'insectes que produisent ces terrains humides.

Comme je venais d'écrire cet article, j'ai reçu une lettre de M. le chevalier Lefebvre Deshayes, au sujet des oiseaux de Saint-Domingue, et voici l'extrait de ce qu'il me marque sur celui-ci:

« Cet oiseau, dit-il, est un des plus communs « dans l'île de Saint-Domingue.... Les nègres lui « donnent différentes dénominations, celle de « *Bout de tabac*, de *Bout de petun*, d'*Amangoua*, « de *Perroquet noir*, etc.... Si on fait attention à « la structure des ailes de cet oiseau, au peu « d'étendue de son vol, au peu de pesanteur de « son corps, relativement à son volume, on n'aura « pas de peine à le reconnaître pour un oiseau

« indigène de ces climats du Nouveau-Monde :
« comment, en effet, avec un vol si borné et des
« ailes si faibles, pourrait-il franchir le vaste in-
« tervalle qui sépare les deux continents?... Son
« espèce est particulière à l'Amérique méridio-
« nale; lorsqu'il vole il étend et élargit sa queue,
« mais il vole moins vite et moins long-temps que
« les perroquets.... Il ne peut soutenir le vent,
« et les ouragans font périr beaucoup de ces
« oiseaux.

« Ils habitent les endroits cultivés ou ceux qui
« l'ont été anciennement, on n'en rencontre jamais
« dans les bois de haute futaie; ils se nourrissent
« de diverses espèces de graines et de fruits; ils
« mangent des grains du pays, tels que le petit
« mil, le maïs, le riz, etc.; dans la disette ils font
« la guerre aux chenilles et à quelques autres in-
« sectes. Nous ne dirons pas qu'ils aient un chant
« ou un ramage, c'est plutôt un sifflement ou un
« piaulement assez simple; il y a pourtant des oc-
« casions où sa façon de s'exprimer est plus variée,
« elle est toujours aigre et désagréable; elle change
« suivant les diverses passions qui agitent l'oiseau.
« Aperçoit-il quelque chat ou un autre animal
« capable de nuire, il en avertit aussitôt tous ses
« semblables par un cri très-distinct, qui est pro-
« longé et répété tant que le péril dure; son
« épouvante est surtout remarquable lorsqu'il a
« des petits, car il ne cesse de s'agiter et de voler
« autour de son nid.... Ces oiseaux vivent en so-

« ciété sans être en aussi grandes bandes que les
« étourneaux; ils ne s'éloignent guère les uns des
« autres.... et même dans le temps qui précède
« la ponte, on voit plusieurs femelles et mâles
« travailler ensemble à la construction du nid, et
« ensuite plusieurs femelles couver ensemble,
« chacune leurs œufs, et y élever leurs petits;
« cette bonne intelligence est d'autant plus admi-
« rable, que l'amour rompt presque toujours
« dans les animaux les liens qui les attachaient à
« d'autres individus de leur espèce.... Ils entrent
« en amour de bonne heure; dès le mois de février,
« les mâles cherchent les femelles avec ardeur,
« et dans le mois suivant le couple amoureux
« s'occupe de concert à ramasser les matériaux
« pour la construction du nid.... Je dis amoureux,
« parce que ces oiseaux paraissent l'être autant que
« les moineaux; et pendant toute la saison que
« dure leur ardeur, ils sont beaucoup plus vifs et
« plus gais que dans tout autre temps.... Ils
« nichent sur les arbrisseaux, dans les cafiers,
« dans les buissons et dans les haies; ils posent
« leur nid sur l'endroit où la tige se divise en plu-
« sieurs branches.... Lorsque les femelles se
« mettent plusieurs ensemble dans le même nid,
« la plus pressée de pondre n'attend pas les autres
« qui agrandissent le nid pendant qu'elle couve
« ses œufs. Ces femelles usent d'une précaution
« qui n'est point ordinaire aux oiseaux, c'est de
« couvrir leurs œufs avec des feuilles et des brins

« d'herbes à mesure qu'elles les pondent.... Elles
« couvrent également leurs œufs pendant l'in-
« cubation lorsqu'elles sont obligées de les quitter
« pour aller chercher leur nourriture.... Les fe-
« melles qui couvent dans le même nid ne se
« chicanent pas comme font les poules lorsqu'on
« leur donne un panier commun; elles s'arrangent
« les unes auprès des autres; quelques-unes ce-
« pendant avant de pondre font avec des brins
« d'herbes une séparation dans le nid, afin de
« contenir en particulier leurs œufs, et s'il arrive
« que les œufs se trouvent mêlés ou réunis en-
« semble, une seule femelle fait éclore tous les
« œufs des autres avec les siens; elle les rassemble,
« les entasse et les entoure de feuilles, par ce
« moyen la chaleur se répartit dans toute la masse
« et ne peut se dissiper.... Cependant chaque fe-
« melle fait plusieurs œufs par ponte.... Ces
« oiseaux construisent leur nid très-solidement,
« quoique grossièrement, avec des petites tiges de
« plantes filamenteuses, des branches de citron-
« nier ou d'autres arbrisseaux; le dedans est seu-
« lement tapissé et couvert de feuilles tendres et
« qui se fanent bientôt : c'est sur ce lit de feuilles
« que sont déposés les œufs; ces nids sont fort
« évasés et fort élevés des bords; il y en a dont
« le diamètre a plus de dix-huit pouces; la gran-
« deur du nid dépend du nombre des femelles
« qui doivent y pondre. Il serait assez difficile de
« dire au juste si toutes les femelles qui pondent

« dans le même nid ont chacune leur mâle, il se
« peut faire qu'un seul mâle suffise à plusieurs
« femelles, et qu'ainsi elles soient en quelque
« façon obligées de s'entendre lorsqu'il s'agit de
« construire les nids; alors il ne faudrait plus
« attribuer leur union à l'amitié, mais au besoin
« qu'elles ont les unes des autres dans cet ou-
« vrage.... Ces œufs sont de la grosseur de ceux
« de pigeon; ils sont de couleur d'aigue-marine
« uniforme, et n'ont point de petites taches vers les
« bouts, comme la plupart des œufs des oiseaux
« sauvages.... Il y a apparence que les femelles
« font deux ou trois pontes par an, cela dépend
« de ce qui arrive à la première; quand elle réussit,
« elles attendent l'arrière-saison avant d'en faire
« une autre; si la ponte manque ou si les œufs
« sont enlevés, mangés par les couleuvres ou les
« rats, elles en font une seconde peu de temps
« après la première; vers la fin de juillet ou dans
« le courant d'août elles commencent la troisième;
« ce qu'il y a de certain, c'est qu'en mars, en
« mai et en août on trouve des nids de ces oi-
« seaux.... Au reste, ils sont doux et faciles à
« apprivoiser, et on prétend qu'en les prenant
« jeunes on peut leur donner la même éducation
« qu'aux perroquets, et leur apprendre à parler
« quoiqu'ils aient la langue aplatie et terminée
« en pointe, au lieu que celle du perroquet est
« charnue, épaisse et arrondie.....

« La même amitié, le même accord qui ne s'est

« point démenti pendant le tems de l'incubation,
« continue après que les petits sont éclos; lorsque
« les mères ont couvé ensemble, elles donnent
« successivement à manger à toute la petite fa-
« mille.... Les mâles aident à fournir les aliments,
« mais lorsque les femelles ont couvé séparément,
« elles élèvent leurs petits à part, cependant sans
« jalousie et sans colère; elles leur portent la
« becquée à tour de rôle, et les petits la prennent
« de toutes les mères : la nourriture qu'elles leur
« donnent dépend de la saison, tantôt ce sont
« des chenilles, des vers, des insectes, tantôt des
« fruits, tantôt des grains, comme le mil, le maïs,
« le riz, l'avoine sauvage, etc.... Au bout de
« quelques semaines les petits ont acquis assez
« de force pour essayer leurs ailes, mais ils ne
« s'aventurent pas au loin; peu de temps après
« ils vont se percher auprès de leurs père et mère
« sur les arbrisseaux, et c'est-là où les oiseaux de
« proie les saisissent pour les emporter....

« L'ani n'est point un oiseau nuisible, il ne
« désole pas les plantations de riz comme le
« merle, il ne mange pas les amandes du cocotier,
« comme le charpentier (le pic), il ne détruit
« pas les pièces de mil comme les perroquets et
« les perruches. »

LE HOUTOU ou MOMOT.*(1)

Momotus varius, Briss.; *Ramphastos Momota*, Linn., Gmel.;
Prionites Momota, Illig.; *Baryphonus cyanocephalus*, Vieill.(2).

Nous conservons à cet oiseau le nom de *Houtou*,

* Voyez les planches enluminées, n° 370, sous la dénomination de
Motmot du Brésil; on aurait dû dire *Motmot du Mexique*, car *Motmot*
est un nom mexicain que Fernandez a cité pour cet oiseau, tandis qu'au
Brésil il ne porte pas le nom de *Motmot*, mais celui de *Guiraguainumbi*,
que Marcgrave nous a conservé.

(1) Motmot. Fernandès. Hist. Nov. Hisp., pag. 52. — *Yayauhquitototl*. Fernandès, ibidem, pag. 55. — *Guira-guainumbi Brasiliensibus
tupinambis*. Marcgrave; Hist. Nat. Bras., pag. 193. — *Guira-guainumbi*.
Pison., Hist. Nat. Bras., pag. 93. — Motmot. Euséb. Nieremberg,
pag. 209. — *Avis caudata*. Ibidem, pag. 209. — *Yayauh quitototl*. Rai,
Synops. Avi., pag. 167. — *Ispidæ, seu meropis affinis, guira-guainumbi
Brasiliensibus tupinambis Marcgravii*. Ibidem, pag. 49, n° 5. — *Guira-
guainumbi Brasiliensibus*. Jonston, Avi., pag. 132. — *Jajauquitototl.*
Ibid., pag. 119. — *Metula*. Moehring, Avi., Gen. 112. — *Ispidæ seu
meropis affinis guira-guainumbi Brasiliensibus tupinambis Marcgravii*.
Willughby, Ornithol., pag. 103. — *Yayau quitotol seu avis caudata.*
Ibidem, pag. 298. — *The Brasilian saw-billed roller*. Le rollier au bec
den, telé du Brésil. Edwards, Glan., pag. 251, avec une planche très-
bien coloriée. — « *Momotus viridis*, supernè splendidiùs, infernè obscu-
« riùs: syncipite cæruleo beryllino; occipitio cæruleo-violaceo; vertice
« et maculà per oculos splendidè nigris; fasciculo pennarum nigro, ad

(2) Type du genre Momot des ornithologistes modernes, qui se sont
empressés, comme à l'envi, de composer des noms génériques latins pour
remplacer celui de *Momotus*, que Brisson avait proposé, et qui doit
seul être adopté, comme le plus ancien. DESM. 1827.

2.

L'Ani ou bout de tabac. 2. Le Houtou ou Momot.

que lui ont donné les naturels de la Guyane, et
qui lui convient parfaitement, parce qu'il est
l'expression même de sa voix : il ne manque jamais
d'articuler *houtou*, brusquement et nettement
toutes les fois qu'il saute; le ton de cette parole
est grave et tout semblable à celui d'un homme
qui la prononcerait, et ce seul caractère suffirait
pour faire reconnaître cet oiseau lorsqu'il est vivant, soit en liberté, soit en domesticité.

Fernandès qui, le premier, a parlé du houtou,
ne s'est pas aperçu qu'il l'indiquait sous deux
noms différents, et cette méprise a été copiée
par tous les nomenclateurs qui ont également
fait deux oiseaux d'un seul, comme on peut le
voir dans leurs phrases que nous avons rappro-
chées dans la nomenclature ci-dessous. Marcgrave
est le seul des naturalistes qui ne se soit pas
trompé; l'erreur de Fernandès est venue de ce
qu'il a vu un de ces oiseaux qui n'avait qu'une
seule penne ébarbée; il a cru que c'était une
conformation naturelle, tandis qu'elle est contre
nature; car tous les oiseaux ont tout aussi néces-

« latera cæruleo in medio pectore ; rectricibus subtus nigricantibus,
« supernè tribus utrinque extimis viridibus, sex intermediis primùm viri-
« dibus, dein cæruleo-violaceis, quatuor intermediis nigricante termi-
« natis.... Momotus. » Brisson, Ornithol., tome IV, page 465 ; et
planche 35, figure 3. — « Momotus viridi, cyaneo, fulvo et cinereo
« variegatus; rectricibus subtus nigricantibus, supernè tribus utrinque
« extimis viridibus, sex intermediis primùm viridibus, dein cæruleo-
« violaceis, quatuor intermediis nigricante terminatis.... Momotus va-
« rius. » Ibidem, page 469.

sairement les pennes par paires et semblables
que les autres animaux ont les deux jambes ou
les deux bras pareils. Il y a donc grande apparence que, dans l'individu qu'a vu Fernandès,
cette penne de moins avait été arrachée, ou qu'elle
était tombée par accident, car tout le reste de ses
indications ne présente aucune différence ; ainsi
l'on peut présumer, avec tout fondement, que
ce second oiseau, qui n'avait qu'une penne ébarbée, n'était qu'un individu mutilé.

Le boutou est de la grosseur d'une pie ; il a
dix-sept pouces trois lignes de longueur jusqu'à
l'extrémité des grandes pennes de la queue ; il a
les doigts disposés comme les martin-pêcheurs,
les manakins, etc. ; mais ce qui le distingue de
ces oiseaux, et même de tous les autres, c'est la
forme de son bec qui, sans être trop long pour
la grandeur du corps, est de figure conique,
courbé en bas et dentelé sur les bords des deux
mandibules ; ce caractère du bec conique, courbé
en bas et dentelé, suffirait encore pour le faire
reconnaître : néanmoins il en a un autre plus
singulier et qui n'appartient qu'à lui, c'est d'avoir
dans les deux longues pennes du milieu de la
queue un intervalle d'environ un pouce de longueur, à peu de distance de leur extrémité, lequel
intervalle est absolument nu, c'est-à-dire ébarbé ;
en sorte que la tige de la plume est nue dans cet
endroit, ce qui néanmoins ne se trouve que dans
l'oiseau adulte, car dans sa jeunesse ces pennes

sont revêtues de leurs barbes dans toute leur longueur, comme toutes les autres plumes. L'on a cru que cette nudité des pennes de la queue n'était pas produite par la nature, et que ce pouvait être un caprice de l'oiseau qui arrachait lui-même les barbes de ses pennes dans l'intervalle où elles manquent; mais l'on a observé que dans les jeunes ces barbes sont continues et toutes entières, et qu'à mesure que l'oiseau vieillit, ces mêmes barbes diminuent de longueur et se raccourcissent, en sorte que dans les vieux elles disparaissent tout-à-fait; au reste, nous ne donnons pas ici une description plus détaillée de cet oiseau, dont les couleurs sont si mêlées, qu'il ne serait pas possible de les représenter autrement que par le portrait que nous en avons donné dans notre planche enluminée, et encore mieux par la planche d'Edwards (1), qui est plus parfaitement coloriée que la nôtre; néanmoins nous observerons que les couleurs en général varient suivant l'âge ou le sexe, car on a vu de ces oiseaux beaucoup moins tachetés les uns que les autres.

On ne les élève que difficilement, quoique Pison dise le contraire; comme ils vivent d'insectes, il n'est pas aisé de leur en choisir à leur gré; on ne peut nourrir ceux que l'on prend vieux; ils sont tristement craintifs et refusent constamment de prendre la nourriture : c'est d'ailleurs un

_____

(1) Voyez Glanures, page 328.

oiseau sauvage très-solitaire et qu'on ne trouve
que dans la profoudeur des forêts; il ne va ni en
troupes ni par paires; on le voit presque toujours
seul à terre ou sur des branches peu élevées, car
il n'a, pour ainsi dire, point de vol, il ne fait que
sauter vivement et toujours prononçant brusquement *houtou*; il est éveillé de grand matin
et fait entendre cette voix *houtou* avant que les
autres oiseaux ne commencent leur ramage.
Pison (1) a été mal informé lorsqu'il a dit que
cet oiseau faisait son nid au-dessus des grands
arbres; non seulement il n'y fait pas son nid, mais
il n'y monte jamais; il se contente de chercher à
la surface de la terre quelque trou de tatous,
d'acouchis ou d'autres petits animaux quadrupèdes, dans lequel il porte quelques brins d'herbes
sèches pour y déposer ses œufs qui sont ordinairement au nombre de deux. Au reste, ces oiseaux
sont assez communs dans l'intérieur des terres de
la Guyane, mais ils fréquentent très-rarement les
environs des habitations; leur chair est sèche et
n'est pas trop bonne à manger. Pison s'est encore
trompé en disant que ces oiseaux se nourrissent
de fruits; et comme c'est la troisième méprise
qu'il a faite au sujet de leurs habitudes naturelles,
il y a grande apparence qu'il a appliqué les faits
historiques d'un autre oiseau à celui-ci, dont il
n'a donné la description que d'après Marcgrave,

---

(1) Hist. Nat. Bras., pages 93 et 94.

et que. probablement il ne connaissait pas; car il
est certain que le *Houtou* est le même oiseau que
le *Guira-guainumbi* de Marcgrave, qu'il ne s'apprivoise pas aisément, qu'il n'est pas bon à manger, et qu'enfin il ne se perche ni ne niche au-
dessus des arbres, ni ne se nourrit de fruits comme
le dit Pison.

FIN DU TOME VII DES OISEAUX.

TABLE

DES ARTICLES CONTENUS DANS LE SEPTIÈME VOLUME

DES OISEAUX.

———————

FIN DE LA TABLE DES ARTICLES.

TABLE RAISONNÉE

DES MATIÈRES CONTENUES DANS LE SEPTIÈME VOLUME DES OISEAUX.

HISTOIRE NATURELLE.

Généralités sur le perroquet, p. 73.—Facultés qu'on lui a attribuées, *ibid.* — Admiration qu'ont pour eux les sauvages, p. 74. — Ce sont les seuls animaux qu'ils aiment à élever, *ibid.*— Comparaison du perroquet avec le singe, p. 74 et 75. — L'un imite nos paroles, l'autre nos gestes, *ibid.* — Réflexions générales sur l'état social, p. 76. — Distinction entre la parole dirigée par l'intelligence, et la parole des perroquets imitée sans réflexion, p. 77, 78 et 79. — De l'instinct brut des animaux, p. 79 et 80. — Exemple pris parmi les oiseaux, p. 81 *et suiv.* — Influence de l'éducation des animaux, p. 84. — Les perroquets sont des oiseaux indépendants et fiers, p. 85. — Discussions à ce sujet sur l'organisation en général des oiseaux, p. 86 *et suiv.* — Après l'homme les oiseaux doivent être placés au premier rang, p. 88. — Les motifs, *ibid.* — Les perroquets forment un genre nombreux, p. 89. — Les individus qui vivent dans l'ancien monde ne se trouvent jamais dans le nouveau, *ibid.* — Ils ne peuvent vivre et multiplier que dans les climats chauds, p. 90. — Ils n'occupent qu'une zone de 25 degrés de chaque côté de l'équateur, *ibid.* — Discussions au sujet de l'isolement des perroquets, p. 91. — Citations à ce sujet, p. 92.—Les Grecs ne connurent d'abord qu'une espèce qui est la grande perruche à collier, p. 93. — Ils lui donnaient l'île de Trapobane pour patrie, *ibid.* — Les Romains estimaient singulièrement

FIN DE LA TABLE DU TOME VII DES OISEAUX.

CPSIA information can be obtained
at www.ICGtesting.com
Printed in the USA
BVHW071230061118
532318BV00018B/779/P